含能材料译丛

装备科技译著出版基金

新型含能材料的开发新技术

Energetic Materials Research, Applications, and New Technologies

[巴西]
雷内·弗朗西斯科·博斯基·贡萨尔维斯
(Rene Francisco Boschi Goncalves)
乔斯·阿蒂里奥·弗里茨·菲德尔·罗科 主编
(José Atilio Fritz Fidel Rocco)
科顺·伊哈(Koshun Iha)

庞维强 邓重清 秦钊 樊学忠 肖立群 译

国防工业出版社

·北京·

著作权合同登记　图字:军-2018-067号

图书在版编目(CIP)数据

新型含能材料的开发新技术/(巴西)雷内·弗朗西斯科·博斯基·贡萨尔维斯,(巴西)乔斯·阿蒂里奥·弗里茨·菲德尔·罗科,(巴西)科顺·伊哈主编;庞维强等译.—北京:国防工业出版社,2022.4

书名原文:Energetic Materials Research, Applications, and New Technologies

ISBN 978-7-118-12443-9

Ⅰ.①新… Ⅱ.①雷… ②乔… ③科… ④庞… Ⅲ.①功能材料-研究 Ⅳ.①TB34

中国版本图书馆 CIP 数据核字(2022)第 031252 号

First published in the English language under the title "Energetic Materials Research. Applications, and New Technologies" edited by Rene Francisco Boschi Goncalves. José Atilio Fritz Fidel Rocco and Koshun Iha. Copyright © 2018 by IGI Global www.igi-global.com.

※

国防工业出版社出版发行

(北京市海淀区紫竹院南路23号　邮政编码100048)
三河市腾飞印务有限公司印刷
新华书店经售

*

开本 710×1000　1/16　印张 20　字数 341 千字
2022 年 4 月第 1 版第 1 次印刷　印数 1—1500 册　定价 135.00 元

(本书如有印装错误,我社负责调换)

国防书店:(010)88540777　　书店传真:(010)88540776
发行业务:(010)88540717　　发行传真:(010)88540762

译 者 序

本书原著由巴西帕拉联邦大学 Rene Francisco Boschi Goncalves 教授、巴西航空理工学院 José Atilio Fritz Fidel Rocco 教授和 Koshun Iha 教授共同编写，系统论述了新型含能材料的开发设计及在固体火箭推进剂中的应用现状，并介绍了在新型含能材料配方方面有应用前景的材料，以及世界先进实验室正在研究的、具有发展潜力的新型含能配方，指出了固体火箭推进剂及其应用到含能材料的发展方向。

全书由来自巴西、意大利、德国、秘鲁、俄罗斯、美国等国家从事含能材料开发、数值模拟和燃烧等领域研究的知名专家撰写。这些作者结合自身多年的科研成果，详细阐述了含能材料的开发与设计、制备、推进剂燃烧及其性能仿真等方面卓越的科学见解、精湛的理论知识和丰富的实践经验。本书反映了含能材料及其在航空航天推进中应用的最新理论和实践水平，指导性、实用性强。为了扩大和加强与国外学者的技术交流，在国防工业出版社的领导和编辑的指导、支持和帮助下，经瑞士 IGI Global 出版社的许可和授权，我们组织翻译了本书，现以中文版出版。希望读者能从书中获得新型含能材料开发及新技术等方面的精髓，并从中获益。

本书由庞维强、邓重清、秦钊、樊学忠和肖立群翻译，全书由庞维强博士整理、校核，樊学忠研究员审定。在翻译和出版过程中，非常感谢李军强、王可等的支持和帮助，在此表示衷心的感谢。

值此译著出版之际，在此首先要感谢全书的译者和校核者，感谢他们所付出的艰辛劳动和始终如一的热情；感谢国防工业出版社的领导和编辑，感谢他们为出版本书付出的努力；最后感谢西安近代化学研究所的领导和同事对译著所提供的指导、帮助和建议。

庞维强
2022 年 1 月于西安

Preface to Chinese Edition

China is today one of the most important country in space exploration. The recent flight of the sixth manned capsule(Shenzhou – 11 with two astronauts) established the record for China of 33 – day mission in the space. At the same time, the new space lab Tiangong – 2 prepared the way for the future Chinese space station to be launched in a few years. For all and any space access mission, chemical propulsion systems represent the only way to escape the gravitational field. Energetic materials are an essential ingredient for all space launchers and further progress in this area mainly depend on improvements of energetic materials in terms of performance, cost, safety, and so on.

China was the cradle of black powder, pyrotechnics, initial forms of solid rocket propulsion, and also primordial space exploration (the Chinese Wan Hu, during the Ming dynasty, was the first recorded astronaut at the end of the 14th Century). Through the continuous and very valuable presence of Hsue – Shen Tsien next to Von Karman at Caltech, although indirectly China could know of the pioneering GALCIT program under way under Von Karman's leadership. This program represents in essence the foundation of the huge USA development in rocketry and, when Tsien returned home in 1955, it likely inspired the successive and impressive Chinese progress as well. China is today one of the main actors on the world – wide scene of space exploration.

China also maintains cooperation programs with countries like Brazil in the area of artificial satellites developments. In this unprecedented opportunity, cooperation was established with Brazilian academic researchers in the field of aerospace propulsion. This cooperation was manifested in this book, which intends to solidify this fruitful relationship between the two countries.

Thanks are due to all of the Chinese colleagues whose patient and valuable work made this translation possible. Special thanks, however, are deserved by Dr. Weiqiang

---

① 本序为本书作者特意为本译著撰写的序的原文。

Pang who first prompted for the translation and directed the whole team of translators.

It is hoped that this wide international effort will help scientists, researchers, and students active in China to gain a more comprehensive understanding of energetic materials and more productive connections with all relevant players on this planet interested in space propulsion!

Rene Francisco Boschi Goncalves

José Atilio Fritz Fidel Rocco

Koshun Iha
Brazil, 2022 Jan. 6

中文版作者序

  中国是当今太空探索最重要的国家之一。最近的第六次载人航空飞行（搭载两名宇航员的神舟 11 号）创造了长达 33 天太空探索任务的记录。与此同时，新的空间实验室"天宫二号"为未来几年内发射的中国空间站铺平了道路。在所有太空探索任务中，化学推进系统是目前唯一逃离重力场的途径。含能材料作为空间推进系统的重要组成部分，这一领域的快速发展也取决于含能材料在性能、成本、安全性等方面的改进。

  中国是黑火药、烟火技术的发明者，也是原始太空探索的摇篮（据记载，14 世纪末中国明代的万户（本名"陶成道"）是"世界航天第一人"。通过钱学森与冯·卡门持续和非常有价值的接触，中国得以间接地了解冯·卡门领导并实施的创新性 GALCIT 项目，该计划也是美国火箭推进技术迅速发展的基础。1955 年钱学森回国，为中国的航天事业发展做出巨大贡献。中国也成为当今世界空间探索领域的主要参与者之一。

  在这一前所未有的机遇下，中国还与巴西等国在人造卫星开发领域保持着密切的合作，与巴西航空航天推进领域的学术研究人员建立了合作关系，双方的合作也体现在本书的翻译，旨在巩固两者之间富有成效的合作关系。

  感谢所有中国同事，他们耐心而宝贵的工作使本次翻译成为可能。特别感谢庞维强博士，是他首先促成并组织了此次翻译工作。

  希望这一广泛的国际化努力有助于活跃在中国的科学家、研究人员和学生对含能材料有更全面的了解，并与世界上对空间推进感兴趣的所有参与者建立更紧密的联系！

Rene Francisco Boschi Goncalves, José Atilio Fritz Fidel Rocco, Koshun Iha

2022 年 1 月 6 日

---

① 本序为中文版作者序的译文。

前　言

自古以来,含能材料就被人们所熟知,其特点是能够在短时间内释放大量能量,从而产生热、光、烟和噪声;冲击波在 10km/s 的速度下可产生高达 500000atm(1atm = 10101325Pa)的压力和 5500K 的高温。人类合成的第一种炸药是黑火药,最初被中国人用来制造烟花(公元 9 世纪)。13 世纪,英国僧侣的著作中首次引用黑火药的配方。通过测定黑火药成分并研制新型火药,人们得以改进军用含能材料和烟花爆竹等产品。

随着科学技术的发展,人们已开发出新型火炸药,并广泛应用于不同领域,如采矿、开挖运河、公路和铁路建设、深化港口、地震勘探、石油化工和火箭推进等。与此同时,世界各地的实验室不遗余力地开发与合成性能和处理方式更佳、运输和储存更安全的新型含能材料。

火炸药可被定义为具有高度放热分解反应的物质或含能材料,形变和气体释放量(冲击波)高,主要有两种类型,即低能炸药和高能炸药。

高能炸药具有更高的分解速率,会产生更高的压力(受限制时),在战争等场景应用时破坏力更强,还可用于道路和地下隧道爆破、军事和其他用途。这种炸药会受到爆轰作用的影响,其本身产生的冲击波会以热降解反应的形式进行反馈,对材料施加极大压力。

低能炸药通常用于弹道工程,如用于子弹、迫击炮或火箭发动机的推进剂,也可用来控制地雷爆炸等。这种类型的物质会相互反应,释放大量能量,或者形成新的化合物,发生高度放热分解反应。点火后会发生爆燃链式反应现象(燃烧通过导热性传播),并在零点几秒内扩散到整个材料。

对于由固体推进剂驱动的火箭发动机,飞行性能直接取决于所用推进剂的特性。这些特性决定弹道导弹飞行的射程、到达的最大速度和加速度、系统的稳定性等。在将推进剂应用到发动机之前,有必要充分了解推进剂的配方和特性。

根据所制备的化合物种类的不同,含能材料的加工工艺也有所不同。例如,要制备含晶体和树脂团聚物形式氧化剂的固体推进剂,可以采用机械挤出工艺(有/无溶剂)、压制成形工艺,或者直接通过聚合作用得到。

根据所获得的材料不同,合成过程所需标准和采购程序也存在差异。一些化合物(如硝化甘油)稳定性极低,需要严格的温度和压力控制,以及对摩擦和冲击的处理;还有一些材料(如三硝基甲苯)稳定性高,不易发生反应,只能通过雷管装置参与过程。

另一类含能材料是烟火剂,它是一种适合燃烧,会产生一些特殊效果的混合材料。通常,该物质组分类似于推进剂,含有燃料、氧化剂和结构完整性的胶黏剂。烟火剂产生的"特殊效果"可能有热、辐射光、烟或声音,主要应用于点火器、照明设备、信号、诱饵和干扰设备等。

在含能材料的表征过程中,可以采用一些新的分析技术,如差示扫描量热法(DSC)、傅里叶变换红外光谱法(FT-IR)、高效液相色谱法(HPLC)和摩擦感度、撞击感度、火花感度和热分析。

DSC 是一种广泛应用的热分析技术,优点是样品用量小,对毫克和测试速度要求较低,可以确定热分解反应的动力学参数。

FT-IR 根据化学键的特定振动频率(振动水平)提供所分析物质的结构信息,从而有可能确定取代基的组成和位置,并在某些情况下确定分子整体结构。

HPLC 是物质鉴别和纯度检验方面最常用的技术之一。HPLC 采用小样品量,填充有特殊制备的材料和流动相,在高压下淋洗,在几分钟内以高分辨率、高效率和高灵敏度对几种样品中存在的大量化合物进行定量分离和分析。

火炸药感度是指其对特定外部刺激做出反应的能力,每种激发都要用到不同的技术。例如,摩擦感度分析是通过多孔陶瓷板上少量含能材料样品的摩擦来确定的,而撞击感度分析则通过"落锤"测量。

通过结合不同的材料表征技术,可确定所合成的化合物结构和纯度,识别可能的中间体和干扰物,并测定速度和反应的活化能参数(包括激发灵敏度)。

用作火箭发动机的推进剂是含能材料的主要应用之一,在 20 世纪,这一应用的发展主要遵循两条不同的路径。

第一条路径旨在朝着太空旅行的目标研究空间应用,代表人物包括 Tsiokolsky(俄罗斯)、Goddard(美国)、Esnault-Pelterie(法国)和 Oberth(德国)。他们已充分认识到,火箭发动机推进剂是征服外层空间的关键。液体火箭推进剂被认为能够实现空间探索的目标,因为其推进性能优于固体推进剂。

第二条路径是用于武器系统,主要包括火箭用固体推进剂,这类推进剂必须同时具有一些其他特性,如可以立即使用、体积小、使用寿命长等。20 世纪末,将液体和固体推进技术进行了集成,在运载火箭推进和导弹等方面都能看到固液推进剂的应用。

与其他类型的发动机相比,在航空航天系统,尤其是战术导弹甚至卫星发射装置中,固体火箭推进剂的优点超过其缺点,因此目前仍被广泛应用。与应用于液体火箭发动机的液体推进剂相比,固体推进剂的最大优点是其装药密度较高。在推进剂设计中,密度是可能影响发动机中推进剂选择的一个因素。此外,根据不同制备配方,可以获得"化学"稳定的固体推进剂装药,保证在长时间(使用寿命)内物化性能变化微小。在目前的发展阶段,将这些固体推进剂火箭发动机推进系统集成到战术导弹中,使用寿命约为15年。与火箭推进剂甚至燃气涡轮(涡轮喷气发动机)相比,固体推进剂火箭发动机的另一个重要特点是其结构相对简单。再者,考虑到军事装备如战术导弹面临大规模生产和弹道特性的重现性等紧迫问题,这种简单性会是一项决定性优势。而且,由于这种简单性,固体火箭发动机的发展和生产成本大大低于上面提到的其他发动机。中程导弹的亚声速推进选择低成本的涡轮喷气发动机。同样地,固体推进剂火箭发动机作为推进系统时,维修费用远远低于其他推进系统。至于固体火箭推进剂的主要缺点包括火箭发动机比冲较低、重要弹道特性不佳,以及大推力固体火箭发动机推力的调节比较困难。然而,在过去的几十年中,固体火箭推进剂研究已经取得了很大的进展,以上缺点已经被尽可能地降到最低。因此,基于固体推进剂装药的火箭发动机是通过化学反应产生推力(化学推进)的最简单方式来实现的,可满足多种需求,如:用作火箭和导弹的主发动机、冲压式发动机和超燃冲压发动机循环中导弹推进的"助推器"(加速器)、卫星运载火箭的主发动机(如巴西航天计划)。

本书共15章,各章内容简介如下:

第1章介绍了新型含能材料的新配方,重点介绍了制备固体火箭推进剂的新技术,在近几十年中得到了广泛的关注和研究。本章介绍了空间推进火箭发动机应用的新思路和新配方。

第2章介绍了利用添加剂和(或)不同燃料增强含能材料,以改进含能材料燃烧特性的研究现状。本章总结了近几年的多项技术研究成果,并分析了各种添加剂对改进发动机和燃烧特性的影响。

第3章采用Chapman–Jouguet方法推导了范德瓦耳斯和Noble–Abel气体中传播的燃烧波的跳跃条件。本章在分析的基础上,利用物理特性和平衡方程等对燃烧波的主要性质进行了表征。

第4章介绍了辐射物与半透明金属化含能材料相互作用的理论分析。对于不同结构和配方、类型、含量和粒度的金属推进剂,点火过程可能差异很大,在大规模应用中可能导致一些严重问题。

第5章利用计算流体动力学模拟分析了旋流式雾化喷嘴。本章作者设计了一些旋流式雾化喷嘴,并对燃料/氧化剂的流量进行了分析,给出模拟分析计算的比较结果。而且,作者将标准湍流模型应用于该模拟中,来评估表面的相互作用和系统的几何构型。

第 6 章介绍了旋流喷射器中液态石蜡薄片裂解的实验结果。液态石蜡是一种值得研究的有趣液体,它会在低温下熔化,并让研究人员得以用低成本测试喷射器的性能(机械和结构),研究结果可与类似喷射器的模拟结果进行比较。

第 7 章讨论了装有固体推进剂的火箭发动机的弹道特性。配方中三维立体的粒径分布使得发动机具有不同弹道性能,如比冲、推力等。本章还对系统点火后发动机的几何构型和膛压进行了模拟,并给出了结果。

第 8 章展望了绿色推进剂的发展趋势。由于火箭载有大量推进剂材料,在过去几年中,其排放已成为一项严重的环境问题。开发新型含能材料,改进燃烧系统和配方是减少环境危害的"绿色"方法之一。作者分析并展望了几种可望替代卤化或有毒物质的新型含能材料。

第 9 章阐述了在实验室条件下,如何利用旋流喷嘴改善使用混合反应物的混合火箭发动机性能,并进行了完整的分析和实验测试。作者提出了内容详细、图文并茂的系统描述及燃烧分析,而且在进行实验之前,作者还开发了多个模型来寻找最佳参数,以期获得最好的系统性能。

第 10 章讨论了纳米技术在固体推进剂配方中的应用。采用热分析方法对配方进行了评估,并对氧化铁不同粒度(微米、纳米尺度)的影响进行了研究,获得了动力学重要参数,尤其是可利用其计算整体燃烧过程的速度。

第 11 章讨论了填充固体推进剂的火箭发动机的储存寿命。出于多种原因,许多地方长期存放火箭发动机,这可能导致推进剂配方的老化。本章采用热分析技术研究了不同储存时间对推进剂配方物理化学性能的影响。

第 12 章对新型含能材料的老化过程进行一些实验、测试和评估。在本章中,作者对加速老化过程中的固体推进剂配方进行分析,并用热分析法分析其效果。

第 13 章对钢筋混凝土板在遭受非约束炸药爆炸后的结构和完整性进行预测试和分析。这些预测试和精确模拟技术同等重要,以较低成本提供了系统性能的详细信息。对预测试和模拟分析程序进行优化后,可用于大规模试验。

第 14 章讨论了红外技术在表征和量化火炸药中聚合物(胶黏剂)含量方面的应用,也可应用于其他含能材料。塑性炸药中的聚合物含量可以决定炸药的性能或预期起爆;内部结构是弹道性能的重要部分,本章提出了一种快速评估的新方法。

第 15 章对电火工装置的引爆过程进行了分析,电火工装置通常用于点燃含能材料或引发化学反应。为激发工作系统的全部潜力,本章对这些材料进行了精确的性能测试。

缩略词

ADN	二硝酰胺铵
AN	硝酸铵
AP	高氯酸铵
ARC	大西洋研究公司
BAMO	3,3-双(叠氮甲基)氧杂环丁烷
BHEGA	N,N-双(2-羟乙基)乙二醇酰胺,也称为HX-880,BHEGA是一种胶黏剂
BPS	丁二酸二丙二醇酯
Bu-NENA	N-丁基硝氧乙基硝胺
CCP	凝聚相燃烧产物
CMDB	复合改性双基
CTPB	端羧基聚丁二烯
DB	双基
DCE	二氯乙烷
DCM	二氯甲烷
DMF	N,N-二甲基甲酰胺
EMCDB	浇铸改性双基弹性体
ESD	静电放电
FOI	瑞典国防研究局
GALCIT	加州理工学院古根海姆航空实验室
GAP	叠氮缩水甘油醚聚合物
GUDN	N-胍基脲二硝酰胺,也称为FOX-12
HADNMNT	2-偕二硝甲基-5-硝基四唑羟胺盐
HAN	硝酸羟胺

HATO	5,5′-联四唑-1,1′-二氧二羟铵,也称为 TKX-50
HBIW	六苄基六氮杂异伍兹烷
HDPE	高密度聚乙烯
HEM	高能材料
HMX	奥克托今
HNF	硝仿肼
HNIW	2,4,6,8,10,12-六硝基-2,4,6,8,10,12-六氮杂异伍兹烷,俗称 CL-20
HTPB	端羟基聚丁二烯
HTPE	端羟基聚醚
ICP	化学物理研究所
ICT	弗劳恩霍夫化学技术研究所
IM	钝感弹药
JATO	喷气助推起飞
JPL	喷气推进实验室
KP	高氯酸钾
LPG	液化石油气
LH	液氢
LOX	液氧
NASA	美国航空航天局
nAl	纳米铝粉
NC	硝化棉
NEPE	硝酸酯增塑聚醚(或硝酸酯聚醚)
NG	硝化甘油
OB	氧平衡
PBAN	聚丁二烯丙烯腈
PDL	压力爆燃极限
PETN	季戊四醇四硝酸酯
PGN	聚缩水甘油醚硝酸酯
PMMA	聚甲基丙烯酸甲酯

PU	聚氨酯
RDX	黑索今
SL	骨架层
SNPE	国家粉末炸药公司(1971—2013年)
THF	四氢呋喃
XLDB	交联双基
μAl	微米铝粉

目 录

第1章 用于空间推进的新型固体火箭推进剂配方 ·················· 1

    1.1 引言 ··· 1

    1.2 固体火箭推进剂发展历程 ··· 2

    1.3 固体火箭推进剂用先进氧化剂 ······································ 5

    1.4 固体火箭推进剂用金属燃料 ·· 9

    1.5 复合固体火箭推进剂用胶黏剂 ···································· 11

    1.6 ADN基单氧化剂的固体火箭推进剂 ······························· 12

    1.7 ADN基双氧化剂固体火箭推进剂 ································· 14

        1.7.1 基于ADN + PSAN的双氧化剂 ······························ 15

        1.7.2 ADN基双氧化剂固体火箭推进剂 ··························· 17

    1.8 结论和未来工作建议 ·· 18

    参考文献 ·· 19

第2章 含能材料燃烧过程的增强 ·· 23

    2.1 引言 ·· 23

    2.2 富氢 ·· 24

        2.2.1 富氢汽油 ·· 27

        2.2.2 富氢柴油 ·· 29

        2.2.3 富氢乙醇 ·· 32

        2.2.4 富氢天然气 ·· 32

    2.3 臭氧富集 ··· 34

    2.4 乙醇富集 ··· 37

    2.5 结论 ·· 42

    参考文献 ·· 43

第3章 范德瓦耳斯和 Noble – Abel 气体中的 Chapman – Jouguet 燃烧波 ········ 50

3.1 引言 ········ 50
3.2 真实气体 ········ 52
3.2.1 范德瓦耳斯(VDW)和 Noble – Abel(NA)状态方程 ········ 52
3.2.2 范德瓦耳斯气体的 Chapman – Jouguet 研究 ········ 53
3.2.3 雷利线方程 ········ 54
3.2.4 范德瓦耳斯气体的 Rankine – Hugoniot 关系式 ········ 54
3.2.5 范德瓦耳斯气体的滞止参数 ········ 58
3.2.6 NA 气体的 CJ 方程 ········ 59
3.2.7 NA 气体的等熵特性 ········ 62
3.3 体积协同效应 ········ 62
3.4 应用 ········ 69
3.4.1 用于 CJ 方程的 n – 辛烷和空气的化学计量混合物 ········ 69
3.4.2 初始压力对丙烷和稀释空气混合物的爆轰性能影响 ········ 71
3.5 结论 ········ 72
参考文献 ········ 72

第4章 金属基固体推进剂的激光点火 ········ 74

4.1 引言 ········ 74
4.2 激光脉冲辐照下准均相推进剂的点火 ········ 75
4.2.1 均相加热 ········ 77
4.2.2 非均相加热 ········ 78
4.2.3 多色脉冲辐照点火 ········ 79
4.2.4 光学不连续性对点火过程的影响 ········ 80
4.3 小粒子悖论 ········ 82
4.4 降低含能材料激光点火的能量 ········ 83
4.4.1 过程模型和主要关系 ········ 84
4.4.2 临界点火能量与脉冲持续时间和初始温度的关系 ········ 87
4.5 结论与展望 ········ 89
参考文献 ········ 90

第5章	旋流雾化器内流场动力学 CFD 模拟仿真	92
5.1	引言	92
5.2	喷射器的类型	93
5.3	旋流式雾化器分析	97
5.4	数值模拟	99
	5.4.1 网格生成	100
	5.4.2 数值仿真模型	102
	5.4.3 结果	102
5.5	结论	117
	参考文献	118

第6章	离心喷射制备的液体薄片的裂解	120
6.1	引言	120
6.2	平面液体薄片	121
6.3	扇形液体薄片	122
6.4	锥形液体薄片	122
	6.4.1 旋流加压喷射器内锥形液体薄片的液滴直径	124
	6.4.2 液体薄片厚度	124
6.5	实验	125
6.6	结论	128
	参考文献	129

第7章	基于复杂 3D 几何形状推进剂药柱的固体火箭发动机内弹道模拟	131
7.1	引言	131
7.2	巴西固体火箭发动机的历史	132
7.3	技术应用	133
7.4	理论研究	134
	7.4.1 热力学考量	134
	7.4.2 模型建立	136
7.5	方法	136

XVII

  7.5.1 水平集方法和离散化 ……………………………………… 136
  7.5.2 固体推进剂燃烧规律 ……………………………………… 137
  7.5.3 推力方程 …………………………………………………… 138
  7.5.4 固体推进剂侵蚀燃烧 ……………………………………… 139
  7.5.5 喷管侵蚀 …………………………………………………… 139
 7.6 软件应用 ………………………………………………………… 139
  7.6.1 流程图 ……………………………………………………… 139
  7.6.2 描述 ………………………………………………………… 140
  7.6.3 网格细化程度的影响 ……………………………………… 140
 7.7 案例结果 ………………………………………………………… 140
 7.8 结论 ……………………………………………………………… 148
 参考文献 ……………………………………………………………… 149

第8章　绿色推进剂 ……………………………………………………… 151

 8.1 引言 ……………………………………………………………… 151
 8.2 绿色化合物 ……………………………………………………… 153
  8.2.1 ADN ………………………………………………………… 153
  8.2.2 ADN 基推进剂 …………………………………………… 154
  8.2.3 HAN ………………………………………………………… 156
  8.2.4 HAN 基推进剂 …………………………………………… 156
  8.2.5 HNF ………………………………………………………… 157
  8.2.6 HNF 基推进剂 …………………………………………… 158
  8.2.7 双氧水 ……………………………………………………… 159
  8.2.8 一氧化二氮 ………………………………………………… 160
 8.3 结论 ……………………………………………………………… 162
 参考文献 ……………………………………………………………… 162

第9章　评估混合火箭发动机离心喷注特性的实验室设计与测试 …… 165

 9.1 引言 ……………………………………………………………… 165
 9.2 方法 ……………………………………………………………… 166
  9.2.1 材料的选择 ………………………………………………… 166
  9.2.2 装药的热分析 ……………………………………………… 167

		9.2.3 燃烧模拟	168
		9.2.4 几何设计	169
	9.3	理论分析结果	170
		9.3.1 模拟	170
		9.3.2 实验室级发动机结构设计	171
		9.3.3 实验装置	171
		9.3.4 喷射器几何结构	172
	9.4	实验结果	174
		9.4.1 燃速分析	174
		9.4.2 数据整理	175
		9.4.3 采用不同喷射方法的性能参数比较	175
		9.4.4 装药分析	178
		9.4.5 喷射器的尺寸	182
		9.4.6 阻断效应	182
		9.4.7 理论与实验结果的比较	183
	9.5	结论	184
	参考文献		184

第 10 章 含纳米和微米 Fe_2O_3 燃速催化剂的 HTPB/Al/AP 固体推进剂的热分解动力学研究 ·················· 186

10.1	引言	186
10.2	实验部分	193
10.3	结果与讨论	194
10.4	结论	203
参考文献		204

第 11 章 固体火箭发动机寿命预估影响因素研究 ·················· 206

11.1	引言		206
11.2	研究方法		208
11.3	结果与讨论		210
		11.3.1 DSC 曲线分析	210
		11.3.2 与相关文献结果的相似之处	212

11.3.3　TG/DTA 曲线分析 …… 213

11.4　结论 …… 216

参考文献 …… 216

第 12 章　HTPB 推进剂的加速老化研究 …… 218

12.1　引言 …… 218

12.1.1　推进系统 …… 218

12.1.2　固体火箭发动机 …… 218

12.1.3　混合火箭发动机 …… 220

12.1.4　推进剂 …… 222

12.2　推进剂的发展 …… 226

12.2.1　基于天然聚合物的推进剂 …… 226

12.2.2　基于惰性聚合物的推进剂 …… 227

12.2.3　基于含能聚合物的推进剂 …… 229

12.2.4　可回收聚合物 …… 230

12.3　方法 …… 231

12.4　结果和讨论 …… 232

12.5　结论 …… 237

参考文献 …… 238

第 13 章　无约束炸药爆炸加载混凝土板的预测试与分析 …… 242

13.1　引言 …… 242

13.2　使用钢筋混凝土板的典型爆破试验 …… 243

13.2.1　爆轰波参数 …… 244

13.2.2　简化的动态响应分析 …… 245

13.2.3　小尺寸爆炸预测试装置 …… 247

13.3　爆破预测试试验结果及与理论分析结果对比 …… 251

13.4　结论 …… 252

参考文献 …… 253

第 14 章　FI-IR 技术量化表征高聚物黏结炸药中的聚合物含量 …… 256

14.1　引言 …… 256

14.2　PBX 简介 ·················· 258
14.3　单质炸药简介 ·················· 259
　　14.3.1　RDX ·················· 259
　　14.3.2　HMX ·················· 259
　　14.3.3　PBX 用聚合物简介 ·················· 259
　　14.3.4　Viton ·················· 260
　　14.3.5　Estane ·················· 260
　　14.3.6　EVA ·················· 261
　　14.3.7　炸药表面包覆 ·················· 261
14.4　测试方法 ·················· 262
　　14.4.1　色谱法 ·················· 262
　　14.4.2　热重分析 ·················· 262
　　14.4.3　FT-IR 技术 ·················· 263
14.5　讨论 ·················· 265
　　14.5.1　热重定量分析 ·················· 265
　　14.5.2　PBX 定量分析的 HPLC 方法 ·················· 268
　　14.5.3　FT-IR 分析 ·················· 270
　　14.5.4　使用 UATR 技术分析 HMX/EVA 体系 ·················· 277
14.6　结论 ·················· 280
参考文献 ·················· 281

第 15 章　电爆炸装置的起爆过程分析 ·················· 287

15.1　引言 ·················· 287
15.2　简单类推 ·················· 288
15.3　EED 热模型的分析 ·················· 288
15.4　结论和进一步研究 ·················· 294
参考文献 ·················· 294

第1章 用于空间推进的新型固体火箭推进剂配方

Luigi T. DeLuca

（米兰理工大学，意大利）

Manfred A. Bohn, Volker Gettwert, Volker Weiser, Claudio Tagliabue

（弗劳恩霍夫化学技术研究所，德国）

摘要：固体火箭推进剂性能独特，适用于太空探索和军事任务；但其性能有限，特别是在质量比冲方面。虽然目前已开发有新型高能材料，但大部分无法在短期内实际应用。目前，尚无任何集成飞行器设计应用此类新型含能组分。本章综述二硝酰胺铵（ADN）的特性，并特别提到可应用 ADN 打破高氯酸铵（AP）的当前局限。AP 的质量比冲有限，且会对环境和个人健康产生负面影响。ADN 基双氧化剂配方、Al 基双金属燃料和惰性或高能胶黏剂组合是具有发展前景的解决方案，能够支持完成环境影响最小化 ADN + AN 或推进性能最大化 ADN + AP 的各种固体火箭推进任务。

1.1 引　　言

固体火箭推进剂提供的推力大，体积相对较小且成本较低，还具有密度大、储存时间长、准备时间短等优点。这些特性使得固体推进剂在军事应用以外，尤其适用于重型航天发射器的第一级或辅助助推器，以及小型空间发射器的助推级。然而，固体推进剂的质量比冲（I_s）性能有限。而且，目前太空探索任务中，应用最广泛的是 AP/HTPB 基复合推进剂，这种推进剂对环境（由于大量排放盐酸 HCl）和个人健康（由于高氯酸盐与碘大量进入甲状腺）都有负面影响。AP 基含能材料在军事应用后的弃置问题也带来了更多挑战。

为了克服上述难题，全球多个先进实验室正在开发各种新型组分，并已经发现几种高能材料推进剂，包括以高氮化合物、辛烷基 $C_8(NO_2)_8$、金属氢、原子自由基和亚稳态氦等为基的配方。同时也在研究将 NiO 和 CuO 等金属氧化物作为新型催化剂的可能性,对推进剂配方的燃速进行精确调控。然而,由于在大规模制造、地面处理、人员安全、搬运和运输安全、冲击感度、延长储存和成本考虑等方面的各种重大困难,大部分上述化合物远不能在短期内实际应用。而且,目前尚无任何集成飞行器设计应用此类全新且有潜力的推进剂成分或配方。

  本章将在刚完成的国际联合编著基础上,对这一现状进行广泛综述,经过快速的系统调研,对一些有应用前景的组分如固体氧化剂、金属燃料、胶黏剂和添加剂进行了筛选。在氧化剂中,特别关注了 ADN 基体系,但 ADN 的固有特性(物理、化学、机械、弹道等)决定了其远无法成为固体火箭推进剂的理想组分,尤其在空间探索的应用上。与之相比,双氧化剂体系如 ADN + AN 或 ADN + AP 可能是更适合固体火箭推进任务的解决方案。

  本章旨在通过恰当结合这 3 种无机氧化剂(ADN 和为人熟知的 AN 和 AP),说明其可以打破当前限制,付诸更广泛、有意义的应用当中。本章从热化学和弹道学角度讨论了几种推进剂配方的示例。但是,从实验室结果到发动机应用还有一定距离,需要进行全面的弹道测试,并对推进剂制备、力学、老化和安全特性及成本等进行综合分析。

1.2 固体火箭推进剂发展历程

  过去数千年,人们一直使用基于黑火药的固体火箭推进剂。早在公元前 220 年左右,中国人在偶然的炼金实践中发现了这一应用。而后,欧洲引进了以硝化棉(NC)为基的无烟推进剂,并在 1863—1888 年取得重大进展。之后,美国也取得了突破性的进展,在 JATO 火箭的 GALCIT 计划框架内引入可浇铸的复合推进剂,该项目(1934—1943 年)由 Theodore Von Karman 牵头,组内有多位著名专家,如 Martin Summerfield、Frank Malina 和 Jack(John)Parsons。1942 年 6 月,Parsons 是一个自学成才、十分古怪但富有想象力的化学家,他结合有机基质沥青与结晶无机氧化剂 KP 成功制造出第一种可浇铸的复合固体推进剂。在 GALCIT 项目结束时,Parsons 还偶尔用 AP 取代 KP,作为结晶无机氧化剂,减少烟雾排放。航空喷气工程公司(现为喷气飞机 Rocketdyne 公司)从 1948 年开始对 AP 进行系统测试(Umholtz,1999)。该公司由 GALCIT 团队于 1942 年成立(于 1944 出售给通用轮胎和橡胶公司),并在 1943 年转型为今天的 JPL。在大多数火箭应用中,复合推进剂最终取代了基于 NC 和 NG 混合物的双基推进剂。GALCIT 项目正是现代固体推进剂配方的发源处。

  继 Parsons 在 1942 年取得突破之后,复合固体推进剂在美国朝多个方向积极发展。其中,潜艇(美国海军)和筒仓(美国空军)出于发射洲际弹道导弹的需要,亟须更高效的推进剂,因此极大地推动了固体推进剂配方研发的进程。但现在,这种对于更高性能的不断推动似乎进入了尾声。由图1-1可知,过去几十年间的研发曲线整体趋平。根据有机胶黏剂体系,可将高能固体推进剂分为两类,这种分类对于危害分级和应用判定都有重要意义。

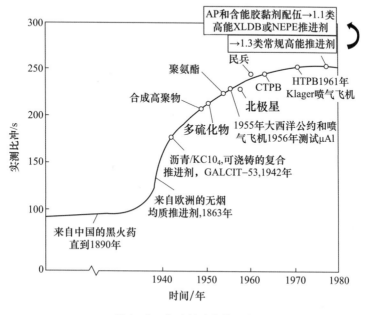

图1-1　推进剂的发展历程

使用高能胶黏剂或至少增塑剂的 XLDB 推进剂通常属于1.1类危险品,使用惰性胶黏剂的常规复合推进剂属于1.3类危险品。高能 XLDB 配方在某种程度上能够代表用于均质推进剂配方的化合物组合(Davenas,2003)及最初由 Parsons 研发的可浇铸非均质推进剂。然而,这些定义的使用并不严格,相关术语也存在误导性。尽管存在本质差异,但是 CMDB、XLDB、EMCDB 和 NEPE 等表达被认为是大体一致的。

HEM 在世界范围内的发展历史概括于表1-1中。

表1-1　HEM 的发展历史

时间	事件
公元前220年	中国人偶然炼金,制成接近于黑火药的固体混合物
约85年	罗马皇帝多米提乌斯转而使用燃烧的箭
690年	阿拉伯人在麦加围攻中应用黑火药
940年	中国人用类似于黑火药的炸药配方发明"火球"

续表

时间	事件
1232 年	开封府战役:用火箭或燃烧箭击退蒙古军队
1379 年	Chiozza 岛战役:使用一种名为"Rocchetta"的毁灭性粉体火箭
约 1390 年	中国明朝人万户成为首个历史记载的宇航员
1659 年	德国的 J. R. Glauber 合成 AN
1792 年 1799 年	意大利 Tipu Sultan 军队使用金属壁燃烧室两次击败位于 Seringapatam 的英国军队
1805 年	击败印度后,英国威廉上校将粉体火箭的范围从 600 码增加到 2000 码(约 550~1829m)
1807 年	皇家海军用 14000 支粉体火箭摧毁哥本哈根的大部分
1812 年	皇家海军应用 Congreve 火箭
1816 年	奥地利的 Count Frederick von Stadion 在德国合成 KP
1831 年	法国的 G. S. Serullas 发现 AP
1846 年	意大利的 A. Sobrero 发现液体硝化甘油
1863 年	布鲁塞尔的 F. E. Schultze 制备了少烟 NC 推进剂
1864 年	法国的 P. Vieille 制备少烟 NC 推进剂
1875 年	诺贝尔(Nobel)将硝化棉和硝化甘油混合形成凝胶
1877 年	法国的 L. Jousselin 制备了硝基胍 NQ
1888 年	诺贝尔(Nobel)发明了少烟双基火药
1889 年	英国的 F. Abel 和 J. Dewar 发明少烟双基火药专利
1899 年	德国的 G. F. Henning 制备了医学用 RDX
1938 年	苏联 ICP 的 A. F. Belyaev 和 Ya. B. Zel'dovich 提出"粉体和炸药燃烧理论"(气相中的优先反应)
1942 年	苏联 ICP 的 Ya. B. Zel'dovich 提出"粉体和炸药燃烧理论"(固体推进剂的过渡燃烧)
1942 年	美国 GALCIT 的 J. Parsons 第一个提出浇铸 KP 复合固体推进剂
1943 年	美国的 W. E. Bachmann 制备了 HMX(1930 年第一次合成)
1948 年	为了减少烟雾,首次在喷气式飞机中用 AP 替代 KP
1955 年	C. Henderson 和 K. Rumbel 在大西洋研究公司(ARC)测试了 Al
1960 年	首次采用 AP + Al + PU(北极星 A1)
1962 年	首次采用 AP + Al + NC/NG(北极星 A2)
1964 年	首次采用 AP + HMX + Al + NC(北极星 A3)
1964 年	芝加哥大学的 Eaton 和 Cole 第一次合成立方烷
1968 年	美国的 J. R. Lovett 发明制备 HNF 专利

续表

时间	事件
1970 年	海神 C3 首次潜艇发射，2 级 CMDB
1971 年	俄罗斯有机化学研究所的 V. A. Tartakovsky 和 O. A. Luk'yanov 首次合成了 ADN
1977 年	三叉戟 I C4 首次发射，三级 XLDB – 70(70% 固体材料)
1987 年	美国的 Arnie Nielsen 第一次合成 CL – 20
1990 年	三叉戟 II D5 第一级潜艇发射，三级 XLDB – 75(75% 固体材料)

至少在西方国家，最先进的太空探索用固体推进剂是 AP/HTPB/Al 配方。有论文对正在研究的先进配方(DeLuca 等，2016)进行了讨论。Sinditskii(DeLuca 等，2016)则更加关注高氮化合物配方。一些 HEM 的燃烧消耗正生成热，而非碳骨架氧化能，这些 HEM 能在相对低的燃烧温度下产生相对较高的比冲，因此受到炸药应用，以及气体发生器和推进剂配方应用方面的关注。1,2,4,5 – 四嗪(也称为四嗪)衍生物就是其中之一。1,2,4,5 – 四嗪是稳定嗪类中含氮原子数量最大的独特杂环化合物。在多硝基 HEM 中，1,2,4,5 – 四嗪衍生物由于其高密度、热稳定性和对 ESD、摩擦和撞击的显著不敏感性而引起人们关注。四嗪环的高生成焓和良好的热稳定性带来四嗪基 HEM，可制成不敏感、耐腐蚀且环保的配方，应用广泛。对燃烧行为的研究表明，大多数四嗪是表面温度高的低挥发性物质，这决定了许多四嗪衍生物在凝聚相燃烧中起主导作用。四嗪在氧化还原反应中表现出低反应性，因此尽管具高能特性，其盐与氧化酸和配位化合物的燃速适中。

Singh 的研究表明(DeLuca 等，2016)，使用新型含能绿色氧化剂如 ADN 和臭氧化铵，以及与 GAP、BAMO 和 BAMO – THF 共聚物等高能胶黏剂配合，可将比冲提高 320s 以上，四叠氮丙二酸和四叠氮戊二酸盐等含能增塑剂杂质也可进一步提高比冲。同样地，如包含富氮化合物如硝基胍叠氮化物、N8、N10 等，也可以进一步提高能量。添加纳米金属粉和纳米金属氢化物可显著提高燃速，但是，大多数此类新型环保组分和配方仍需经历从实验室到工业应用的、漫长而不确定的过程。

1.3　固体火箭推进剂用先进氧化剂

研发先进配方的主要目标是开发一种绿色和高性能组分，以替代 AP。这种理想的固体氧化剂应无氯、尽可能低毒、热稳定性高，与常用推进剂组分相容，并在使用期间有良好的适用期(DeLuca 等，2016)。在这方面，Kettner 和 Klapötke (DeLuca 等，2016)指出，寻找化学推进剂的新型氧源是全世界研究的焦点。这些研究者采取的策略是，用合成中性 CHNO 基材料全部或部分替代 AP。他们在文章中指出近年实验室合成的几种新型正氧平衡的化合物。他们的研究兴趣在于合成含有三硝基甲基官能团的分子,因为该基团氧含量很高。经过长期系统的调研,他们提出了4种不同分子类型,作为骨干衍生出不同多硝基部分,并就所得中性化合物详细讨论了其作为固体火箭推进剂中氧载体的性能。在此类应用中,所得化合物都显示出应用的优缺点。与类似三硝基甲基衍生物相比,含氟材料在质量比冲(I_s)方面表现较差,但是其在满足热稳定性和低感度的需求方面优于三硝基甲基化合物。

Fan 等描述了两种新型四唑盐 HADNMNT 和 HATO(DeLuca 等,2016)。理论上,HADNMNT 是一种有潜力替代推进剂中 AP、RDX、HMX 和 CL-20 的氧化剂。安全性能测试表明,HATO 具有优异的热稳定性和较低机械感度。在真空稳定测试中,HATO 与 HTPB、AP、RDX 和 Al 粉的相容性良好。将 HATO 和 RDX 作为复合推进剂组分的比较结果表明,HATO 配方具有高燃速、低机械感度等优点。HATO 基推进剂的燃速较高,与 RDX 相比,HATO 具有更高的燃速(Sinditskii 等,2015)。

然而,上述组分和其他有应用前景的组分仍然远未达到飞行应用的要求。如今,可选为固体火箭推进剂内主要氧化剂的化合物包括 AN、AP、HNF、ADN 和 HNIW(俗称 CL-20)。此外,在高性能军事推进任务中,RDX 和 HMX 经常用作辅助氧化剂。AN 和 AP 是众所周知的固体无机氧化剂,几十年来一直被广泛使用;RDX 和 HMX 也是广为人知的固体有机炸药。相应地,HNF、ADN 和 CL-20 是相对较新的固体高能材料,其特点在于高能量、无氯配方和无烟排气,原则上都具备替代 AP 的可能性。无论哪种情况,可浇铸推进剂都需要合理的黏度和高固体负载,在这方面,要寻求具有最小空间延伸的粒子,优选低纵横比和优选球形形状颗粒。

上述固体推进剂作为单组元推进剂的主要特点详见表 1-2(DeLuca 等,2013)。T_f 为 6.8MPa 的自爆燃绝热温度。为保证数据的一致性,在可能的情况下,每种属性表征应选择统一参考值(如 O_2 平衡和 T_f)。由 Atwood 等(1999)对表 1-2 中所有氧化剂(除 AN 外)作为单推进剂的弹道性能进行了对比实验分析。ADN 的自爆燃率最高,同时其初始温度感度在大多数常用压力范围内高于 AP(如空间发射 0.1~7MPa)。自爆燃值在 6MPa 时为 30mm/s,压力指数 n = 0.6,而在压力区间 0.2~4MPa 时感度略有下降,压力指数减至 0.46~0.6;区域 1 是数据散射集中区域,观察到的高自爆燃率在图 1-2 的对比图中得到了很好的证明,这是空间探测应用的一个缺点。我们还应注意,与 AP 单组元推进剂的中等爆燃率和中等压力爆燃极限(PDL)相比,AN 单组元推进剂的爆燃率低得多,而 PDL 高得多。此外,与 AP 基推进剂相比,ADN 基推进剂的燃速与氧化剂分散性呈反比关系(Pak,1993)。此外,与 AP 基推进剂相比,ADN 基推进剂的燃速与氧化剂分散性呈反比关系(Pak,1993)。

表1-2 常用固体推进剂用氧化剂特性

高能材料	化学式	氧含量/%	分子量/(g/mol)	密度/(g/cm³)	ΔH_f/(kJ/mol)	T_f/K	费用	环境影响
二硝酰胺铵(ADN)	$NH_4N(NO_2)_2$	51.6/+25.8	124.1	1.81	-134.6	2051	-	+(HNO)
硝酸铵(AN)	NH_4NO_3	60.0/+20.0	80.0	1.73	-365.7	1247	+	+(HNO)
高氯酸铵(AP)	NH_4ClO_4	54.5/+34.0	117.5	1.95	-295.8	1406	=	-(CHNO)
CL-20 或 HNIW	$(NNO_2)_6(CH)_6$	43.8/-10.9	438.2	2.04	+454.0	3591	-	=(CHNO)
奥克托今(HMX)	$C_4H_8N_4(NO_2)_4$	43.2/-21.6	296.2	1.90	+75.0	3278	≈	=(CHNO)
硝仿肼(HNF)	$N_2H_4HC(NO_2)_3$	524/+25.0	183.0	1.86	-72.0	3082		=(CHNO)
黑索今(RDX)	$C_3H_6N_3(NO_2)_3$	43.2/-21.6	222.1	1.82	+61.5	3286	≈	=(CHNO)

注:=参考值;≈与参考值接近;-比参考值差;+比参考值好(量化规模)。

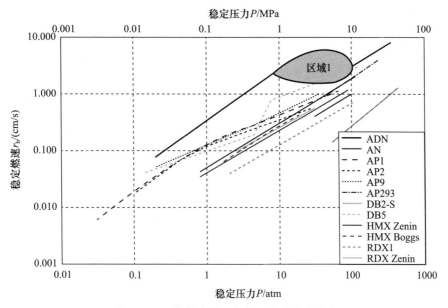

图1-2 不同推进剂压力与燃速的关系曲线

由于组分相容性和分解行为导致的不稳定性,HNF 不会作为 AP 的替代品(Bohn,2015;Tummers 等,2012;Lowers 等,1999;Sinditskii 等,2002;Sinditskii 等,2002)。HNF 基固体推进剂的弹道试验常表现出非常大的压力依赖性(压力指数接近1),或者压力指数降低到较理想数值时出现严重的不相容性,如低于0.6。在欧洲,HNF 主要在荷兰生产;如今多是印度和中国在继续制造和应用 HNF。

CL-20 是有机化合物中已知的能量和密度最高的化合物,但 CL-20 的一些特性引起人们的担心,如其对撞击和摩擦的敏感性(DeLuca 等,2016)。所有已知的合成 CL-20 的方法都是基于 HBIW 转变的,但这也带来了重大挑战,因为 HBIW 转化率低,且使用的铂催化剂成本高,需要大幅改进工艺来降低 CL-20 的生产成本。ε 晶相(最高密度)的 CL-20 主要由美国的 Thiokol 和法国的 SNPE(即现在的 Eurenco)生产;俄罗斯、印度和中国也有生产能力。

虽然 RDX 和 HMX 具有爆炸特性而不被用作单组元推进剂,但高性能推进系统中普遍将其用作共氧化剂。有文章(DeLuca 等,2016)讨论了固体火箭发动机协同效应的几个案例,详情请参阅后面讲解。Pang 等(DeLuca 等,2016)研究了 AP 在几种配方中对 HMX 的增效作用,包括氧化剂(AP+HMX)质量分数占 65%、μAl 占比 18%、HTBB 胶黏剂 12%、卡托辛 2% 和添加剂 3% 的配方。在实验室环境,最高 15MPa 的情况下,AP+HMX 双氧化剂配方相比 AP 单氧化剂基础推进剂爆热和密度降低,燃速下降 12.3%~14.5%,这些双氧化剂组合物的力学性能低于 AP 基单氧化剂推进剂的力学性能。

从原则上讲,目前可通过使用更高能且无氯的固体氧化剂代替 AP,来克服 AP 基推进剂配方的主要缺点。但是,出于安全和性能方面的考虑,不建议使用 RDX、HMX、HNF 和 CL-20 作为空间探测任务的主要氧化剂。详细地说,实验显示 HNF 的应用过于危险,而 HNIW 或 CL-20 太过昂贵,且在大规模工业应用中也存在危险。剩余候选包括绿色的 AN、广泛应用的 AP 和富有前景的 ADN。在许多方面,AP 都是优异的固体氧化剂(推进剂化学家将其视为"自然的奇迹"),其至今仍是太空探索任务中最常用的固体氧化物。AN 是一种低成本的绿色氧化剂,应用广泛,其相稳定型(PSAN)具有实际应用的可行性,因为其在环境温度下会发生一系列晶型转变。这 3 种氧化剂均基于铵离子(NH_4^+)。

对上述单组元推进剂的主要特性进行比较可知,ADN 的理论质量比冲远优于 AN 和 AP,基本与 HNF 和 CL-20 持平(Kuo 和 AkaYa,2012)。除 AN($1.73g/cm^3$)之外,ADN($1.81g/cm^3$)的密度小于所有其他常用氧化剂的密度。对纯 ADN 火焰结构的详细研究,特别是 Suntistkii 等(2006)的研究表明,3 个扩展的必要气相区(如 DB)随熔化层漂浮在燃烧表面(如 AN)。因此,ADN 火焰不能如 AP 火焰一般牢固地固定在燃烧表面上,意味着这一复杂的多步热释放机制高度依赖压力水平。而且,ADN 分解温度较为分散,但总体处于低值范围,远低于 AP,这意味着惰性胶黏剂反应慢,会影响气溶胶分解区之外的火焰区域,从而增大压力敏感性,这种效果对于活性胶黏剂是不利的。

Bohn 和 Cerri(Deluca 等,2016)对含 ADN 配方的老化情况进行了系统性研究,测试了几种基于 ADN 的推进剂,包括不同预聚物(GAP, Desmophen®

D2200)、固化剂(BPS,DESMODUR® N3400)和填料类型(Al,HMX)。他们还制备了几种 AP 基配方,进行比较。与 ADN 相比,AP 体系的玻璃化转变温度较低。研究人员对 Desmophen® 基推进剂配方进行了广泛的老化性研究。老化温度为 60~85℃,老化时间调整为在 25℃下 15 年的热等效负荷。AP 基推进剂没有明显的老化改变,但 ADN 基推进剂的性能显著下降。

ADN 作为单组元推进剂,具有高燃速、合理的压力敏感性、低表面温度、低特征信号和环保等特点。与其他固体氧化剂相比,ADN 还具有一些独特的物理和化学性质,如高凝聚相热容为 2.05J/(g·K);表面温度与 AN 相近,但低于 AP;PDL 约为 0.2MPa;但实验观测到的高燃速可能导致其不适合空间探测应用。此外,由于针状 ADN 晶体的存在,使得人们难以制备同时具有恰当弹道性能和良好力学性能的推进剂样品。在欧洲,1996 年,FOI 授权瑞典的 Eurenco Bofors 生产 ADN。FOI 和德国的 ICT 分别通过"用喷嘴喷洒熔融 ADN"和"乳液法"将针状 ADN 晶体制备成颗粒(DeLuca 等,2013)。

1.4　固体火箭推进剂用金属燃料

金属是提高固体火箭推进剂能量的最主要成分。有文章对有关金属(Al、B、Mg、Zr)及其最常见氧化物的重要性质进行了综述(DeLuca 等,2016)。B 的体积热值最高,其次是 Al 和 Zr;B 的质量热值也最高,其次是 Al 和 Mg。金属 Al 和 Mg 的熔化温度比其氧化物低得多,而 B 则相反。B 特有的热力学性质阻碍了其有效燃烧和喷嘴膨胀。推进剂中可能应用 Zr,是因为其密度高(6.52g/cm^3)使火箭速度增量 ΔV 显著增加,而所有其他常用金属燃料的密度要小得多,包括 AlH$_3$(1.477g/cm^3)。AlH$_3$ 的 α 晶相随时间变化保持高度稳定,并且与常用的大多数组分相容,有利于获得优异的弹道性能,并且易在固体火箭发动机的上面级取得优异表现。然而,α-AlH$_3$ 的稳定性是付诸实际应用的必要前提。到目前为止,只有俄罗斯发现了恰当的稳定技术,但并未共享该技术。Al 和 AlH$_3$ 与大多数金属添加剂一样,会使 I_s 增加,这主要是因为 Al 被 H$_2$O 作为燃烧产物强烈氧化,释放出大量能量和分子质量较轻的 H$_2$。

还有几篇论文对金属成分,包括纳米金属和团聚效应进行了最新讨论(DeLuca 等,2016)。DeLuca 等(2016)测试了一系列改性的 Al 粉,从未包覆到包覆的 Al 颗粒,以及从化学活化到机械活化的 μAl,研究人员在实验室燃烧条件下对这些样品进行了比较测试,主要研究了含铝复合推进剂(AP/惰性胶黏剂)的种类和空间应用的典型工况。每个被测试的 Al 样品都有其特性,需要对其进行详细评估和全面考察,才能应用在全尺寸推进体系当中。例如,尽管 B 的热力学性质较差,仍有一项应用前景较好的技术将 B 作为有效成分,即 Al 和 B 双金属燃料(Chan 等,2004)。

基于此,在实验室条件下,研究人员测试了几种 Mg_xB_y 复合双金属粉,Mg 包覆含量(质量范围从 10% ~60%)和 B 纯度(90% 或 95%)各异。当 Al 完全或部分被 B、Mg 或 Mg_xB_y 复合金属取代时,理论 I_s 和绝热火焰温度降低。实验结果表明,在相应 μAl 基推进剂中添加 Mg_xB_y 复合金属粉后,无论金属粉纯度为 90%,还是 95% 以上,稳定燃速均有所提高。在这两种情况下,当镁粉含量为 10% ~25% 时,镁包覆层的精确含量对推进剂燃烧率的影响较小;提高镁含量至 60% 后,燃速增幅逐渐消失。实验结果(Dossi 等,2012)也指出了 Mg 对降低 Mg_xB_y 点火温度及 nAl 水平的正面作用,进一步的实验结果(DeLuca 等,2012)表明,初始平均团聚体粒径普遍降低,特别是 25% 的 Mg 包覆层。B 化合物燃烧过程的基本特征是会在燃烧表面上面或下面形成薄片。

Vorozhtsov 等(DeLuca 等,2016)对通过自蔓延高温合成(SHS)生产 5μm 金属硼化物的过程进行了阐述,生成物颗粒尖锐的曲线分布和纯度显示,它足以用作高能材料中的燃料。

Weiser 等(DeLuca 等,2016)研究了不同压力下,压力升至 15MPa 的过程中,Al 颗粒在 ADN/GAP 体系中的燃烧行为。在接近推进剂燃烧表面温度下,实验测量表明,Al 沸点附近的较高值加速了 Al 颗粒的熔化,并影响团聚过程。在更高的压力下,Al_2O_3 蒸发并分解,温度接近 3000K。铝颗粒的团聚过程与 AP/HTPB/Al 体系的团聚过程相似,初始平均团聚粒径主要受氧化剂粒径的影响,随着压力的增加而减小。

Zhao 等(DeLuca 等,2016)用激光点火试验研究了油酸(nAl@ OA)、全氟十四烷酸(nAl@ PA)和乙酰丙酮镍(nAl@ NA)包覆 nAl 的着火性能。在包覆 nAl 的点火过程中发现了激光热流的临界值。由于乙酰丙酮镍有催化作用,nAl@ NA 的点火延迟时间比 nAl@ PA 和 nAl@ OA 短,在测试的配方中,含 nAl@ NA 推进剂样品的燃速最高,在 15MPa 时达到 26.13mm/s。

Babuk(DeLuca 等,2016)回顾了各种配方因素对 CCP 的影响,即在推进剂燃烧表面形成的团聚体和氧化颗粒烟的影响的最新进展,研究了胶黏剂、氧化剂和金属燃料对活性和非活性胶黏剂、AP、AN(纯、相稳定)、ADN、HMX、μAl 和 nAl、含聚合物的 Al 粉和耐火材料覆盖物的影响。在一般性的物理框架内,CCP 性质(在尺寸、化学组成和内部结构方面)取决于推进剂表面层的燃烧性质,而后者又取决于推进剂组分,体现了 SL 自身性质的重要性。

实验结果支持合理制备新的固体推进剂。总体来说,基于大量的实验研究,要取得最佳结果,推荐采用双 Al 混合物(μAl + Al 或 μAl + Mg_xB_y 或 μAl +

AlH$_3$),协同开发。众所周知,纳米金属粉技术在其他许多领域成功应用,但该技术也有许多缺点,包括粒子聚集(DeLuca 等,2016)、活性金属含量降低、混合黏度增加、推进剂危险感度和依赖钝化技术等。对于 μAl + Al 和 μAl + Mg$_x$B$_y$ 双 Al 混合物,一种较好的方法是用其部分替代 μAl(例如,替代空间推进用复合推进剂中一般 μAl 用量的 1/6 至 1/5)。

1.5 复合固体火箭推进剂用胶黏剂

胶黏剂是浇铸复合推进剂的主要成分,可将推进剂固体颗粒(氧化剂和金属,如有)结合,以达到所需的力学性能。从 1970 年年底开始,HTPB 成为各种商业应用的首选材料;在撰写本书时,"推进级"HTPB 正在美国接受测试。HTPE 是另一种主要用于火箭推进剂的羟基胶黏剂,所含的增塑剂通常为 Bu - NENA,能够提供具有相对高延伸率的助剂。以 HTPE 胶黏剂为基的推进剂与基于 HTPB 的助剂力学特性类似,但实验显示,其对 IM 弹药的慢速烤燃、ESD 和子弹撞击测试不太敏感。HTPE 密度(1.04g/cm^3)高于 HTPB(0.92g/cm^3),且 HTPE 的氧平衡(-220.5%)高于 HTPB(-323.8%),能够允许装填更多 Al,进一步增加密度。关于聚酯二醇 Desmophen® D2200 的最新详细研究,近期由 ICT 作为弹性体胶黏剂的惰性预聚物,具体情况已经报道(Gettwert,Tagliabue,Weiser 等,2015;Gettwert,Fischer,Menke,2013)。有关胶黏剂性能的总结如表 1 - 3 所示。硝酸酯 PGN 具有高 OB 值(-60.5%)和高密度(1.39 ~ 1.45g/cm^3),是含能硝酸酯预聚物之一,最具有用于胶黏剂体系中的潜质。然而,当使用脂肪族异氰酸酯固化剂时,PGN 老化性能很差,影响了其应用性;而且其玻璃化转变温度介于 30 ~ 35℃之间,数值偏高。

表 1 - 3 当前胶黏剂体系中几种预聚物的性能

胶黏剂	化学式	OB 值/%	分子量/(g/mol)	密度/(g/cm^3)	ΔH_f/(kJ/mol)	T_f/K
Desmophen® D2200	C$_{10}$H$_{16.678}$O$_{5.267}$	-166.9	221.2	1.18	-976.1	—
GAP DIOL	C$_3$H$_5$N$_3$O	-121.1	99.1	1.28	+117.2	1570
HTPB - R45T	C$_{10}$H$_{15.4}$O$_{0.07}$	-323.8	136.8	0.92	-62.0	—
HTPE	C$_6$H$_{12}$O$_2$	-220.5	116.1	1.04	-485.3	—
PGN	C$_3$H$_5$NO$_4$	-60.5	119.1	1.39 ~ 1.45	-322.8	1465

关于胶黏剂(包括惰性和含能胶黏剂)的进一步讨论(DeLuca 等,2016)有所报道。Babuk(DeLuca 等,2016)阐明了对于含活性胶黏剂的推进剂而言,SL 和 CCP 的形成取决于燃烧压力。在低压区域中可形成 SL,但是当移动到高压区

域时,SL几乎消失,这导致 CCP 混合物中的团聚体质量分数急剧下降。具体的影响规律取决于活性胶黏剂的燃烧特性。一般来说,所有这类推进剂的高压区域都在 5MPa 以上。

Pei 等(DeLuca 等,2016)研究了基于 BAMO-GAP 共聚物的推进剂燃烧特性。结果表明,在 AP 和 RDX 或 HMX 或 CL-20 之间存在一个最佳比例,能实现理想的能量特性,但如果 AP 被 ADN 取代,推进剂性能将呈线性提高。当 AlH_3 取代推进剂配方中的 Al 时,能量性能大大提高。基于 BAMO-GAP 共聚物的推进剂具有火焰温度低、质量比冲大、力学性能好、燃烧稳定等优良性能,BAMO-GAP 共聚物是固体推进应用中最有前途的含能胶黏剂。

Pivkina 等(DeLuca 等,2016)研究了 AP 对 HMX 的增效协同作用,结果表明,含活性胶黏剂和 AP 包覆 HMX 的配方比超细 AP 和 HMX 较好的机械混合物具有更高的燃速,这意味着使用相当少的 AP 量来达到相同燃速是可能的。

Rashkovskiy 等(DeLuca 等,2016)提出了一种用于含能胶黏剂与惰性和活性填料混合物的理论燃烧模型。该模型考虑了胶黏剂层燃烧表面的曲率和填料的着火延迟。将该模型的结果与含能胶黏剂和高能氧化剂混合物的实验数据做比较,成功地提出一种替代性燃烧机理(Sinditskii 等,2012)。

总之,HTPB 和 HTPE(用于 IM 应用)是当前比较推荐的惰性胶黏剂体系,而 GAP 和 BAMO-GAP 则是最可行的活性胶黏剂。

1.6 ADN 基单氧化剂的固体火箭推进剂

根据当前的工作,本节考虑建议以下基本推进剂组分。

(1) 将 ADN、AP、AN 和 PSAN 作为固体结晶无机氧化剂。

(2) 将 Al(经化学/物理处理的不同粒径和变体 Al)和 AlH_3 作为固体金属燃料,其中一方面包括微米 Al(μAl)、活化 Al(ActAl)、无定形 Al(amAl)和氢化铝(AlH_3);另一方面也包括纳米 Al(nAl)。

(3) 将 HTPB、$HO-[(CH_2=CH-CH=CH_2)]_n-OH$ 和以聚酯二醇为基的 Desmophen® D2200 作为推进剂惰性胶黏剂的预聚物。将以含能聚醚多元醇为基的 GAP 和 $HO-[CH_2-CH(CH_2N_3)O]_n-H$ 作为推进剂活性胶黏剂的预聚物(DeLuca 等,2016)。

以上列举的大部分组分(氧化剂、金属燃料和胶黏剂预聚物)的具体特性在其他文献中有所研究(DeLuca 等,2013;DeLuca 等,2014;DeLuca,2016;Palmuci,2014)。通过比较质量比冲的理论值可见,ADN 再次大幅胜过惰性(HTPB)或高能 GAP 胶黏剂体系使用的 AN 和 AP。

键合剂,如 TEPANOL(或 HX-878)、TEPAN(或 HX-879)和 BHEGA(或 HX-880),主要用于 AP/HTPB 基配方。在某些情况下,特别是 CTPB 或 PBAN 配方中,键合剂也被用作固化剂。在公开文献中,AP 用键合剂的报道较多,提到 ADN 的较少。

近年来,已有多种纳米材料被开发出来(Gromov 等,2016;Yan 等,2016),包括纳米金属颗粒、金属氧化物、金属盐、金属复合材料、有机金属化合物、高能纳米催化剂和碳纳米材料。这些添加剂可以提高分解速率和燃速,并增加相应固体推进剂的燃烧效率。在公开文献中,有许多关于 AP 的报道,但几乎没有关于 AN 的报道。

几项国际性试验指出了 ADN 作为单一氧化剂的不足之处。例如,欧洲项目 HISP(用于空间推进的高比冲推进剂,www.hispfp7.eu)专注于将 ADN 作为单一氧化剂,并基于标准 AP/HTPB 体系、含 ADN 惰性或活性胶黏剂体系分析了两种金属配方。在操作条件下,从被测试的 ADN 基推进剂表现来看,无一能够立即取代 AP 推进剂,用于空间推进。如图 1-3 所示,以一种已经过飞行验证和工程化应用的 AP/HTPB/Al 推进剂作为参考,测试的胶黏剂(惰性 HTPB 或高能 GAP)对 ADN 基推进剂的稳定燃速有较大影响。GAP 的压力依赖性处于合理水平,但燃速非常高(Wingborg,2010);HTPB 燃速合理(在相对低压下),但具有非常高的压力依赖性(de Flon 等,2011)。与通常情况一样,μAl 的存在对 ADN/GAP 的弹道性能(在燃速和压力依赖性方面)并无显著影响(Wimgborg,2014)。

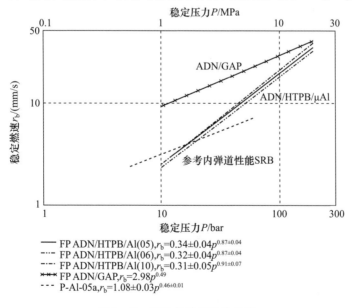

— FP ADN/HTPB/Al(05), r_b=0.34±0.04$p^{0.87±0.04}$
-·- FP ADN/HTPB/Al(06), r_b=0.32±0.04$p^{0.87±0.04}$
-··- FP ADN/HTPB/Al(10), r_b=0.31±0.05$p^{0.91±0.07}$
✳✳✳ FP ADN/GAP, r_b=2.98$p^{0.49}$
--- P-Al-05a, r_b=1.08±0.03$p^{0.46±0.01}$

图 1-3　ADN 推进剂燃速曲线

除几个铝衍变体之外,鉴于 AlH_3 具有优异的推进特性,研究人员对稳定的 AlH_3 也进行了测试(据说 AlH_3 确实被用于俄罗斯军用武器的上面级)(DeLuca 等,2009;Wingborg,Calabro,2016)。在所有测试情况下,AlH_3 明显减少燃速压力依赖性。AlH_3 在燃烧表面表现出快速脱氢,并留下多孔的 Al 晶体准备反应,从气相到燃烧表面附近移除热释放,从而降低压力敏感度。AP/HTPB 配方的表现可参见 DeLuca 等的研究结果(2013,图 1-6),ADN/GAP 配方如图 1-4 所示(Wingborg,2014)。

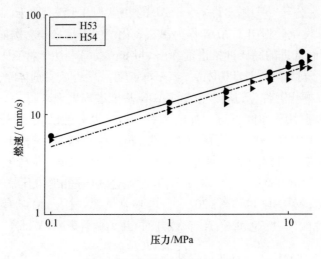

图 1-4 高能推进剂燃速曲线

在 AP/HTPB 体系,燃速显著提高了 2 倍。对于 ADN/GAP 体系,含双级配造粒 ADN(70% 208μm + 30% 55μm)的 H53 和 H54 样品对燃速的影响较小。尽管含 16% AlH_3 的 H53 配方和含 26% AlH_3 的 H54 配方中 AlH_3 的含量明显变化,但稳定燃速相当接近(在 7MPa 下为 24~26mm/s),16% 的样品稍快一些。

总之,尽管具备高性能且完全环保,但其他一些研究表明 ADN 并不适合用作单一氧化剂。研究人员推荐同时使用 ADN 和适当的共氧化剂,选择哪种共氧化剂则取决于推进任务。1.7 节将列举两个例子,来进一步阐释这种应用方法。

1.7 ADN基双氧化剂固体火箭推进剂

基于双氧化剂的组合物,如 ADN + AN 或 ADN + AP,允许部分取代 ADN,从而减轻其本质上较大的自爆燃率。有多篇公开文献(DeLuca 等,2014)用实验结果指出,用 AN 或 AP 替换 ADN 会导致燃速降低。在 ADN 被替换的部分,产生的双氧化剂系统的整体弹道性能也受到轻微影响。此外,在这两种情况下,理论质量比冲均有所降低,且没有详细讨论。无论如何,存在 AP 就意味着排气中会有氯,而 AN 需要相稳定剂来完成高性能推进任务。

Palmuci(2014)计算了一系列双氧化剂配方,如 ADN + AN 或 ADN + AP 在使用不同惰性或含能胶黏剂和金属燃料下的理论质量比冲。

对于 ADN + AN/GAP/AlH$_3$ 和 ADN + AP/GAP/AlH$_3$ 及 ADN + AN/GAP/Al 和 ADN + AP/GAP/Al 推进剂,研究取得了详细的结果。当 ADN、GAP、AlH$_3$ 组分配比为 60∶12∶28 时,用 20% 的 AN 替代 ADN(1/3 的氧化剂),会导致 I_s 从 355.3s 下降到 349.2s(- 1.72%);使用 AP 推进剂,则降低到 352s(- 0.93%);用 Al 作为燃料的其他推进剂配方也有类似的趋势。因此,我们需要从推进剂性能的角度出发,精确选择能使金属团聚的最佳关键参数组合。要记住,相稳定剂的存在会对 ADN + AN 产生影响。需要注意最优性能,部分热化学计算的结果如表 1 - 4 所列。当 AlH$_3$ 用作燃料时,不仅使理论质量比冲提高(增加近 8%),而且使绝热火焰温度、燃烧产物的分子质量和凝聚相燃烧产物性能提升。当燃烧温度较低时,对热保护的需求下降,同时平均分子量降低。这一趋势如图 1 - 5 所示。图中表明分子质量比温度下降得更快,T_c/M_c 更高;凝聚相产物的量也下降了,导致混合物在喷嘴膨胀过程中两相流损失减少。将 AlH$_3$ 加入 GAP 体系的另一个优点是,推进剂的燃烧压力灵敏度降低,这对于提高 ADN 基推进剂的内弹道性能有很大的帮助。虽然难以制备只占 10% 质量的 GAP 配方,但可以用性能变化较小的、更合适的配方来进行测试。

下面讨论 ADN + AN 或 ADN + AP 基双氧化剂推进剂的相关性质。

表 1 - 4　金属基 ADN/GAP 单氧化剂 Al 或 AlH$_3$ 燃料配方的燃烧性能

计算性能	ADN、GAP、Al 组分配比为 60∶18∶22	ADN、GAP、AlH$_3$ 组分配比为 62∶10∶28
I_s(真空 ε = 40)/s	331.50	355.88
T_c/K	3801.12	3556.05
M_c/(g/mol)	26.26	21.15
M_e/(g/mol)	27.31	21.77
CCP(燃烧室)摩尔分数%	9.40	9.01
CCP(喷嘴出口)摩尔分数%	11.13	10.16

1.7.1　基于 ADN + PSAN 的双氧化剂

正如 Wingborg 和 Calabro(2016)所强调的,欧洲航天局提出的清洁空间倡议和绿色推进协调进程反映欧洲航天工业希望遵循可持续发展的思路。因此,

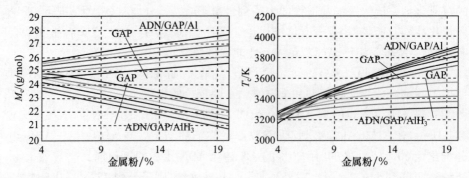

图 1-5 金属粉对 ADN/GAP 推进剂性能的影响

由于 HISP 项目的实验结果不尽如人意(图 1-3),另一项关注直接影响氧化剂行为的合作项目应运而生,该项目名为 GRAIL(Green Advanced High Energy Propellant for Launchers,www.grail-h2020.eu),由 FOI 牵头实施 3 年,即 2015—2018 年,项目内有一些欧洲合作伙伴。GRAIL 将 ADN 作为双氧化剂,并且试图开发一种高性能 ADN 和低成本 AN 相结合的绿色混合物,来替代 AP。ADN 在燃烧清洁和燃烧热方面具有优于工业氧化剂 AP 的双重优势,但由于氧含量低,不可能通过 ADN 一对一替换 AP(Wingborg, Calabro, 2016; Tagliabue, 2015; Gettwert 等,2015;Tagliabue 等,2016)。

在 ICT 开展的一系列初步试验中,对 24 种不同配方进行了研究。研究人员通过调整 PSAN/ADN、GAP、HTPB 与 Desmophen® D2200 等的比例进行试验,并测试了将 GAP/Desmophen® D2200(比例为 80∶20)混合物作为胶黏剂体系的表现。由于加工问题,每种胶黏剂体系的氧化剂用量不同,但粗/细颗粒分布的比例保持不变(即 70∶30)。ADN 采用 48μm 和 212~218μm 粒径的双级配分布,Al 粉的粒径为 4μm 和 20μm,所有配方中,Al 都占总质量的 18%。

在 AN 测试中仅使用其相稳定态 PSAN。ICT 用 7% 的 KNO_3(KNO_3-PSAN,30μm)或 3% 的 NiO(NiO-PSAN,120μm)进行稳定来制备球形 PSAN 颗粒。ADN 和 PSAN 的固体混合物仅与 KNO_3-PSAN 相容,而 NiO-PSAN 促进了 ADN 的分解。

在试验压力较低的范围内,两种惰性胶黏剂都难以点燃。对于 HTPB 样品,PDL 随 ADN 含量的增加而增加,从 1MPa 增加到 3MPa。对于 Desmophen® 基样品,随着 AN 含量的增加,PDL 增加:当 AN/ADN 比为 70/30,从纯 ADN 的 2MPa 增加到 10MPa 时,以纯氧化剂为基础的 Desmophen® 样品只能偶尔点燃。

当用 AN 部分替代 ADN 时,从纯 ADN 到纯 AN 的渐变过程中,推进剂理论质量比冲值始终呈降低趋势。在操作条件下,推进剂的稳定燃速也有所降低,但趋势不无规律：只有 AN 含量超过 30% 时，下降幅度才变得显著起来。具体来说，用 Desmophen® 部分替换 GAP 可使大多数 AN/ADN 范围内的燃速减半。

不幸的是，压力敏感性也受到显著影响。纯 ADN 的压力指数过高（惰性胶黏剂的压力指数大于 1，含能胶黏剂的压力指数约为 0.7），并且随着 ADN 不断被替换，惰性胶黏剂的压力指数进一步增加，而含能胶黏剂压力指数基本保持不变。这两种趋势如图 1-6 所示。在操作条件下，使用惰性胶黏剂时，AN 至少需要达到总氧化剂含量的 70%，才能达到合理的压力指数值。

研究人员对含能 GAP 和惰性 HTPB 胶黏剂体系的摩擦和冲击感度也进行了比较。试验表明，以纯 AN 为氧化剂，可以得到钝感或感度降低的推进剂，但 ADN/AN 比例的影响很小；此外，GAP 胶黏剂使摩擦感度略有恶化，而含能胶黏剂和惰性胶黏剂的冲击感度几乎相同。

例如，一篇文献（DeLuca，2016）根据（Wingborg，Calabro，2016；Tagli.e，2015；Gettwer 等，2015；Tagli.e 等，2016）所指出的，在惰性胶黏剂体系中，用绿色混合物（ADN + AN）代替 AP，可以降低燃速，但是仍面临压力指数方面的严重挑战。通过调整 ADN 和 AN 之间的比率，似乎可以降低感度（危险分类为 1.3 类）。初步性能计算表明，使用低于 40% 的 ADN，可获得与当前 AP 基推进剂相当的性能，然而 ADN + AN 基推进剂的化学稳定性和力学性能需要进一步研究。

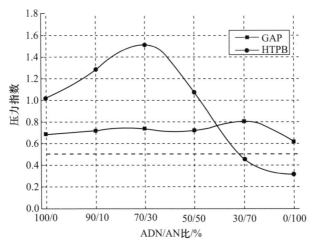

图 1-6　ADN/AN 比对推进剂压力指数的影响

1.7.2　ADN 基双氧化剂固体火箭推进剂

西安现代化学研究所研究了 ADN + AP 基双氧化剂对 AP + ADN/HTPB/Al 推进剂的影响（Pang 等，2013；DeLuca 等，2016），研究对象包括 64% 的 AP +

ADN 氧化剂、18% 的 μAl、13% 的 HTPB 胶黏剂和 5% 的添加剂。研究人员采用了 4 种 AP + ADN 混合物,质量分数从 64%(纯 AP)到 54% AP + 10% ADN、49% AP + 15% ADN、44% AP + 20% ADN 不等。AP 采用双粒度级配分布颗粒,粗颗粒平均粒径为 105 ~ 147μm,细颗粒平均粒径为 1 ~ 5μm。通过喷雾熔融 ADN,得到平均直径为 147 ~ 205μm 的 ADN 颗粒,然后用高聚物胶黏剂包覆 ADN 并固化。

在 7.0MPa 燃烧压力和 0.1MPa 出口压力的理论操作条件下,AP + ADN/Al/HTPB 的 4 种推进剂配方的计算热化学性能差别不大,理论比冲(256.8 ~ 260.1s)和特征速度 C^*(1518.5 ~ 1540.3m/s)随 AP 替换 ADN 比例的增加而略有上升;相反,通过增加 ADN($\rho = 1.95 g/cm^3$)的替换含量($\rho = 1.82 g/cm^3$),绝热火焰温度(2895 ~ 2851K)和密度(1.718 ~ 1.674g/cm³)略有降低。

在测试中,多数双氧化剂配方的燃烧反应类似,包括 AP + HMX、AP + CL - 20 和 AP + GUDN。但是,对于 AP + ADN,实验测试结果指出,随着 ADN 替换 AP 含量的增加,推进剂的燃速和压力指数(从 0.41 到 0.71)也显著增加(DeLuca 等,2016)。危险性实验结果表明,使用包覆的 ADN 颗粒可明显提高推进剂的摩擦和撞击感度。随着 ADN 质量分数增加,推进剂的摩擦感度和撞击感度增加,需要对 ADN 基推进剂的应用给予特别关注,并进一步地完善安全保障工作。

Pei 等间接进行了进一步的分析(DeLuca 等,2016),研究 Al 质量分数对由 15% 的 BAMO - GAP 共聚物、5% GAP 和 70% 氧化剂组成的推进剂性能的影响。研究人员用 Al 替代氧化剂,替换比例逐渐提升至 20%。该配方的理论性能是根据中国热化学代码,在 7MPa 下计算的。结果表明,每种氧化剂的推进性能完全不同。对于含 RDX、HMX 或 CL - 20 的配方,当取代氧化剂的 Al 质量分数超过一定值时,推进剂 I_s 开始上升,然后降低。因此,Al 比值存在一个最佳值,对 CL - 20 而言,最佳替换比例是 8%;对于 RDX 或 HMX 而言,最佳替换比例是 10%。T_c 随 Al 质量分数变化的趋势与 I_s 相同。但是,对于含有 ADN 或 AP 的推进剂,可能由于 ADN 和 AP 的氧含量高,I_s 值随氧化剂质量分数的增加而单一增加,直到含量达到 20%。对于含不同氧化剂的推进剂,最大 I_s 的计算值顺序依次为 ADN > CL - 20 > AP > RDX > HMX。

综上所述,在 HTPB 惰性胶黏剂体系中使用含能更高的 ADN + AP 混合物代替 AP,可以降低燃速,同时在可接受的范围内增加压力指数。但是,对于 ADN + AP 基推进剂的力学性能、老化特性和危害特性,还需进一步研究。

1.8 结论和未来工作建议

在不久的将来,结合适当的含能或惰性胶黏剂,包括基于 ADN 的双氧化剂,

（如 ADN + AN 或 ADN + AP 的配方）与基于 μAl 的双金属燃料,有望提高固体火箭推进剂的性能。

然而,鉴于 ADN 的特殊性能,需要仔细设计和应用推进剂配方。迄今为止,大部分研究未能充分考虑 ADN 颗粒大小对弹道特性的异常依赖性(Shang,Huang,2010;Franzin,2013;Pang 等,2014)。ICT 对粒径低至 2μm 的 ADN 颗粒(Robmann 等,2014)进行测试,观测到对压力指数和燃速降低的双重正面影响(对于 70/30 的单颗粒级配 ADN/GAP,压力约可高于交叉压力 2~3MPa),以及减少团聚的效果。可能需要采用适当的燃速改良剂或散热剂,来完全控制推进剂内弹道性。目前,在实验结果中,ADN + AP 混合物比 ADN + AN 混合物更容易掌控一些。

总体来说,在制备含 ADN 的推进剂配方时,仍需努力提升胶黏剂体系,这对配方的性能起到决定性作用。其他关键因素包括采用 AN 的相稳定剂(只有 KNO_3 – PSAN 与 ADN 相容)(Tagliabue 等,2016),以及采用氧化剂用键合剂(BHEGA 与 AP 相容,但不与 ADN 相容)(DeLuca 等,2016)。关于 AN 相稳定剂,研究表明,通过添加少量有机化合物,AN 可以在 –50 ~ +100℃ 的温度范围内达到相稳定状态(Golovina 等,2006)。关于键合剂,目前有研究人员对 ADN 基配方的特定产物进行了测定,结果不确定(Gettwert 等,2013),或者结果尚未确认(Consaga,1990;MACH I,2009)。

无论如何,必须密切监测所制备的推进剂的力学、老化和危险特性,并尽可能做出改进,以达到 1.3 类危险等级的目标。

参 考 文 献

Atwood, A. I., Boggs, T. L., Curran, P. O., Parr, T. P., Hanson – Parr, D. M., Price, C. F., & Wiknich, J. (1999). Burning Rate of Solid Propellant Ingredients, Part 1: Pressure and Initial Temperature Effects. *Journal of Propulsion and Power*, 15(6), 740 – 747. doi:10.2514/2.5522.

Bohn, M. A. (2015). Review of some peculiarities of the stability and decomposition of HNF and ADN. In *Proceedings of the 18th seminar new trends in research of energetic material*, University of Pardubice, Czech Republic, April 15 – 17.

Calabro, M. (2012). Evaluation of the Interest of New ADN Solid Propellants for the Vega Launch Vehicle. In Proceedings of 12 – IWCP, Politecnico di Milan, Milan, Italy, June 9 – 10.

Cerri, S. (2011). Characterization of the Ageing of Advanced Solid Rocket Propellants and First Step Design of Green Propellants[PhD. Thesis]. Politecnico di Milano, Milan, Italy.

Cerri, S., Bohn, M. A., Menke, K., & Galfetti, L. (2014). Characterization of ADN/GAP – Based and ADN/DesmophenR – Based Propellant Formulations and Comparison with AP Analogues. *Propellants, Explosives, Pyrotechnics*, 39(2), 192 – 204. doi:10.1002/prep.201300065.

Chan, M. L., Parr, T., Hanson – Parr, D., Bui, T., & Mason, M. (2004). Characterization of a boron containing propellant, In L. T. DeLuca, L. Galfetti, R. A. Pesce – Rodriguez(Eds.), Novel energetic materials and applications. Grafiche GSS, Bergamo.

Consaga, J. P. (1990). Bonding Agents for Composite Propellants. U. S. Patent 4,944,815.

Davenas, A. (2003). The Development of Modern Solid Propellants. *Journal of Propulsion and Power*, 19 (6), 1108 – 1128. doi:10. 2514/2. 6947.

de Flon, J., Andreasson, S., Liljedahl, M., Oscarson, C., Wanhatalo, M., & Wingborg, N. (2011). Solid Propellants Based on ADN and HTPB. *AIAA Paper*.

DeLuca L. T. (2016) Innovative Solid Formulations for Rocket Propulsion. *Eurasian Chemico – Technological Journal*, 18(3), 181 – 196.

DeLuca L. T., Galfetti L, Maggi F, Colombo G, Reina A, Dossi S, Consonni D, Brambilla M (2012). Innovative metallized formulations for solid or hybrid rocket propulsion. *Hanneng Cailiao [Chin. J. Energetic Mater.]*, 20 (4), 465 – 474.

DeLuca, L. T., Galfetti, L., Severini, F., Rossettini, L., Meda, L., Marra, G., & Pavlovets, G. J. et al. (2007). Physical and ballistic characterization of AlH_3 – based space propellants. *Aerospace Science and Technology*, 11(1), 18 – 25. doi:10. 1016/j. ast. 2006. 08. 010.

DeLuca, L. T., Palmucci, I., Dossi, S., Maggi, F., Franzin, A., Trache, D., & Weiser, V. et al. (2014). *Combustion Features of ADN – Based Solid Rocket Propellants for Space Applications*, Zel'dovich Memorial (Vol. 1, pp. 108 – 116). Moscow, Russia: Torus Press.

DeLuca, L. T., Palmucci, I., Franzin, A., Weiser, V., Gettwert, V., Wingborg, N., & Sjöoblom, M. (2014, February). *New Energetic Ingredients for Solid Rocket Propulsion*. In Proceedings of HEMCE '14 (pp. 13 – 15).

DeLuca, L. T., Rossettini, L., Kappenstein, C., Weiser, V. (2009). Ballistic Characterization of AlH_3 – Based Propellants for Solid and Hybrid Rocket Propulsion(*AIAA Paper 2009 – 4874*).

DeLuca, L. T., Shimada, T., Sinditskii, V. P., & Calabro, M. (Eds.). (2016). Chemical rocket propulsion: A comprehensive survey of energetic materials. doi:. Cham, Switzerland: Springer International Publishing. doi: 10. 1007/978 – 3 – 319 – 27748 – 6.

Dossi, S., Reina, A., Maggi, F., & DeLuca, L. T. (2012). Innovative metal fuels for solid rocket propulsion. *Int. J. Energy Mater. Chem. Propuls.*, 11(4), 299 – 322.

Franzin, A. (2013). *Burning and Agglomeration of Aluminized ADN/GAP Solid Propellants* [MSc. Thesis]. Politecnico di Milano, Milan, Italy.

Gettwert, V., Fischer, S., & Menke, K. (2013). Aluminized ADN/GAP Propellants – Formulation and Properties. In *Proceedings of the 44th Int' l Annual Conference of ICT*, Karlsruhe, Germany.

Gettwert, V., Tagliabue, C., Weiser, V., & Imiolek, A. (2015). Green Advanced High Energy Propellants for Launchers(GRAIL) – First results on the Burning Behavior of AN/ADN Propellants. In *Proceedings of the 6th European Conference for Aeronautics and Space Sciences* (EuCASS 2015), Krakow, Poland.

Golovina, N. I., Nechiporenko, G. N., Lempert, D. B., & Lempert, D. B. et al. (2006). Phase stabilization of ammonium nitrate by means of determined classes of nitrate heterocyclic compounds. In Condensed Energetic Systems.

Gromov, A. A., Korotkikh, A. G., Il'in, A., DeLuca, L. T., Arkhipov, V. A., Monogarov, K. A., & Teipel, U. (2016). Nanometals: Synthesis and Application in Energetic Systems. In V. E, Zarko & A. A. Gromov(Eds.),

Energetic Nanomaterials:Synthesis,Characterization,and Application(Ch. 3). Elsevier. doi:10. 1016/B978 – 0 – 12 – 802710 – 3. 00003 – 9.

DeLuca,L. T. ,Maggi,F. ,Dossi,S. ,Weiser,V. ,Franzin,A. ,Gettwert,V. ,& Heintz,T. (2013). Highenergy metal fuels for rocket propulsion:Characterization and performance. *Chin. J. Explos. Propellants*,36,1 – 14.

Kuo,K. K. ,& Acharya,R. (2012). Fundamentals of Turbulent and Multiphase Combustion. In Solid Propellants and Their Combustion Characteristics(Ch. 9). John Wiley & Sons,Inc.

Louwers,J. ,Gadiot,G. M. H. J. L. ,Landman,A. J. ,Peeters,T. W. J. ,van der Meer,Th. H. ,& Roekaerts, D. (1999). Combustion and Flame Structure of HNF Sandwiches and Propellants(*AIAA Paper* 99 – 2359).

MACH I,Inc. (2009). A New Class of Bonding Agents for High Energy Propellants(Technical Bulletin).

Pak,Z. P. (1993). Some Ways to Higher Environmental Safety of Solid Rocket Propellant Application. (*AIAA Paper* 93 – 755).

Palmucci,I. (2014,July 25). ADN – Based Double Oxidizer Solid Propellants Formulations[MSc. Thesis]. Politecnico di Milano,Milan,Italy.

Pang,W. Q. (2012). Effects of ADN on the Properties of Nitrate Ester Plasticized Polyether(NEPE) Solid Rocket Propellants. In Proceedings of 12 – IWCP,Politecnico di Milan,Milan,Italy,June 9 – 10.

Pang,W. Q. ,DeLuca,L. T. ,Fan,X. Z. ,& Liu,F. L. (2014). Effects of ADN on the Properties of NEPE Solid Propellant. In *Proceedings of the International Workshop on New Energetic Materials and Propulsion Techniques for Space Exploration*,Milan,Italy,June 9 – 10.

Pang,W. Q. ,Fan,X. Z. ,Zhang,W. ,Xu,H. X. ,Wu,S. X. ,Liu,F. L. ,& Yan,N. et al. (2013). Effect of ADN on the Characteristics of HTPB Based Composite Solid Propellant. *Journal of Chemical Science and Technology*,2(2),53 – 60.

Robmann,Ch. ,Heintz,T. ,& Herrmann,M. (2014)Generation of Very Fine ADN Particles by Bead Milling Technology. In *Proceedings of the 45th International Annual Conference of ICT*,Karlsruhe,Germany.

Shang,Dong – qin,& Huang,Hong – yong(2010). Combustion Properties of PGN/ADN Propellants. Chinese Journal of Energetic Materials,18(4),372 – 376.

Sinditskii,V. P. ,Egorshev,V. Y. ,Levshenkov,A. I. ,& Serushkin,V. V. (2006). Combustion of Ammonium Dinitramide,Part 1:Burning Behavior. *Journal of Propulsion and Power*, 22 (4), 769 – 776. doi:10. 2514/1. 17950.

Sinditskii,V. P. ,Egorshev,V. Y. ,Levshenkov,A. I. ,& Serushkin,V. V. (2006). Combustion of Ammonium Dinitramide,Part 2:Combustion Mechanism. *Journal of Propulsion and Power*, 22 (4), 777 – 785. doi:10. 2514/1. 17955.

Sinditskii,V. P. ,Egorshev,V. Yu. ,Serushkin,V. V. ,Filatov,S. A. ,& Chernyi,A. N. (2012). Combustion Mechanism of Energetic Binders with Nitramines. *Int. J. Energy Mater. Chem. Propuls.* ,11(5),427 – 449.

Sinditskii,V. P. ,Egorshev,V. Y. ,Serushkin,V. V. ,& Levshenkov,A. I. (2002) Chemical peculiarities of combustion of solid propellant oxidizers. In *Proc. of the 8th Int. Workshop on Rocket Propulsion:Present and Future*,Pozzuoli,Italy,June 16 – 20(pp. 1 – 20).

Sinditskii,V. P. ,Filatov,S. A. ,Kolesov,V. I. ,Kapranov,K. O. ,Asachenko,A. F. ,Nechaev,M. S. ,& Shishov,N. I. et al. (2015). Combustion behavior and physico – chemical properties of dihydroxyammonium 5,5 – bistetrazole – 1,1 – diolate(TKX – 50). *Thermochimica Acta*,614,85 – 92. doi:10. 1016/j. tca. 2015. 06. 019.

Sinditskii,V. P. ,Serushkin,V. V. ,Filatov,S. A. ,& Egorshev,V. Y. (2002). Flame structure of hydrazinium nitroformate. *International Journal of Energetic Materials and Chemical Propulsion*, 5 (1 – 6), 576 – 586. doi: 10. 1615/IntJEnergeticMaterialsChemProp. v5. i1 – 6. 600.

Tagliabue, C. (2015). Burning Behavior of ADN/AN based Solid Rocket Propellants [MSc. Thesis]. Politecnico di Milano, Milan, Italy.

Tagliabue, C. , Weiser, V. , Imiolek, A. , Bohn, A. M. , Heintz, T. , & Gettwert, V. (2016) Burning Behavior of AN/ADN Propellants. In *Proceedings of the 47th International Annual Conference of ICT*, Karlsruhe, Germany.

Tummers, M. J. , van der Heijden, A. E. D. M. , & van Veen, E. H. (2012). Selection of burning rate modifiers for hydrazinium nitroformate. *Combustion and Flame*, 159 (2), 882 – 886. doi: 10. 1016/j. combustflame. 2011. 08. 010.

Umholtz, P. D. (1999). The History of Solid Rocket Propulsion and Aerojet. (*AIAA Paper* 99 – 2927).

Weiser, W. , Franzin, A. , De Luca, L. T. , Fischer, S. , Gettwert, V. , & Kelzenberg, S. , Knapp, S. , Raab, A. , & Roth, E. (2012). Burning Behavior of ADN Solid Propellants Filled with Aluminum and Alane. In Proceedings of 12 – IWCP, Politecnico di Milan, Milan, Italy, June 9 – 10.

Wingborg, N. (2012). Status of ADN – Based Solid Propellant Development. In Proceedings of 12 – IWCP, Politecnico di Milan, Milan, Italy, June 9 – 10.

Wingborg, N. , Andreasson, S. , de Flon, J. , Johnsson, M. , Liljedahl, M. , Oscarson, C. , & Wanhatalo, M. et al. (2010). Development of ADN – Based Minimum Smoke Propellants. *AIAA Paper*, 2010 – 6586.

Wingborg, N. , & Calabro, M. (2016). Green Solid Propellants for Launchers. In *Proceedings of the Space Propulsion conference*, Rome, Italy, May 2 – 6.

Yan, Q. – L. , Zhao, F. – Q. , Kuo, K. K. , Zhang, X. – H. , Zeman, S. , & DeLuca, L. T. (2016). Catalytic Effects of Nano Additives on Decomposition and Combustion of RDX – , HMX – , and AP – Based Energetic Compositions. *Progress in Energy and Combustion Science*, 57, 75 – 136. doi: 10. 1016/j. pecs. 2016. 08. 002.

第 2 章 含能材料燃烧过程的增强

Rene Francisco Boschi Goncalves

（帕拉联邦大学，巴西）

Koshun Iha，José A. F. F. Rocco

（巴西航空技术学院，巴西）

摘要：在过去几年中，燃料和含能材料的强化一直是研究的重点，因为仅提升发动机（包括设计、燃烧室结构和增强材料）性能对提升效率作用有限。要提高燃料的燃烧性能，最有效的方法之一是添加高反应性物质（如氢气和臭氧），因为这些物质可以显著增强反应动力，使反应速度加快，燃烧室温度升高。本章旨在总结燃料增强的一些应用和迄今取得的成果，重点关注内燃机、汽车、能源发电和航空航天应用系统。

2.1 引　　言

在过去几十年中，推进系统经历了重大的改进和提升，旨在提高效率，减少污染物排放，并降低燃料消耗。但是问题在于，这些改进存在技术上的限制，因为在不改变反应混合物（氧化剂/燃料）的情况下，系统中的物理量变化（如尺寸、设计和复合材料等）不会产生太大影响。另外，其他种类燃料的使用可能增加发动机的动力，但是会产生更严重的污染物排放（如卤素类物质）。在使用新燃料或配方时，必须严格控制污染物的排放。

尽管基于《联合国气候变化框架公约》及其《京都议定书》采取了所有预防措施，1990—2004 年间，CO_2 的排放量还是增加了 27%，交通运输产生的 CO_2 排放量增加了 37%（Sopena 等，2010）。因此，当前需要关注新技术并加以改进，以强化燃烧过程。

使用添加剂来改善燃烧过程的完全性是最有可能实现该目的的想法之一。这些添加剂可以是氧化剂或燃料。例如，仅使用较高浓度的 O_2 会将燃烧室的温度（2200~2800K）和最终产物中的水含量提升约 30%，改善燃烧过程，如图 2-1

所示(Beltrame 等,2001)。该实验以空气和氧气(富氧 68%)的混合物用作氧化剂,电流加热下的甲烷扩散火焰为基础,通过实验和数学模拟获得结果。当接近喷嘴时,燃烧更快(持续时间更短)也更完全,燃烧产生的高污染性中间体(如 CO 和未燃烧的碳氢化合物)更少(反应物在停滞面之前被完全消耗)。观察到燃烧室温度的增加使得稀薄状态燃料(浓度和油耗较低的燃料)的使用成为可能。

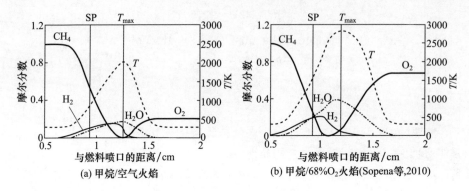

图 2-1　计算温度和主要成分分布

在过去几年中,已有研究人员针对不同燃料和发动机研究了低分子量(且高反应性)的燃料,以试图获得更高的燃烧效率和更好的燃烧条件。因此,本章将简要介绍几种配方和系统的燃烧情况,以及一些增强燃烧的研究和即将出现的新技术。

2.2　富　氢

氢是促进燃烧最常见的添加剂或辅助燃料。在小到中等量的情况下,氢气能够减少预点火(因为辛烷值高)、降低 NO_x 排放、减少能量损失并增加内燃机的输出功率(Akansu 等,2007;Ma 等,2008;Bauer 等,2001;Kahraman 等,2009)。表 2-1 所列为 Greenwood 等在 2014 年的研究内容,表中对 H_2 在内燃机中用作辅助燃料时的优、缺点进行对比。

表 2-1　H_2 的优、缺点

特性	优点	缺点
可燃性范围广	能够实现稀薄或稀释燃烧	稀薄燃烧降低能量
点火能量低	允许稀薄燃烧且点火快	可能在热点处过早点燃
熄火距离小	火焰离壁更近	可能导致回火

续表

特性	优点	缺点
自点火温度高	压缩率更高	在内燃发动机中难以点火
扩散性高	形成更均匀的混合物（均质）	可能泄漏到非预定区域
火焰速度高	更接近理想的奥托发动机循环（等距加热）	—
辛烷值高	使高压缩率成为可能，减少敲打/MEP变化	内燃发动机中难以点火
密度低	—	体积能量密度更低

密度低是氢气应用的一项挑战，因为尚无满足所有需求的、安全有效的方法，所以会导致存储问题。此外，将 H_2 作为低温液体、压缩气体或将其吸附在金属氢化物中进行存储，会显著增加车辆的重量和总体价格（Fontana 等，2002；Whiete 等，2006），由于氢气易点火的特性，还存在爆炸风险（Abdel-Aal 等，2005）。

目前，制备氢气的研究包括从生物质、热能和工业化学废物产氢（Saravanan，Nagarajan，2008；McLellan 等，2005），或者通过车内太阳能和水电解制氢，因此没有必要在车上存储氢气（Bari，Esmaeil，2010）。但是，实现这一目标还任重道远。

与压缩点火式发动机相比，氢气在火花点火式发动机中表现出更好的性能，因为它可以加速火焰传播，增强稀薄区域，还可以提高稳定性和发动机性能；因为氢气自身燃烧不会产生碳氢化合物、硫氧化物、酸或二氧化碳（Al-Baghdadi，2004；Sastri，1987），因此也可减少排放（Sandalci，Karagöz，2014）。对于氢发动机，研究认为其相比汽油发动机的运行效率高 15%~25%；若不考虑负荷，则燃料电池的运行效率被认为可以提高 45%（Verhelst，2014）。根据最新的研究（Dhole 等，2016），H_2 百分比增加 10%，将使火焰前锋速度提高 46%，并使燃烧持续时间缩短 24%，从而减少传热和燃油消耗，并提高发动机效率（表 2-2）。虽然氢气的燃烧性能和特性在理论方面被广为接受，但实践中仍然难以精确地预测加氢对特定燃烧过程或系统的影响。根据喷射类型、燃料混合物、流量、氧化剂含量、内部压力和其他特性的不同，观察到的行为存在巨大差异。在某些情况下，能较好地改善燃烧、减少排放；而在另一些情况下，燃料消耗和有毒气体的排放可能更高。因此，研究几何形状、燃料，喷射方式和循环的变化对 H_2 燃烧特性的影响非常重要。

表 2-2 燃料特性（Dhole 等，2016）

编号	特性	柴油	发生炉煤气	氢气
1	较低热值/(kJ/kg)	42800	6000	120000
2	最低点火能量/mJ	—	—	0.26
3	火焰速度/(cm/s)	2.0~8.0	20~30	265~325

编号	特性	柴油	发生炉煤气	氢气
4	可燃极限(空气中的体积分数)/%	0~7.5	7.0~21.6	4~75
5	可燃极限(当量比)	0.6~2.0	—	0.1~7.1
6	扩散系数/(cm²/s)	—	—	0.61

例如,Khalil 和 Gupta(2013)研究了富集的 H_2 对甲烷火焰的影响,如图 2-2 所示。仅通过改变注入方式,就可观察到相当大的差异,特别是对 NO 排放的影响。当使用 15% H_2 时,在非预混燃烧中,排放的 NO 大约从 7% 增加至 27%,而在预混燃烧中,产生的 NO 仅从 5% 增加至 7%。

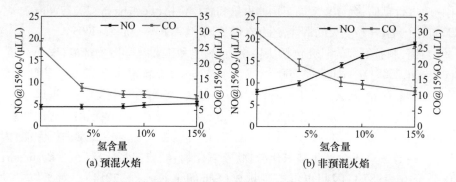

图 2-2 燃气轮机中富氢甲烷燃烧排放的 NO 和 CO(Khalil,Gupta,2013)

内燃机最重要且最理想的特性之一是低油耗。降低系统(涡轮机、压缩点火式发动机和火花点火式发动机等)中燃料消耗的有效方法是使用稀薄燃烧。稀薄空气-燃料混合物显著降低燃烧室内的温度,从而降低 NO_x 排放(Correa,1992)。然而,稀薄火焰易受局部火焰熄灭和淬火的影响,导致火焰回火和一些不理想的特性(火焰淬火和声耦合不稳定燃烧)。

通过 H_2 的富集扩展了可燃性限制从而使发动机能够在更稀薄的空气-燃料条件下运行,减少了 NO_x、CO 及未燃烧的 HC 和 CO_2 的排放(Moreno 等,2012),导致的直接结果是火焰中 OH、H 和 O 自由基浓度升高,同时燃料经济性提高。然而,使用稀薄的烃/空气混合物很难点火,且火焰速度较低,可能导致未燃烧的碳氢化合物增加、燃烧器性能下降和燃烧器故障(Chenglong 等,2014)。燃烧腔室中氢气的存在仍然会导致平均温度升高,温度升高与 H_2 的体积分数升高成正比,如图 2-3 所示。

值得一提的是,除在液体和气体燃料中的应用之外,H_2 还用于熔炉、锅炉和鼓风炉中固体燃料的燃烧。Ionel 等(2014)研究了用富氢气体处理后,煤粉在炉内的燃烧行为。他们发现排放物中的硫氧化物显著减少(35%~40%),氮氧化物少量增加。上述研究表明,在固体燃料燃烧中也观察到氢富集的特征,但是仍需从理论和实验角度做进一步研究。

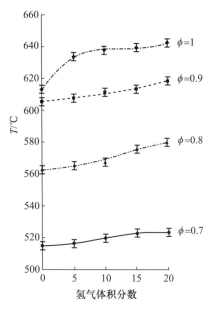

图 2-3　不同当量比下温度 T 与氢气体积分数的关系(Riahi 等,2016)

由于存在各种各样的燃烧系统和燃料,因此将氢气普及到所有的应用场景中仍是一项挑战。因此,下面将进一步介绍氢气富集对应用广泛的几种燃料的影响。

2.2.1　富氢汽油

早在几十年前就开发出由汽油(异辛烷)驱动的内燃机并广泛应用于多种应用场景(Norbye,1971;Heywood,1988),如可拆卸发电、军用飞机和汽车等,大多数改进都基于发动机的结构、零件和物理特性。然而,仍有足够的空间来通过改变空气-燃料混合物的比例增强燃烧。氢气是提高燃速、温度和产率最常用的物质之一。由于氢气的点火能量低、扩散性高、火焰速度快且可燃范围广,因此被普遍认为是多种不同发动机的替代燃料(Zhen 等,2013;Maher,Haroun,2003)。

Wang 等(2009,2010)研究了加入氢气对一些烃类燃料的基本燃烧特性的影响。结果表明,添加氢气对提高层流燃速、缩短天然气和液化石油气的马克斯坦长度非常有效。基于这一研究成果,可知氢气不仅可以显著减少燃烧持续的时间,而且由于火焰中自由基(如 OH、H 和 O)的存在,还可以提高火焰结构的稳定性。在燃烧火焰的初始阶段也观察到了这种速率的增加(Ivanic 等,2005)。Amrouche 等(2014)分析了一种以富氢汽油为燃料的转子发动机,使用能量分数10%的氢气可使发动机的热效率提高到28.8%左右。在发动机中使用纯汽油时,热效率最高可接近化学计量条件下的22%。如图2-4所示,排气温度随着氢气含量的增加而下降,因此燃烧持续时间缩短,燃料/空气混合物快速且完全燃烧。

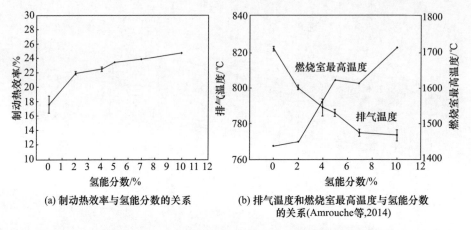

(a) 制动热效率与氢能分数的关系

(b) 排气温度和燃烧室最高温度与氢能分数的关系(Amrouche等,2014)

图2-4 制动热效率、排气温度和燃烧室最高温度分别与氢能分数的关系

在小型火花点火式发动机以汽油作为燃料时加入氢气的研究过程中,Varde(1981)发现氢气可以提高热效率,同时可减少循环变化。Chintala(2015)等对压缩点火式发动机的研究也发现了同样的结果,他们研究发现,添加 H_2 后 NO_x 排放量增加,但是 HC 和 CO 的排放会减少;当向发动机中加水,以降低其燃烧期间的温度时,可以看到 NO_x 的排放得到控制,排放量减少37%。

其他研究者的工作表明,在富氢系统中,由于气缸温度、氧气分数和湍流火焰速度的显著增加引起 NO_x 的增加(Catapano 等,2015;Wang 等,2010;Wang 等,2013;Ji 等,2014),如图2-5所示。可控制 NO_x 排放的其他方法包括利用废气再循环(EGR)(Kökkülünk 等,2014),即将废气中的 CO_2 和惰性气体重新注入气缸。Wang 等(2016)研究表明,入口处 CO_2 体积分数的增加提高了3%富氢汽油发动机的热效率,并减少了近80% NO_x 的排放,如图2-6所示。该结果与 Yoshihito 和 Teruo(2005)的研究结果类似,Yoshihito 和 Teruo 研究发现,在稀薄条件下,氢汽油在发动机中燃烧时,NO_x 排放几乎降至零。

下面探讨的主题是在氢气与内燃机中使用最为广泛的柴油、汽油、乙醇的联合应用。

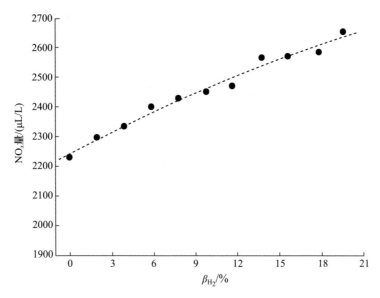

图2-5 NO_x量与氢能量分数的关系(Wang等,2010)

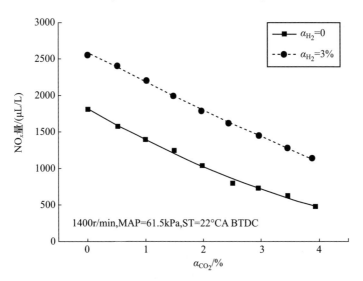

图2-6 纯汽油发动机($α_{H_2}=0$)和3%富氢汽油发动机($α_{H_2}=3\%$)排放的NO_x量与再次注入气缸的CO_2的体积分数($α_{CO_2}$)的关系(Wang等,2016)

2.2.2 富氢柴油

柴油发动机是效率最高且功能最多的内燃机之一,被广泛应用于多种不同的机器和应用场景,研究人员一直对该系统开展持续不断的研究,以改善其性能和特点(喷射系统、燃烧室几何形状、阀门改造、涡轮增压等)。柴油发动机在交通运输、农业和电力生产等领域非常常见。与火花点火式发动机相比,柴油发动机热效率较高,CO_2排放较低,但氮氧化物和烟尘排放较高(Sandalci,Karagöz,2014)。

如前所述,使用新燃料或替代燃料的混合物来增强燃烧过程是提升发动机性能的方法之一(Sahin,Durgun,2009;Kilzitan,1988)。与汽油发动机类似,过去几年里,也有在柴油发动机中添加氢气的研究。最近的研究结果表明,添加氢气可显著提高发动机的热效率和燃烧效率,特别是在中高负荷下,发动机的热效率和燃烧效率提升更为明显,同时,排放物中烟雾、羰基物种和氮氧化物的浓度也有所降低(Saravanan,Nagarajan,2010;Wang 等,2013;Jhang 等,2016)。Liew 等(2010)在四冲程六缸柴油发动机中使用氢气,证实了氢气的加入使燃烧持续时间大大缩短(图2-7),同时还证实了氢气的加入使放热峰达到峰值的速率增加。

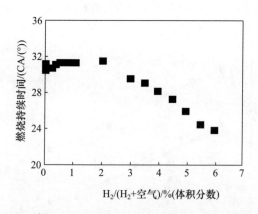

图2-7 添加H_2对燃烧持续时间的影响,70%负荷(Liew 等,2010)(注:CA 为曲轴转角)

Saravanan 等(2007)研究证实,在单缸、水冷、直喷式压缩点火式发动机中使用恒定流速为10L/min 的氢气,可显著提高发动机的热效率并降低比能耗,如图2-8所示。他们研究了在不同注入时间和持续时间下,负荷与制动热效率和能量消耗的关系。在其中一项测试中,柴油发动机的热效率从23.6%增加到29.4%。

根据不同的发动机特性、速度和负荷,排放物组分可能有很大差异。在某些情况下,HO_2自由基的增加会使 HC、CO 和CO_2的排放量有所改善,还可能会增加NO_x的排放量(Bari,Esmaeil,2010;Köse,Ciniviz,2013;Lilik 等,2010),如图2-9所示。当发动机低负荷时,NO_x排放的影响是积极的;当发动机高负荷

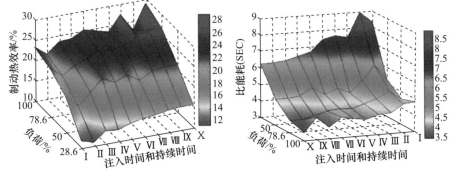

(a) 制动热效率与负荷的关系　　　　(b) 比能耗(SEC)与负荷的关系(Saravanan等,2007)

图2-8　制动热效率、比能量消耗(SEC)分别与负荷的关系

时,其影响是消极的(Zhou等,2014)。通过增加柴油中H_2的量,能够降低NO_x的排放,但是发动机的制动热效率降低了(约50% H_2会降低20%)(Karagöz等,2016)。H_2的添加也有可能减少如烯烃(C_2H_4和C_3H_6)、芳香族烃(C_6H_6、C_7H_8和C_8H_{10})和乙醛(C_2H_5O)等不受控物的排放。

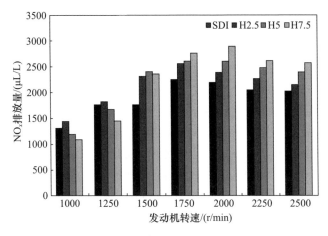

图2-9　不同富氢值(2.5%、5.0%和7.5%)和不同
发动机转速下NO_x排放量(Köse,Ciniviz,2013)

研究还发现,H_2-CH_4混合物在柴油发动机中引起的负面影响。不同于上述研究结果,与使用纯柴油相比,在柴油发动机中使用CH_4/H_2时,柴油发动机的性能会显著降低,同时CO的排放量增加,这表明使用CH_4/H_2会降低燃烧的完全性。当H_2和CH_4与柴油混合时,燃烧机制可能发生改变,并倾向于发生最快的反应,从而形成比主要产物(H_2O和CO_2)还多的中间产物,如图2-10所示。

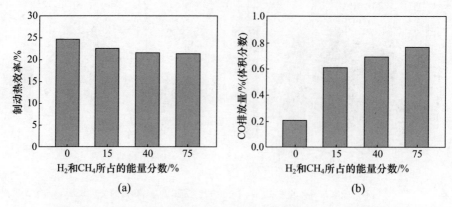

图 2-10 添加 CH_4/H_2 对压缩点火式发动机的影响(Karagöz 等,2016)

2.2.3 富氢乙醇

一些国家和地区已经成功使用乙醇燃料作为火花式点火发动机的可持续替代燃料(Cooney 等,2009;Schifter 等,2011)。乙醇具有高辛烷值,在压缩比较高的发动机中不会被提前点火(Radwan,1985),并且效率很高。与汽油相比,乙醇具有较高的汽化热和燃速,可增加输出功率;通过增加充电冷却,还会产生更高的电荷密度,且比纯汽油燃烧排放的 CO、HC 和 NO_x 更少(Ayala 等,2006)。乙醇较高的层流火焰速度和较低的可燃性限制使其能够与更稀薄的混合物一起使用。根据 Sahin 等(2005)的研究,乙醇已被证明是柴油发动机的良好添加剂,可减少排放并提高燃料和空气的混合速度,还可增强燃烧过程并提高发动机性能。

但是,使用乙醇也存在一些缺点,冷启动期间碳氢化合物的排放就是挑战之一。使用二次空气喷射或如汽油或氢气(H_2 富集)等燃料添加剂可以缓解这种情况(Greenwood 等,2014)。由于氢是所有燃料中质量能量密度(为 120.1MJ/kg)最高且空气/燃料化学计量比(为 34.3)最高的燃料,因此 H_2 可以降低乙醇发动机中特定燃料的消耗。Amrouche 等(2016)研究发现,随着曲柄角的提前峰值压力显著增加,富含 H_2 的乙醇燃料会使转子旋转发动机的柴油发动机热效率增加逾 14%。峰值压力的增加还会导致燃烧室温度升高。H_2 的高速燃烧特性降低了火焰变强与蔓延的持续时间,减少了排气损失和燃料消耗。

2.2.4 富氢天然气

在火花点火式发动机中使用天然气并非一项新技术。过去几年中,在火花点火式发动机中,天然气应用比汽油应用的发展速度更快。天然气主要由甲烷组成,但也包含少量其他物质,如乙烷、丙烷和氮。将天然气压缩到高压(约

22.5MPa)时,就会成为大众熟知的压缩天然气(CNG);将天然气以液体形式(低温气瓶)储存时,就是大家所熟知的液化天然气(LNG)。与使用其他碳氢化合物燃料相比,使用天然气燃料的优点在于燃烧更清洁(高 H/C 比)。如前所述,使用天然气可能减少诸如 CO_x、NO_x 等有毒气体的排放。使用天然气的问题在于火焰传播速度低(燃烧持续时间长)、点火能量高、稳定性差,这些问题会降低整体效率。表2-3总结了压缩天然气、氢气和汽油3种燃料的主要燃烧性质。

与压缩天然气和汽油相比,氢气燃烧最显著的特点是热值更高,高于其他两种燃料热值的3倍。这种高热值使得发动机在输出同等能量时所用燃料的质量更小。然而,由于氢气的密度非常小,所需体积会非常大。因此,增加低热值燃料热值的方法是将压缩天然气与一定量的氢气混合。

目前已有部分关于氢气混合天然气发动机性能的文献(Gaurav 等,2016;Park 等,2014;Hora,Agarwal,2016;Lee 等,2014)。Park 等(2013)观察到氢的加入扩展了发动机的稀燃极限,且让发动机的热效率增加0.74%。Patil 等(2010)研究发现,由于发动机可以在较稀薄的状态下运行,发动机的扭矩增加3%,功率增加4%,燃油消耗降低4%,CO 排放减少50%,且 NO_x 排放减少30%,如图2-11所示。Lim 等(2014)的研究表明,将氢气添加至压缩天然气后,热效率提高约6.5%,NO_x 排放减少75%。

表2-3 压缩天然气(CNG)、氢气和汽油的特性

特性	压缩天然气	H_2	汽油
分子式	CH_4	H_2	$C_{7.1}H_{12.56}$
摩尔质量	16	2	98
辛烷值	120	130	70~97
自点火温度/℃	540	585	230~500
可燃极限(空气)/%(体积分数)	5~15	4~75	1~7.6
火焰熄火距离/mm	2.03	0.64	2.84
最小点火能量/mJ	0.29	0.02	0.24
化学计量比 A/F	17.16	34.33	14.7
低热值/(MJ/kg)	47.3	120	40~45
扩散系数/(cm^2/s)	2.0	6.1	0.5
在空气中层流燃速/(m/s)	0.4	2.9~3.5	0.5
C-H 摩尔比	0.25	0	0.44
标准状况下密度/(kg/m^3)	0.717	0.0899	726

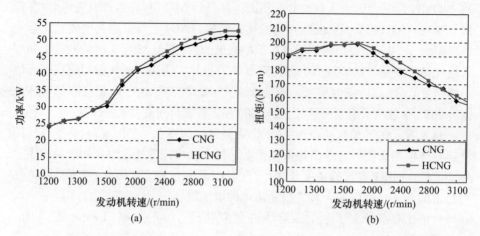

图 2-11 压缩天然气(CNG)和氢气-压缩天然气掺氢(HCNG)的发动机性能对比

如上面所述,在燃料中加入氢气,可能会排放更多的 NO_x,但是对于压缩天然气而言,加入 H_2 对 NO_x 排放影响不大,这可能是因为它们具有相近的辛烷值和扩散系数。为减少排放,需要对点火时间和喷射时间做一定修正,根据现有结果,这些修正效果显著,如图 2-12 所示。

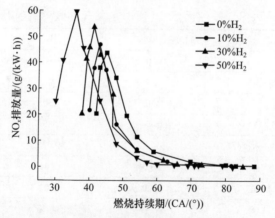

图 2-12 不同氢气含量的燃料混合物制动排放的 NO_x
排放量与燃烧持续时间的关系(Ma 等,2007)

2.3 臭氧富集

通过控制均质燃料和空气在发动机内的热动力循环点火点和延迟时间(取

决于反应物中的化学成分),可以大幅提高热效率,并显著减少污染物排放(Schönborn 等,2010)。仅通过添加少量原子和自由基(约 10^{-4}%),就可能破坏系统平衡并触发燃烧过程(Xiaoye 等,2013)。因此,这些自由基在燃料混合物中以极低浓度存在时,就可以提高发动机性能。在常见化合物中,臭氧(O_3)是一种非常活泼的物质,与其他分子接触时立即产生自由基。

最近,Wang 等(2012)提出了一种新的臭氧反应机制,如表 2-4 所列。在这种机制中可以观测到 O_3 与燃烧室中最常见的气体物质接触时的反应。从表 2-4 中可以看出,会产生一些活化能非常小(甚至为负)的反应,导致快速的自由基链式反应(产生 O、OH、HO_2 等自由基),从而大大提高火焰燃速,并减少点火延迟时间(Tachibana 等,1991),还可改变反应混合物的点火特性。在这种机制下模拟得到的研究结果是,使用约 7000μL/L 的 O_3 时,燃速会增加 8%(富集区域)~16%(稀薄区域)(Wang 等,2012)。

表 2-4 臭氧反应机制对应的 Arrhenius 方程参数

序号	反应	A	B	E
1	$O_3 + O_2 \longrightarrow O_2 + O + O_2$	1.54×10^{14}	0	23064
2	$O_2 + O + O_2 \longrightarrow O_3 + O_2$	3.26×10^{19}	-2.1	0
3	$O_3 + N_2 \longrightarrow O_2 + O + N_2$	4.00×10^{14}	0	22667
4	$O_2 + O + N_2 \longrightarrow O_3 + N_2$	1.60×10^{14}	-0.4	-1391
5	$O_3 + O \longrightarrow O_2 + O + O$	2.48×10^{15}	0	22727
6	$O_2 + O + O \longrightarrow O_3 + O$	2.28×10^{15}	-0.5	-1391
7	$O_3 + O_3 \longrightarrow O_2 + O + O_3$	4.40×10^{14}	0	23064
8	$O_2 + O + O_3 \longrightarrow O_3 + O_3$	1.67×10^{15}	-0.5	-1391
9	$O_3 + H \longrightarrow O_2 + OH$	8.43×10^{13}	0	934
10	$O_3 + H \longrightarrow O + HO_2$	4.52×10^{11}	0	0
11	$O_3 + OH \longrightarrow O_2 + HO_2$	1.85×10^{11}	0	831
12	$O_3 + H_2O \longrightarrow O_2 + H_2O_2$	6.62×10^{1}	0	0
13	$O_3 + HO_2 \longrightarrow OH + O_2 + O_2$	6.62×10^{9}	0	994
14	$O_3 + O \longrightarrow O_2 + O_2$	4.82×10^{12}	0	4094
15	$O_3 + NO \longrightarrow O_2 + NO_2$	8.43×10^{11}	0	2603
16	$O_3 + CH_3 \longrightarrow CH_3O + O_2$	5.83×10^{10}	0	0

一些实验结果表明(Mohammadi 等,2006),在使用天然气的压缩点火式发动机中,当用浓度低于 40μL/L 的 O_3 以化学计量比 0.24 开展试验时,发动机的燃烧效率较低,且会排放出高浓度的 HC 和 CO。这种低当量比导致了冷燃烧,

这是中间产物排放量增加的原因。当加入 80μL/L 的 O_3 时,可以看到点火延迟有所减少,HC 和 CO 在喷出气缸之前的氧化速率更高,因此中间产物的排放减少,且燃烧效率更高。

Zhang 等(2016)研究发现,O_3 拓宽了可燃性极限,并提高了 $H_2/CO/O_2$ 火焰的层流火焰速度。在约 700K 时消耗了(低温化学活化)超过 90% 的 O_3(Won 等,2015),从而引发一系列支链反应,并产生活性自由基,同时还干扰燃烧过程,并加速在近极限条件下的整体反应。Liang 等(2013)的研究表明,在稀薄(增加 18.74%)和富集(增加 15.78%)两种情况下,添加 O_3 均可提高 $H_2/CO/N_2$/空气预混火焰燃速。燃速的增加与臭氧的添加量几乎呈线性关系。

Weng 等(2015)分析了添加 O_3 后火焰中的甲醛浓度。研究发现,当添加 4500μL/L 的 O_3 时,富氧条件下甲醛浓度升高约 58.5%;在化学计量比条件下,甲醛浓度升高 15.5%,如图 2-13 所示。研究还发现,添加 O_3 时,在极低温度下才开始生成甲醛。Gao 等(2015)利用绝热条件下的动力学和热效应验证,O_3 的添加促进了火焰的传播。当加入 6334μL/L 的 O_3 时,CH_4 和 C_3H_8 的化学计量火焰传播速度分别增加了 8.3% 和 7.6%。

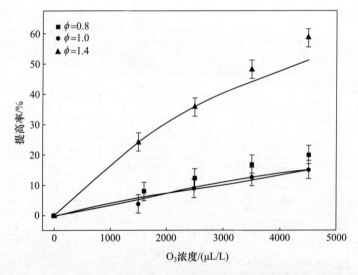

图 2-13 添加 O_3 对 CH_4-空气火焰传播速度的提高率(Weng 等,2015)

使用简易放电装置,即可在大气环境中产生半衰期为 30~40min 的 O_3,并且可以将这种装置安装在发动机的进气口附近。这种技术能够精确控制添加到氧化剂气流中的 O_3 量。Schönborn 等(2010)采用类似的方法控制了混合燃料的着火点,如图 2-14 所示。通过改变被 O_3 氧化的燃料与未被 O_3 氧化的燃料的比例,可以调整循环内的点火位置。对燃料样品的分析表明,当燃料与 O_3 接触时,部分燃料会被转化为过氧化物,并将会促进燃料的早期自燃。

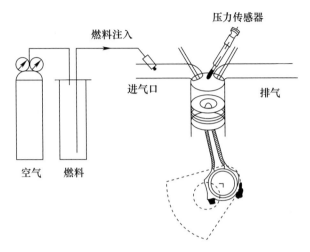

图 2-14 使用富集 O_3 空气的发动机示意图

Pinazzi 等(2016)将 O_3 直接喷射在低负荷运行的压缩点火式发动机上,评估其对95%辛烷汽油自燃反应性的促进作用。研究发现,在喷射早期,燃烧受残余 NO 的强烈影响;而在喷射后期,驱动燃烧反应的主要因素是局部温度分布和当量比。

总而言之,O_3 的添加增加了火焰区域中的自由基物种(和额外的氧化合物),并极大地加快了燃料/氧化剂混合物的燃速,从而显著影响发动机(特别是压缩点火式发动机)燃烧和排放的表现,也能让燃烧在更稀薄的条件下进行,从而降低油耗。基于这些作用,添加 O_3 还可以减少点火延迟,加快燃烧过程,减少 CO 和 HC 排放,并增加 NO_x 排放。因此,由于点火时间减少,燃烧会在更接近压缩结束处发生,发动机也将达到更高的温度,从而提高燃烧效率,并增加 NO_x 的排放(Depcik 等,2014)。

2.4 乙醇富集

在过去几十年中,燃烧模型和含能材料点火的研究发展迅速(Beckstead,2005),目前研究成果正被应用于各种爆炸物、推进剂、气体发生器或烟火配方中(Becksted 等,2007)。一些研究考虑了凝聚相中的反应区分布、非线性光谱辐射和推进剂的非均匀性等因素的影响(Erikson 等,1997)。除前面提到的,在发动机和燃烧器中的燃烧外,另一重要领域是航空航天推进系统中的燃烧。燃烧是航空航天推进系统中最重要的部分。为获得极高的速度、推力和比冲,这些系统采用高能固体、液体或固液混合燃料。

在固体推进系统中,燃料储存在燃烧室中,且一旦燃料被点燃,燃烧就会发生,直到消耗完燃烧室中的所有燃料。大多数用于推进系统(火箭、导弹等)的固体推进剂都是由几种物质组成的混合物,特别是由高氯酸铵(氧化剂盐)和端羟基聚丁二烯(胶黏剂)组成的混合物。研究者开发并尝试了许多配方,以优化燃烧过程,并提高燃烧效率(Kreitz 等,2012;Ramakrishna 等,2012;Brill 等,2000;Krishnan 等,2012)。

尽管高氯酸铵-燃料混合物已被广泛使用,并具有较长的研究历史,纯 AP 及 AP/HTPB 混合物的燃烧可能仍然是现有燃烧研究中最复杂的体系(Brill, Budenz,2000)。由于 AP/HTPB 一类混合物的复合推进剂拥有异质的物理结构,其燃烧波结构也是异质的。燃烧期间,高氯酸铵颗粒和胶黏剂 HTPB 分解产生的气体在燃面处相互扩散,并形成扩散火焰流。因此,复合推进剂的火焰结构较为复杂,且局部为三维形状。过去几十年中,针对 AP/HTPB 复合推进剂的热分解和燃烧机理,已有广泛的研究。近期,诸如快速热解、热重分析和差示扫描量热法等先进诊断方法的涌现,再次吸引了研究者的兴趣。这些方法广泛应用于有机材料、聚合物、复合材料和炸药的热分解研究。

在地球大气层中飞行时,固体混合物可携带较少的氧化剂,使用大气中的氧气进行燃烧,这使得在空气流中使用添加剂(富集)成为可能。在近期的一项研究中,Goncalves 等(2014)对 AP/HTPB 在大气气流中的一系列燃烧情况进行了模拟,并分析了空气中富集乙醇对燃烧过程的强化作用。

在评估系统中,环境空气进入一个腔室,然后在该腔室中为环境空气预混特定量由机载水箱提供的乙醇。之后,将混合物注入反应器/燃烧室并点燃,让它与以高氯酸铵和端羟基聚丁二烯为主要组成的装药发生反应。由于固体表面上存在气流,同时存在相互化学作用,这种特定设计的燃烧器也称为假混合燃烧器。

美国桑迪亚实验室使用 Chemkin 4.1 软件开展了 AP/HTPB 复合推进剂的化学动力学模拟。研究人员用 PFR. PLUG 模拟了塞流化学反应器的行为,在一个塞流式反应器(PFR)内的距离上分析由高氯酸铵和 HTPB 组成的固体推进剂的燃烧行为。更具体地说,该程序被设计用于模拟在任意几何形状中,理想气体混合物的非弥散一维流动化学反应。为此,研究人员将预混料反应器模型与塞流式反应器一起使用。程序预先计算了在稳态燃烧器中自由传播预混稀疏火焰的物种和温度分布,还考察了有限速率化学动力学和多组分分子运输。总之,程序模拟了全过程,包括空气进入系统、流过固体表面、加入燃烧过程并进入塞流式反应器,直到组分通过喷嘴离开系统为止。

研究者基于文献数据提出了一个包含 76 种化学物质和 483 种基元反应组成的反应机理。这些基元反应包括高氯酸铵、HTPB 和乙醇的分解。有趣的是,每种物质都有几种共同的反应。虽然问题变得难以解决和汇总(计算成本增加),但结果可能更接近实际情况。

为拓宽分析范围并找到最佳条件,研究人员开展了压力和入口温度分别在 $1 \sim 60\text{atm}(1\text{atm} = 1.01325 \times 10^5 \text{Pa})$ 和 300~2500K 之间的变分研究。研究发现,加入乙醇时,摩尔浓度在 0.01~0.6 之间变化。研究得到几个条件和几个特定区域,可以利用其加以改进。

图 2-15 所示为入口处仅使用干燥空气作为固体推进剂时,燃烧反应的特性。图 2-15 中显示了目标化合物的摩尔分数与化合物温度的关系,以及化合物摩尔分数及其与燃面之间距离的关系。

在上述情形下,当入口温度约为 1100K 时,燃烧过程的性能最佳,因为此时 CO、NO 和 NO 的浓度很低,而二氧化氮和水的浓度都较高,盐酸也受压力的影响而减少。

入口处的高温有利于平行反应生成 NO_x,因此中间体的浓度显著增加,随后最终产物摩尔分数减少。

在燃烧产生的气体中,盐酸浓度是值得关注的,因为盐酸是造成酸雨的主要原因。找到一个可以维持推力水平,又能减少污染物排放的优化条件,可谓意义重大。在这种情况下,同时使用乙醇与空气,也应该能够有助于降低 HCl 浓度,因为此时一些反应的动力学参数增大,会消耗部分物质。

乙醇是为人熟知的、具有高热值和低沸点的液体燃料,它的存在将提高燃烧效率和整体能量。图 2-16 所示为物质的摩尔分数与物质温度和其与燃面之间距离的关系。

比较两种工况的结果可以看出,乙醇对燃烧有极大影响。就效率而言,后者的燃烧更完整,因为产物中的水和二氧化碳浓度较高。由于考虑了预混配方,并在整个燃烧过程中保持不变,因此火焰区二氧化碳的摩尔分数增速特别快。这里还可以看到几个层对应其他参数的变化。如上所述,研究者对变分研究的结果进行了完整的描述,因此几项参数在每次运行时的变化都是独立的。

在这种情况下,研究者还研究了高入口温度下的燃烧行为。当入口温度接近 2000K 时,CO 和 NO 的浓度显著增加。需要指出的是,CO 和 NO 反映的是燃烧过程的不良特性。

在系统中加入乙醇时,盐酸浓度与入口温度的关系更为稳定。但是,盐酸的最大摩尔分数约为 0.016,而在不加入乙醇的情况下约为 0.018。

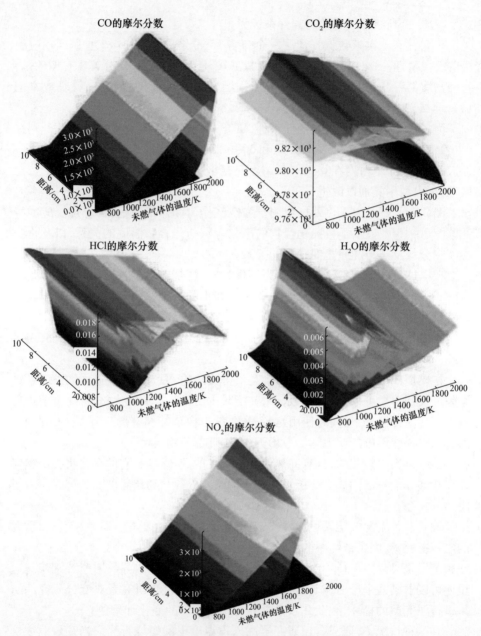

图 2-15 AP/HTPB 在干燥空气中燃烧的变分研究

一氧化二氮的变化非常明显,在入口温度为 1500K,而非 2000K 时达到最高含量。这表明燃烧过程中腔室内的温度显著增加,以适应更频繁的 NO_2 反应。两种 NO_x 的浓度沿反应器逐渐升高,表明管内发生了高温反应。

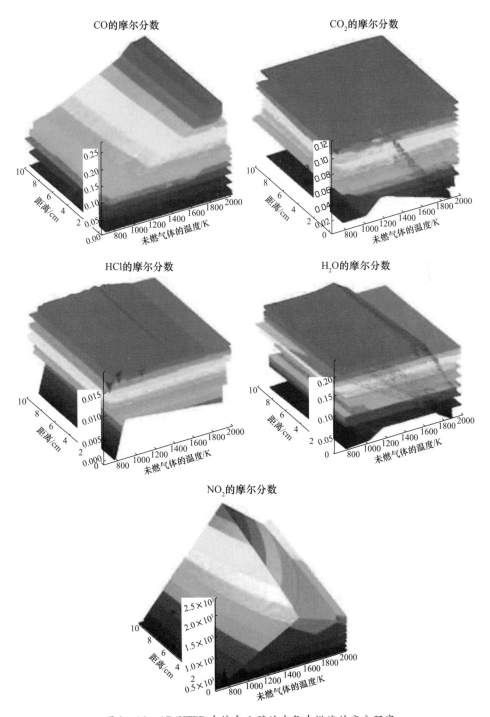

图2-16 AP/HTPB在掺杂乙醇的空气中燃烧的变分研究

在发现掺杂乙醇的空气能显著改进 AP/HTPB 的燃烧表现后,研究者还需要评估入口处空气中乙醇的最佳含量。因此,下面将讨论化学物质的摩尔分数与入口处乙醇含量的关系。

随着乙醇含量的增加,系统会产生更多的一氧化碳,这可能是由于多余的乙醇分子发生了不完全燃烧,导致了这种情况——这将对整个燃烧过程产生负面影响。从二氧化碳的曲线图可以得出,在摩尔分数约为 0.1 和 0.2 的低乙醇浓度下,生成的量最大。

加入乙醇也导致水的生成量增加,产物中的水含量在乙醇摩尔分数为 0.4 及更高时达到峰值。与前面讨论的其他物质一样,出于燃烧室中其他参数的影响,水含量的增加值也可能有所不同。

在摩尔分数为 0.05~0.1 的低乙醇浓度时,可以看到产物中 HCl 摩尔分数较高。当乙醇浓度继续升高,超出该范围时,HCl 含量显著下降,表明此时与乙醇及其衍生物的反应不再生成 HCl。

NO_x 的表现比较怪异,只有乙醇含量较低(最高 0.1)时,才生成 NO_x 化合物。可能的解释是,乙醇的消耗导致温度大幅升高,化学反应平均速度加快,因此,随着低浓度乙醇的加入,温度和化学反应平均速度增加,发生平行反应,导致反应器流动期间浓度持续增长。

根据上述研究结果,为尽量提高水和二氧化碳的产量,降低 CO、HCl 和 NO_x 的排放,入口空气中乙醇的最佳浓度应为 0.2。这一浓度并不高,可以避免氧化剂物质进入系统。

为提高燃烧效率,还可使用氧气代替大气环境中的气体,将氧气与乙醇混合并注入系统。氮氧化物浓度会持续降低,且整体燃烧过程会显著增强。

2.5 结　　论

本章介绍了近期对增强燃烧过程的研究成果和技术。在燃料-空气混合物富集物质中,对氢气的研究最多,特别是对于内燃机(压缩点火和火花点火)应用而言。臭氧和乙醇则是两种不太常见的增强剂,这些含能材料都能提高燃烧室的平均温度,减少燃烧持续时间和燃料消耗,同时提高燃烧效率。目前还需要对富集燃料的使用进行一些物理调整,因为尽管存在优点,但这种燃料会显著增加污染物排放,尤其是 NO_x 排放。需要进一步研究新设计、新材料和新的循环规范,来保证系统的最佳性能,从而减小风险,避免对环境的危害。由于未来对可持续燃料和经济载体的需求呈指数增长,而观察到的结果富有经济意义,人们很可能会在不久的将来应用这种技术。

参 考 文 献

Abdel – Aal, H. K. , Sadik, M. , Bassyouni, M. , & Shalabi, M. (2005). A new approach to utilize hydrogen as a safe fuel. *International Journal of Hydrogen Energy*, 30(13 – 14), 1511 – 1514. doi:10. 1016/j. ijhydene. 2005. 07. 007.

Akansu, S. O. , Kahraman, N. , & Ceper, B. (2007). Experimental study on a spark ignition engine fueled by methane – hydrogen mixtures. *International Journal of Hydrogen Energy*, 32(17), 4279 – 4284. doi:10. 1016/j. ijhydene. 2007. 05. 034.

Al – Baghdadi, M. A. R. S. (2004). Effect of compression ratio, equivalence ratio and engine speed on the performance and emission characteristics of a spark ignition engine using hydrogen as a fuel. *Renewable Energy*, 29(15), 2245 – 2260. doi:10. 1016/j. renene. 2004. 04. 002.

Amrouche, F. , Erickson, P. , Park, J. , & Varnhagen, S. (2014). An experimental investigation of hydrogen – enriched gasoline in a Wankel rotary engine. *International Journal of Hydrogen Energy*, 39(16), 8525 – 8534. doi:10. 1016/j. ijhydene. 2014. 03. 172.

Ayala, F. , Gerty, M. , & Heywood, J. B. (2006). SI engine performance. Influences of relative air – fuel ratio, load, compression ratio, and combustion phasing(SAE paper 2006 – 01 – 0229).

Bari, S. , & Esmaeil, M. M. (2010). Effect of H_2/O_2 addition in increasing the thermal efficiency of a diesel engine. *Fuel*, 89(2), 378 – 383. doi:10. 1016/j. fuel. 2009. 08. 030.

Bari, S. , & Esmaeil, M. M. (2010). Effect of H_2/O_2 addition in increasing the thermal efficiency of a diesel engine. *Fuel*, 89(2), 378 – 383. doi:10. 1016/j. fuel. 2009. 08. 030.

Bauer, C. G. , & Forest, T. W. (2001). Effect of hydrogen addition on the performance of methane – fueled vehicles. Part I: Effect of hydrogen addition on S. I. engine performance. *International Journal of Hydrogen Energy*, 26, 55 – 70. doi:10. 1016/S0360 – 3199(00)00067 – 7.

Beckstead, M. W. (2006, November). Recent Progress in Modeling Solid Propellant Combustion. *Combustion, Explosion, and Shock Waves*, 42(6), 623 – 641. doi:10. 1007/s10573 – 006 – 0096 – 5.

Beckstead, M. W. , Puduppakkam, K. , Thakre, P. , & Yang, V. (2007). Modeling of combustion and ignition of solid – propellant ingredients. *Progress in Energy and Combustion Science*, 33(6), 497 – 551. doi:10. 1016/j. pecs. 2007. 02. 003.

Beltrame, A. , Porshnev, P. , Merchan, W. , Saveliev, A. , Fridman, A. , & Kennedy, L. A. (2001). Soot and NO formation in methane – oxygen enriched diffusion flames. *Combustion and Flame*, 124(1 – 2), 295 – 310. doi: 10. 1016/S0010 – 2180(00)00185 – 1.

Brill, T. B. , & Budenz, B. T. (2000). Flash Pyrolysis of Ammonium Perchlorate – Hydroxyl – Terminated – Polybutadiene Mixtures Including Selected Additives. *Progress in Aeronautics and Astronautics*, 185, 3.

Brill, T. B. , Ren, W. , Yang, V. (2000). Solid Propellant Chemistry, Combustion, and Motor Interior Ballistics. *Progress in Astronautics and Aeronautics*, 185.

Catapano, F. , Iorio, S. D. , Magno, A. , Sementa, P. , & Vaglieco, B. M. (2015). A comprehensive analysis of the effect of ethanol, methane and methane – hydrogen blend on the combustion process in a PFI(port fuel injection) engine. *Energy*, 88, 101 – 110. doi:10. 1016/j. energy. 2015. 02. 051.

Chintala, V. , & Subramanian, K. A. (2015). Experimental investigations on effect of different compression ratios on enhancement of maximum hydrogen energy share in a compression ignition engine under dual – fuel mode. *Energy*, 87, 448 – 462. doi: 10.1016/j.energy.2015.05.014.

Cooney, C. P., Worm, Y. J., & Naber, J. D. (2009). Combustion characterization in an internal combustion engine with ethanol gasoline blended fuels varying compression ratios and ignition timing. *Energy & Fuels*, 23(5), 2319 – 2324. doi: 10.1021/ef800899r.

Correa, S. M. (1993, January). A review of NO_x formation under gas – turbine combustion conditions. *Combustion Science and Technology*, 87(1 – 6), 329 – 362. doi: 10.1080/001022092 08947221.

Depcik, C., Mangus, M., & Ragone, C. (2014). Ozone – Assisted Combustion – Part I: Literature Review and Kinetic Study Using Detailed n – Heptane Kinetic Mechanism. *Journal of Engineering for Gas Turbines and Power*, 136(9), 091507. doi: 10.1115/1.4027068.

Dhole, A. E., Yarasu, R. B., & Lata, D. B. (2016). Investigations on the combustion duration and ignition delay period of a dual fuel diesel engine with hydrogen and producer gas as secondary fuels. *Applied Thermal Engineering*, 107, 524 – 532. doi: 10.1016/j.applthermaleng.2016.06.151.

Dhole, A. E., Yarasu, R. B., & Lata, D. B. (2016). Effect of hydrogen and producer gas as secondary fuels on combustion parameters of a dual fuel diesel engine. *Applied Thermal Engineering*, 108, 764 – 773. doi: 10.1016/j.applthermaleng.2016.07.157.

Erikson, W. W., & Beckstead, M. W. (1997). Modeling unsteady monopropellant combustion with full chemical kinetics. In *Proceedings of the 36th AIAA Aerospace Sciences Meeting and Exhibit*, *Aerospace Sciences Meetings*, Reno, NV.

Fontana, A., Galloni, E., Jannelli, E., Minutillo, M. (2002). Performance and fuel consumption estimation of a hydrogen enriched gasoline engine at part – load operation (technical paper).

Gao, X., Zhang, Y., Adusumilli, S., Seitzman, J., Sun, W., Ombrello, T., & Carter, C. (2015). The effect of ozone addition on laminar flame speed. *Combustion and Flame*, 162(10), 3914 – 3924. doi: 10.1016/j.combustflame.2015.07.028.

Goncalves, R. F. B., Iha, K., & Rocco, J. A. F. F. (2015). Enhancement of Ammonium Perchlorate/Hydroxyl – Terminated Polybutadiene Combustion Kinetics Using Ethanol – Doped Air. In *Proceedings of the 51st AIAA/SAE/ASEE Joint Propulsion Conference*, *Propulsion and Energy Forum*. doi: 10.2514/6.2015 – 3869.

Greenwood, J. B., Erickson, P. A., Hwang, J., & Jordan, E. A. (2014). Experimental results of hydrogen enrichment of ethanol in an ultra – lean internal combustion engine. *International Journal of Hydrogen Energy*, 39(24), 12980 – 12990. doi: 10.1016/j.ijhydene.2014.06.030.

Heywood, J. (1988). *Internal Combustion Engine Fundamentals*. McGraw – Hill Education.

Hora, T. S., & Agarwal, A. K. (2015). Experimental study of the composition of hydrogen enriched compressed natural gas on engine performance, combustion and emission characteristics. *Fuel*, 160, 470 – 478. doi: 10.1016/j.fuel.2015.07.078.

Hora, T. S., & Agarwal, A. K. (2016). Effect of varying compression ratio on combustion, performance, and emissions of a hydrogen enriched compressed natural gas fueled engine. *Journal of Natural Gas Science and Engineering*, 31, 819 – 828. doi: 10.1016/j.jngse.2016.03.041.

Ivanic, Z., Ayala, F., & Goldwitz, J. (2005). Heywood JB. Effects of hydrogen enhancement on efficiency and NO_x emissions of lean and EGR – diluted mixture in a SI engine (SAE paper 2005 – 01 – 0253).

Jhang, S., Chen, K., Lin, S., Lin, Y., & Cheng, W. L. (2016). Reducing pollutant emissions from a heavy –

duty diesel engine by using hydrogen additions. *Fuel*,172,89 – 95. doi:10. 1016/j. fuel. 2016. 01. 032.

Ji,C. ,Liu,X. ,Gao,B. ,Wang,S. ,& Yang,J. (2014). A laminar burning velocity correlation for combustion simulation of hydrogen – enriched ethanol engines. *Fuel*,133,139 – 142. doi:10. 1016/j. fuel. 2014. 05. 013.

Ji,C. ,Su,T. ,Wang,S. ,Zhang,B. ,Yu,M. ,& Cong,X. (2016). Effect of hydrogen addition on combustion and emissions performance of a gasoline rotary engine at part load and stoichiometric conditions. *Energy Conversion and Management*,121,272 – 280. doi:10. 1016/j. enconman. 2016. 05. 040.

Kahraman, N. ,Ceper, B. ,Akansu, S. O. ,& Aydin, K. (2009). Investigation of combustion characteristics and emissions in a spark – ignition engine fueled with natural gas – hydrogen blends. *International Journal of Hydrogen Energy*,34(2),1026 – 1034. doi:10. 1016/j. ijhydene. 2008. 10. 075.

Karagoöz, Y. ,Güler, I. ,Sandalcı, T. ,Yüksek, L. ,& Dalkılıc, A. S. (2016). Effect of hydrogen enrichment on combustion characteristics,emissions and performance of a diesel engine. *International Journal of Hydrogen Energy*,41(1),656 – 665. doi:10. 1016/j. ijhydene. 2015. 09. 064.

Karagöz, Y. ,Güler, I. ,Sandalcı, T. ,Yüksek, L. ,Dalkılıc, A. S. ,& Wongwises, S. (2016). Wongwises, S. (2016). Effects of hydrogen and methane addition on combustion characteristics,emissions,and performance of a CI engine. *International Journal of Hydrogen Energy*, 41 (2), 1313 – 1325. doi: 10. 1016/ j. ijhydene. 2015. 11. 112.

Khalil, A. E. E. ,& Gupta, A. K. (2013). Hydrogen addition effects on high intensity distributed combustion. *Applied Energy*,104,71 – 78. doi:10. 1016/j. apenergy. 2012. 11. 004.

Kızıltan,E. (1988). *Effect of alcohol addition to motor fuels on engine performance* [MS Thesis]. University of Karadeniz Technical University.

Kökkülünk, G. ,Parlak, A. ,Ayhan, V. ,Cesur, I. ,Gonca, G. ,& Boru, B. (2014). Theoretical and experimental investigation of steam injected diesel engine with EGR. *Energy*, 74, 331 – 339. doi: 10. 1016/ j. energy. 2014. 06. 091.

Köse,H. ,& Ciniviz, M. (2013). An experimental investigation of effect on diesel engine performance and exhaust emissions of addition at dual fuel mode of hydrogen. *Fuel Processing Technology*, 114, 26 – 34. doi: 10. 1016/j. fuproc. 2013. 03. 023.

Kreitz,K. ,Petersen,E. ,Reid,D. ,& Seal,S. (2012). Scale – Up Effects of Nanoparticle Production on the Burning Rate of Composite Propellant. *Combustion Science and Technology*, 184 (6), 750 – 766. doi: 10. 1080/00102202. 2012. 663026.

Krishnan,S. ,& Jeenu, R. (2012). Combustion characteristics of AP/HTPB propellants with burning rate modifiers. *Journal of Propulsion and Power*,8(4),748 – 755. doi:10. 2514/3. 23545.

Lee,S. ,Kim,C. ,Choi,Y. ,Lim,G. ,& Park, C. (2014). Emissions and fuel consumption characteristics of an HCNG – fueled heavy – duty engine at idle. *International Journal of Hydrogen Energy*, 39 (15), 8078 – 8086. doi:10. 1016/j. ijhydene. 2014. 03. 079.

Liang,X. ,Wang,Z. ,Weng,W. ,Zhou,Z. ,Huang,Z. ,Zhou,J. ,& Cen,K. (2013). Study of ozoneenhanced combustion in $H_2/CO/N_2/$air premixed flames by laminar burning velocity measurements and kinetic modeling. *International Journal of Hydrogen Energy*,38(2),1177 – 1188. doi:10. 1016/j. ijhydene. 2012. 10. 075.

Liew,C. ,Li,H. ,Nuszkowski,J. ,Liu,S. ,Gatts,T. ,Atkinson,R. ,& Clark,N. (2010). An experimental investigation of the combustion process of a heavy – duty diesel engine enriched with H2. *International Journal of Hydrogen Energy*,35(20),11357 – 11365. doi:10. 1016/j. ijhydene. 2010. 06. 023.

Lilik, G. K. , Zhang, H. D. , Herreros, J. M. , Haworth, D. C. , & Boehman, A. L. (2010). Hydrogen assisted diesel combustion. *International Journal of Hydrogen Energy*, 35 (9), 4382 – 4398. doi: 10.1016/ j. ijhydene. 2010. 01. 105.

Lim, G. , Lee, S. , Park, C. , Choi, Y. , & Kim, C. (2014). Effects of compression ratio on performance and e- mission characteristics of heavy – duty SI engine fueled with HCNG. *International Journal of Hydrogen Energy*, 39, 8078 – 8086. doi:10. 1016/j. ijhydene. 2014. 03. 079.

Ma, F. , Liu, H. , Wang, Y. , Li, Y. , Wang, J. , & Zhao, S. (2008). Combustion and emission characteristics of a port – injection HCNG engine under various ignition timings. *International Journal of Hydrogen Energy*, 33 (2), 816 – 822. doi:10. 1016/j. ijhydene. 2007. 09. 047.

Ma, F. , Wang, Y. , Liu, H. , Li, Y. , Wang, J. , & Zhao, S. (2007). Experimental study on thermal efficiency and emission characteristics of a lean burn hydrogen enriched natural gas engine. *International Journal of Hydrogen Energy*, 32 (18), 5067 – 5075. doi:10. 1016/j. ijhydene. 2007. 07. 048.

Maher, A. R. , & Haroun, A. K. (2003). A prediction study of a spark ignition supercharged hydrogen engine. *Energy Conversion and Management*, 44 (20), 3143 – 3150. doi:10. 1016/S0196 – 8904 (03)00127 – 4.

McLellan, B. , Shoko, E. , Dicks, A. L. , & Diniz da Costa, J. C. (2005). Hydrogen production and utilization opportunities for Australia. *International Journal of Hydrogen Energy*, 30 (6), 669 – 679. doi: 10. 1016/ j. ijhydene. 2004. 06. 008.

Mohammadi, A. , Kawanabe, H. , Ishiyama, T. , Shioji, M. , & Komada, A. (2006). Study on Combustion Control in Natural – Gas PCCI Engines with Ozone Addition into Intake Gas (SAE paper 2006 – 01 – 0419).

Moreno, F. , Arroyo, J. , Muñoz, M. , & Monné, C. (2012). Combustion analysis of a spark ignition engine fueled with gaseous blends containing hydrogen. *International Journal of Hydrogen Energy*, 37 (18), 13564 – 13573. doi:10. 1016/j. ijhydene. 2012. 06. 060.

Norbye, J. P. (1971). *The Wankel Engine*. Philadelphia: Chilton Book Company.

Park, C. , Choi, Y. , & Lee, J. (2013). Operating strategy for exhaust gas reduction and performance improvement in a heavy – duty hydrogen – natural gas blend engine. *Energy*, 50, 262 – 269. doi: 10. 1016/ j. energy. 2012. 10. 048.

Park, C. , Lee, S. , Lim, G. , Choi, Y. , & Kim, C. (2014). Full load performance and emission characteristics of hydrogen – compressed natural gas engines with valve overlap changes. *Fuel*, 123, 102 – 106. doi: 10. 1016/ j. fuel. 2014. 01. 041.

Patil, K. R. , Khanwalkar, P. M. , Thipse, S. S. , Kavathekar, K. P. , Rairikar, S. D. (2010). Development of HCNG blended fuel engine with control of NO_x emissions. *Journal of Computer Information Systems and Industrial Management Applications*, 2, 87 – 95.

Pinazzi, P. M. , & Foucher, F. (in press). Influence of injection parameters, ozone seeding and residual NO on a Gasoline Compression Ignition (GCI) engine at low load. In *Proceedings of the Combustion Institute*.

Pisa, I. , Lazaroiu, G. , & Prisecaru, T. (2014). Influence of hydrogen enriched gas injection upon polluting emissions from pulverized coal combustion. *International Journal of Hydrogen Energy*, 39 (31), 17702 – 17709. doi: 10. 1016/j. ijhydene. 2014. 08. 119.

Radwan, M. S. (1985) Performance and knock limits of ethanol – gasoline blends in spark – ignited engines (SAE paper 850213).

Ramakrishna, P. A. , Paull, P. J. , & Mukunda, H. S. (2012). Revisiting the Modeling of Ammonium Perchlorate Combustion:Development of an Unsteady Model. *Journal of Propulsion and Power*,22(3),661 – 668. doi:10. 2514/1. 15502.

Riahi,Z. ,Bounaouara,H. ,Hraiech,I. ,Mergheni,M. A. ,Sautet,J. ,& Nasrallah,S. B. (in press). Combustion with mixed enrichment of oxygen and hydrogen in lean regime. *International Journal of Hydrogen Energy*.

Sahin,Z. ,& Durgun,O. (2009). Numerical investigation of the effects of injection parameters on performance and exhaust emissions in a DI diesel engine. In *Proceedings of the 4th International Exergy,Energy and Environment Symposium*,Sharjah,UAE.

Sahin,Z. ,Durgun,O. ,Kurt,M. (2015). Experimental investigation of improving diesel combustion and engine performance by ethanol fumigation – heat release and flammability analysis. *Energy Conversion and Management*,89,175 – 187.

Sandalcı,T. ,& Karagöz,Y. (2014). Experimental investigation of the combustion characteristics,emissions and performance of hydrogen port fuel injection in a diesel engine. *International Journal of Hydrogen Energy*,39(32),18480 – 18489. doi:10. 1016/j. ijhydene. 2014. 09. 044.

Saravanan,N. ,& Nagarajan,G. (2008). An experimental investigation of hydrogen – enriched air induction in a diesel engine system. *International Journal of Hydrogen Energy*, 33(6), 1769 – 1775. doi: 10. 1016/j. ijhydene. 2007. 12. 065.

Saravanan,N. ,& Nagarajan,G. (2010). Performance and emission studies on port injection of hydrogen with varied flow rates with diesel as an ignition source. *Applied Energy*, 87 (7), 2218 – 2229. doi: 10. 1016/j. apenergy. 2010. 01. 014.

Saravanan,N. ,Nagarajan,G. ,Dhanasekaran,C. ,& Kalaiselvan,K. M. (2007). Experimental investigation of hydrogen port fuel injection in DI diesel engine. *International Journal of Hydrogen Energy*,32(16),4071 – 4080. doi:10. 1016/j. ijhydene. 2007. 03. 036.

Sastri,M. V. C. (1987). Hydrogen Energy research – and – development in India – an overview. *International Journal of Hydrogen Energy*,12(3),137 – 145. doi:10. 1016/0360 – 3199(87)90145 – 5.

Schefer,R. W. ,Wickall,D. M. ,& Agrawal,A. K. (2002). Combustion of hydrogen – enriched methane in lean premixed swirl stabilized burner. *Proceedings of the Combustion Institute*,29(1),843 – 851. doi:10. 1016/S1540 – 7489(02)80108 – 0.

Schifter,L. ,Diaz,R. ,Rodriguez,J. P. ,& Gomez Gonzalez,U. (2011). Combustion and emissions behavior for ethanol gasoline blends in a single cylinder engine. *Fuel*, 90 (12), 3586 – 3592. doi: 10. 1016/j. fuel. 2011. 01. 034.

Schönborn,A. ,Hellier,P. ,Aliev,A. E. ,& Ladommatos,N. (2010). Ignition control of homogeneouscharge compression ignition (HCCI) combustion through adaptation of the fuel molecular structure by reaction with ozone. *Fuel*,89(11),3178 – 3184. doi:10. 1016/j. fuel. 2010. 06. 005.

Sopena,C. ,Diéguez,P. M. ,Sáinz,D. ,Urroz,J. C. ,Guelbenzu,E. ,& Gandía,L. M. (2010). Conversion of a commercial spark ignition engine to run on hydrogen: Performance comparison using hydrogen and gasoline. *International Journal of Hydrogen Energy*,35(3),1420 – 1429. doi:10. 1016/j. ijhydene. 2009. 11. 090.

Tachibana,T. ,Hirata,K. ,Nishida,H. ,& Osada,H. (1991). Effect of ozone on combustion of compression ignition engines. *Combustion and Flame*,85(3 – 4),515 – 519. doi:10. 1016/0010 – 2180(91)90154 – 4.

Tang,C. ,Zhang,Y. ,& Huang,Z. (2014). Progress in combustion investigations of hydrogen enriched hydrocarbons. *Renewable & Sustainable Energy Reviews*,30,195 – 216. doi:10. 1016/j. rser. 2013. 10. 005.

Varde, K. (1981). Combustion characteristics of small spark ignition engines using hydrogen supplemented fuel mixture(SAE paper 810921).

Verhelst, S. (2014). Recent progress in the use of hydrogen as a fuel for internal combustion engines. *International Journal of Hydrogen Energy*, 39(2), 1071 – 1085. doi: 10. 1016/j. ijhydene. 2013. 10. 102.

Verma, G. , Prasad, R. K. , Agarwal, R. A. , Jain, S. , & Agarwal, A. K. (2016). Experimental investigations of combustion, performance and emission characteristics of a hydrogen enriched natural gas fueled prototype spark ignition engine. *Fuel*, 178, 209 – 217. doi: 10. 1016/j. fuel. 2016. 03. 022.

Wang, H. K. , Chen, K. S. , & Lin, Y. C. (2013). Emission reductions of carbonyl compounds in a heavy – duty diesel engine supplemented with H_2/O_2 fuel. *Aerosol and Air Quality Research – Index*, 13, 1790 – 1795.

Wang, J. , Huang, Z. , Tang, C. , Miao, H. , & Wang, X. (2009). Numerical study of the effect of hydrogen addition on methane – air mixtures combustion. *International Journal of Hydrogen Energy*, 34 (2), 1084 – 1096. doi: 10. 1016/j. ijhydene. 2008. 11. 010.

Wang, J. , Huang, Z. , Tang, C. , & Zheng, J. (2010). Effect of hydrogen addition on early flame growth of lean burn natural gas – air mixtures. *International Journal of Hydrogen Energy*, 35 (13), 7246 – 7252. doi: 10. 1016/j. ijhydene. 2010. 01. 004.

Wang, S. , Ji, C. , & Zhang, B. (2010). Effects of hydrogen addition and cylinder cutoff on combustion and emissions performance of a spark – ignited gasoline engine under a low operating condition. *Energy*, 35(12), 4754 – 4760. doi: 10. 1016/j. energy. 2010. 09. 015.

Wang, S. , Ji, C. , Zhang, B. , Cong, X. , & Liu, X. (2016). Effect of CO_2 dilution on combustion and emissions characteristics of the hydrogen – enriched gasoline engine. *Energy*, 96, 118 – 126. doi: 10. 1016/j. energy. 2015. 12. 017.

Wang, S. , Ji, C. , Zhang, B. , & Liu, X. (2013). Emissions performance of a hybrid hydrogen e gasoline engine – powered passenger car under the new European driving cycle. *Fuel*, 106, 873 – 875. doi: 10. 1016/j. fuel. 2013. 01. 011.

Wang, Z. H. , Yang, L. , Li, B. , Li, Z. S. , Sun, Z. W. , Aldén, M. , & Konnov, A. A. et al. (2012). Investigation of combustion enhancement by ozone additive in CH4/air flames using direct laminar burning velocity measurements and kinetic simulations. *Combustion and Flame*, 159(1), 120 – 129. doi: 10. 1016/j. combustflame. 2011. 06. 017.

Weng, W. , Nilsson, E. , Ehn, A. , Zhu, J. , Zhou, Y. , Wang, Z. , & Cen, K. et al. (2015). Investigation of formaldehyde enhancement by ozone addition in CH_4/air premixed flames. *Combustion and Flame*, 162(4), 1284 – 1293. doi: 10. 1016/j. combustflame. 2014. 10. 021.

Whiete, C. M. , Steeper, R. R. , & Lutz, A. E. (2006). The hydrogen – fueled internal combustion engine: A technical review. *International Journal of Hydrogen Energy*, 31 (10), 1292 – 1305. doi: 10. 1016/j. ijhydene. 2005. 12. 001.

Won, S. H. , Jiang, B. , Diévart, P. , Sohn, C. H. , & Ju, Y. (2015). Self – sustaining n – heptane cool diffusion flames activated by ozone. *Proceedings of the Combustion Institute*, 35 (1), 881 – 888. doi: 10. 1016/j. proci. 2014. 05. 021.

Yoshihito, S. , & Teruo, S. (2005). Effect of hydrogen and gasoline – mixed combustion on spark ignition engine(SAE paper 2005 – 08 – 0503).

Zhang, Y. , Zhu, M. , Zhang, Z. , Shang, R. , & Zhang, D. (2016). Ozone effect on the flammability limit and near - limit combustion of syngas/air flames with N_2, CO_2, and H_2O dilutions. *Fuel*, 186, 414 - 421. doi: 10. 1016/j. fuel. 2016. 08. 094.

Zhen, X. , Wang, Y. , Xu, S. , & Zhu, Y. (2013). Study of knock in a high compression ratio spark ignition methanol engine by multi - dimensional simulation. *Energy*, 50, 150 - 159. doi: 10. 1016/j. energy. 2012. 09. 062.

Zhou, J. H. , Cheung, C. S. , & Leung, C. W. (2014). Combustion, performance, regulated and unregulated emissions of a diesel engine with hydrogen addition. *Applied Energy*, 126, 1 - 12. doi: 10. 1016/j. apenergy. 2014. 03. 089.

第3章 范德瓦耳斯和 Noble – Abel 气体中的 Chapman – Jouguet 燃烧波

Fernando S. Costa

(巴西国家空间研究院,巴西)

César A. Q. Gonzáles

(圣马科斯国立大学,秘鲁)

摘要:本章采用 Chapman – Jouguet(CJ)方法推导在范德瓦耳斯和 Noble – Abel 气体中传播的燃烧波穿过的跳跃条件。根据体积协同和分子间力参数,质量、动量和能量的稳态一维平衡方程用于获取燃烧波的主要性能,包括速度、马赫数、压力和温度。一般来说,协体积对 Hugoniot 曲线和燃烧波性能的影响要明显高于分子间吸引力的影响。然而,在高初始压力条件下,对于丙烷和稀释空气的混合物爆炸,使用范德瓦耳斯状态方程获得的理论结果与试验结果更为相近。

3.1 引 言

燃烧波是以一定速度在固体、液体和多相介质中传播的火焰前缘,传播速度取决于混合物的组成及初始边界条件。爆燃指燃烧波以相对于反应物的次声速传播,一般在标准条件下(100kPa、298K)速率为 0.1~1m/s,爆燃近似为等压过程。爆炸是指燃烧波以相对于反应物的超声速传播,标准条件下呈现 1500~4000m/s 的燃烧前缘速率,爆炸马赫数 Ma_D 为 4~8,爆压为 2.5~6.0MPa(Nettleton,1987)。

Abel(1869)在压装炸药中的研究发现了爆炸,之后 Berthelot 和 Vielle(1881)在气体混合物中的研究也发现了爆炸。然而,直到 1950 年,才有关于爆炸的全面文献目录(Bauer 等,1991;Manson,Dabora,1993)。当前关于爆炸的研究包括针对特殊现象研究的不同研究线路(Nettleton,1987;Kuo,2005;Lee,2008)。

爆炸现象发现不久后,Michelson(1893)、Chapman(1889)和 Jouguet(1905、1906)提出了计算炸药混合物爆轰速率的理论,该理论基于 Rankine(1870)和 Hugoniot(1887、1889)为冲击波问题提出的解决方案。但是,Michelson 著作的知名度仅限于俄罗斯境内。此后,爆炸理论才作为 Chapman – Jouguet(CJ)理论为人所熟知(Dremin,1999)。

经典的 CJ 理论认为燃烧波是一个具有无穷大反应速率的不连贯过程。该理论假定在稳态一维流动过程中,仅当冲击波通过媒介时,瞬时开始化学反应。基于 CJ 理论,可以计算冲击波特性并验证燃烧产物达到满足守恒方程的最小速度。

连续性和动量方程的解产生 Rayleigh 线,该线将燃烧波的压力和比容联系起来。能量、连续性、动量和状态方程的解被称为 Rankine – Hugoniot 关系。在热动力学特性恒定的情况下,给定反应物混合物的初始条件和反应释放的热量,Rankine – Hugoniot 曲线采用双曲线形式,得到燃烧产物的平衡状态。

根据 CJ 方法,燃烧波传递问题的研究对应 Rayleigh 线为 Rankine – Hugoniot 曲线切线时的情况,决定了爆轰波和爆燃波时的两个点,分别对应研究的较高 CJ 点和较低 CJ 点。CJ 理论与燃烧波结构和反应动力学无关,仅由燃烧产物的热动力平衡状态决定。

第二次世界大战期间,Zeldovich、Döring 和 Von Neumann 修正了 CJ 模型,将化学反应速率考虑在内。他们的模型(ZND)将爆轰波描述为仅仅跟随反应区域的冲击波,冲击波的厚度取决于反应速率。ZND 理论同样取决于与 CJ 理论相同的爆轰速率和爆轰压力,唯一的不同是,ZND 理论还取决于冲击波厚度(Wingerden 等,1999;Williams,1985;Glassman,1996)。图 3 – 1 列出了包括冲击波和爆燃爆震波的 ZND 结构图。

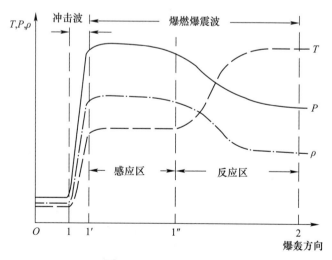

图 3 – 1　包括冲击波和爆燃爆震波的 ZND 结构图(改编自 Kuo,2005)

在爆轰情况下,由于流体动力学的不稳定性,真实的波结构是三维的,但是,一维解的研究明显呈现出更好的平均特性,如较高 CJ 点的爆轰速率更优(Fickett,Davis,2005;Kuo,2005)。

3.2 真实气体

理想气体的稳态方程在低压下具有良好的准确性。但高压下必须考虑分子体积和分子吸引力。高压对于爆轰和爆燃传播的影响已有部分研究。

1960 年,Gealer 和 Churchill 测量了初始压力达到 7MPa 时,$H_2 - O_2$ 混合物的爆炸速率,并将试验结果与基于理想气体状态方程的 CJ 理论计算结果对比。Bauer 等研究了在 10~100MPa 爆压下,气态 $C_2H_4 - O_2 - H_2$ 混合物的爆轰特性,并将测到的爆速与基于理想气体、BKW 和 Boltzman 状态方程获得的理论值进行比较。爆轰压力和爆轰温度的理论值对状态方程的敏感度要低于爆轰速度。基于范德瓦耳斯状态方程,近似求解得到一维的守恒方程和平衡组成。作者认为,理论值与试验结果的误差在不确定性的范围之内。1995 年,Schmitt 和 Butler 使用理想气体、Redlich - Kwong、Soave 和 Peng - Robinson 4 种状态方程理论研究了初始压力和温度对一些气体体系(H_2、CH_4、C_2H_4、C_2H_6、C_3H_8)的 CJ 爆轰特性的影响。同年,Schmitt 和 Butler 将气相爆炸的 ZND 理论的适用范围拓展至真实气体状态方程、真实气体热动力学特性及化学动力学反应速率。2007 年,Marchionn 等采用 Redlich - Kwong 状态方程模拟了 $CH_4 - O_2$ 惰性混合物在压力达到 15MPa 时火焰的自由传播。考虑到高压对焓和比热的影响,研究人员在具体反应机制下修改了平衡常数,来获取逆反应速率。这些研究使用了经典解法求解理想气体,或使用真实气体状态方程进行了近似求解。

因此,本研究采用 CJ 理论,在假定反应物和产物具有不同特性的情况下,推导出燃烧波在范德瓦耳斯(VDW)和 Noble - Abel(NA)气体中传播时跳跃条件的数学表达式。稳态的质量、动量和能量一维守恒方程将用于获得 Rayleigh 线、Rankine - Hugoniot 线、马赫数和 CJ 传播速率,以及燃烧波的压力、比容和温度比。

3.2.1 范德瓦耳斯(VDW)和 Noble - Abel(NA)状态方程

范德瓦耳斯状态方程(VDW - EOS)是第一个用来代表真实气体行为的半经验方程。

$$(P + a/v^2)(v - b) = RT \qquad (3-1)$$

式中:P 为压力;T 为温度;R 为气体常数;a 为吸引力参数;b 为协体积或已占体

积,其对应大小为分子占用体积的 4 倍左右。

常数 a 和 b 可由实验获取或通过临界参数预估。

$$a = \frac{27}{64}\frac{R^2 T_{cr}^2}{P_{cr}}, \quad b = \frac{RT_{cr}}{8P_{cr}} \tag{3-2}$$

式中:T_{cr} 和 P_{cr} 分别为临界温度和压力。

然而,高温时分子具有较高动能,分子的吸引力减弱;因此,在某些情况下,范德瓦耳斯状态方程中可以不考虑分子间作用力,对精度并无较大影响。由此得到 Noble – Abel 状态方程:

$$P(v-b) = RT \tag{3-3}$$

3.2.2 范德瓦耳斯气体的 Chapman – Jouguet 研究

考虑到坐标系随燃烧波移动和假定无体积力作用下的稳态的一维绝热流动,连续性、动量和能量守恒方程分别如下。

$$\rho_1 u_1 = \rho_2 u_2 = m \tag{3-4}$$

$$P_1 + \rho_1 u_1^2 = P_2 + \rho_2 u_2^2 \tag{3-5}$$

$$h_1 + \frac{u_1^2}{2} = h_2 + \frac{u_2^2}{2} \tag{3-6}$$

式中:下标 1 和 2 分别表示反应物和产物特性;m 为单位面积质量流速;ρ 为密度;u 为流速;h 为比焓。

$$(P_i + a_i/v_i^2)(v_i - b_i) = R_i T_i, \quad i = 1,2 \tag{3-7}$$

式中:$v_i = 1/\rho_i$ 为比体积。

固定特性 VDW 气体的焓为(Gonzales,2010):

$$h_i = h_{f,i} + c_{P,i}^0 T_i + b_i P_i (1 + \varepsilon_i) - 2P_i v_i \varepsilon_i \tag{3-8}$$

式中:$h_{f,i}$ 为比生成焓;$c_{P,i}^0$ 为低压下(与理想气体相同)比热容;$\varepsilon_i = a_i/P_i v_i^2 \ll 1$ ($i = 1,2$)。

在固定体积和压力下,VDW 气体的比热容分别为 $c_v = c_v^0 = \dfrac{R}{\gamma^0 - 1}$ 和 $c_P = c_v + \dfrac{(1+\varepsilon)R}{1-\varepsilon+2\varepsilon b^*}$。

比热容为 $\gamma = \dfrac{\gamma^0(1+\varepsilon) - 2\varepsilon(1-b^*)}{1-\varepsilon+2\varepsilon b^*}$,其中上标 0 代表理想气体条件。

3.2.3 雷利线方程

将流速 $u_1 = m/\rho_1 = mv_1$ 和 $u_2 = m/\rho_2 = mv_2$ 代入式(3-5),得到雷利线方程。

$$\frac{P_2 - P_1}{v_2 - v_1} = -m^2 \tag{3-9}$$

或

$$\frac{p-1}{v-1} = -\mu \tag{3-10}$$

式中:$p = P_2/P_1$ 和 $v = v_2/v_1$ 分别为压力和比体积比;$\mu = m^2 v_1/P_1 = u_1^2/P_1 v_1$ 为无量纲流速,可以通过反应物的马赫数表达:$Ma_1 = u_1/c_1$,其中 c_1 为反应物中的声速。

声速 c_1 可从以下公式(Oates,1984)获得

$$c_i = \left[\gamma_i v_i^2 \left(\frac{\partial P_i}{\partial T_i} \right)_{v_i} \left(\frac{\partial T_i}{\partial v_i} \right)_{P_i} \right]^{1/2} \tag{3-11}$$

将反应物的范德瓦耳斯状态方程代入式(3-11)得

$$c_i^2 = \gamma_1 P_1 v_1 \left(\frac{1 + \varepsilon_1}{1 - b_1^*} + 2\varepsilon_1 \right) \tag{3-12}$$

式中:$b_1^* = b_1/v_1$ 为反应物的非量纲协体积。

将式(3-12)代入式(3-10)得

$$\mu = \gamma_1 \left(\frac{1 + \varepsilon_1}{1 - b_1^*} + 2\varepsilon_1 \right) (Ma_1)^2 \tag{3-13}$$

式中:$(Ma_1)^2 = \frac{1}{\gamma_1} \left(\frac{1 + \varepsilon_1}{1 - b_1^*} + 2\varepsilon_1 \right)^{-1} \frac{p-1}{1-v}$。

反应物的比热比值为

$$\gamma_1 = \frac{\gamma_1^0 (1 + \varepsilon_1) - 2\varepsilon_1 (1 - b_1^*)}{1 - \varepsilon_1 + 2\varepsilon_1 b_1^*}$$

3.2.4 范德瓦耳斯气体的 Rankine–Hugoniot 关系式

将式(3-8)代入式(3-6)得

$$c_{P,1}^0 T_1 + (1+\varepsilon_1) b_1 P_1 - 2\varepsilon_1 P_1 v_1 + \frac{u_1^2}{2} + q = c_{P,2}^0 T_2 + (1+\varepsilon_2) b_2 P_2 - 2\varepsilon_2 P_2 v_2 + \frac{u_2^2}{2} \tag{3-14}$$

式中:$q = h_{f,2} - h_{f,1}$为反应热。

然后,代数操作后将 $u_i^2 = m^2 v_i^2$, $T_i = P_i(1 + \varepsilon_i)(v_i - b_i)/R_i$ 和雷利线方程代入式(3 – 14)得

$$pv - \left[\frac{\gamma_2^0 + 2b_2^* - 1 + 2\varepsilon_2 b_2^*}{\gamma_2^0 + 1 + 2(2 - \gamma_2^0)\varepsilon_2}\right]p + \left[\frac{\gamma_2^0 - 1}{\gamma_2^0 + 1 + 2(2 - \gamma_2^0)\varepsilon_2}\right]v$$
$$= \frac{\gamma_2^0 - 1}{\gamma_2^0 + 1 + 2(2 - \gamma_2^0)\varepsilon_2}\left[2\alpha + \frac{\gamma_1^0 - 2b_1^* + 1 + 2(2 - \gamma_1^0 - b_1^*)\varepsilon_1}{\gamma_1^0 - 1}\right] \quad (3-15)$$

式中:$\alpha = q/(P_1 v_1)$为无量纲热释放;$b_i^* = b_i/v_i$为无量纲协体积;$c_{P,i}^0/R_i = \gamma_i^0/(\gamma_i^0 - 1)$,其中 γ_i^0 为低压下(理想气体)的比热比值。

双曲线的标准形式为$(p - p_0)(v - v_0) = K^2$,其中 K 为常数,$p = p_0$ 和 $v = v_0$ 分别为水平渐近线和垂直渐近线。该方程可以改写为

$$pv - v_0 p - p_0 v + p_0 v_0 = K^2 \quad (3-16)$$

对比式(3 – 15)和式(3 – 16)得到

$$v_0 = \frac{\gamma_2^0 + 2b_2^* - 1 + 2\varepsilon_2 b_2^*}{\gamma_2^0 + 1 + 2(2 - \gamma_2^0)\varepsilon_2}, \quad p_0 = -\frac{\gamma_2^0 - 1}{\gamma_2^0 + 1 + 2(2 - \gamma_2^0)\varepsilon_2} \quad (3-17)$$

因此,对式(3 – 15)进行代数操作后,得到范德瓦耳斯气体的 Hugoniot 曲线:

$$\left[p + \frac{\gamma_2^0 - 1}{\gamma_2^0 + 1 + 2(2 - \gamma_2^0)\varepsilon_2}\right]\left[v - \frac{\gamma_2^0 + 2b_2^* - 1 + 2\varepsilon_2 b_2^*}{\gamma_2^0 + 1 + 2(2 - \gamma_2^0)\varepsilon_2}\right]$$
$$= \frac{\gamma_2^0 - 1}{\gamma_2^0 + 1 + 2(2 - \gamma_2^0)\varepsilon_2}\left[2\alpha + \frac{\gamma_1^0 - 2b_1^* + 1 + 2(2 - \gamma_1^0 - b_1^*)\varepsilon_1}{\gamma_1^0 - 1} - \right.$$
$$\left.\frac{(\gamma_2^0 + 2b_2^* - 1 + 2\varepsilon_2 b_2^*)}{\gamma_2^0 + 1 + 2(2 - \gamma_2^0)\varepsilon_2}\right] \quad (3-18)$$

如果反应物和产物具有相等和固定的特性,即 $\gamma_1^0 = \gamma_2^0 = \gamma^0$、$b_1^* = b_2^* = b^*$ 及 $\varepsilon_1 = \varepsilon_2 = \varepsilon$,那么式(3 – 18)描述的是一条双曲线。$\varepsilon_2$、$b_2$ 和 γ_2^0 的初始值可以通过理想气体研究获得,更为准确的值可以通过范德瓦耳斯研究的迭代获得。

图 3 – 2 所示为范德瓦耳斯气体的 Hugoniot 曲线,使用不同的比热比值($\gamma_1^0 = \gamma_2^0 = \gamma^0$)、无量纲热释放值、$\alpha$、无量纲协体积 $b_1^* = b_2^* = b^*$ 及吸引力参数 $\varepsilon_1 = \varepsilon_2 = \varepsilon$。

当雷利线为 Hugoniot 曲线的切线时,得到较高和较低的 CJ 点。可以看出,在范德瓦耳斯气体情况下,在 CJ 点处 $Ma_2 = 1$(Gonzales,2009)。对于范德瓦耳斯气体,雷利线方程式(3 – 10)可以写为

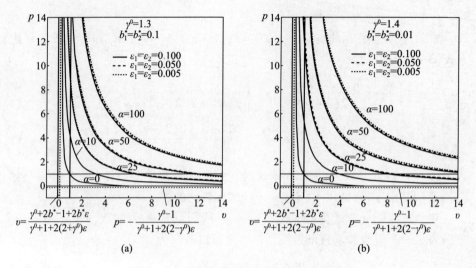

图 3-2 范德瓦耳斯气体的 Hugoniot 曲线

$$\frac{\mathrm{d}p}{\mathrm{d}v} = -\mu = \frac{p-1}{v-1} \tag{3-19}$$

式(3-18)微分得到

$$\frac{\mathrm{d}p}{\mathrm{d}v} = -\frac{p[\gamma_2^0+1+2(2-\gamma_2^0)\varepsilon_2]+(\gamma_2^0-1)}{v[\gamma_2^0+1+2(2-\gamma_2^0)\varepsilon_2]-[\gamma_2^0+2b_2^*-1+2\varepsilon_2 b_2^*]} \tag{3-20}$$

在图 3-2(a) 中,$\gamma_1^0 = \gamma_2^0 = \gamma^0 = 1.3$;在图 3-2(b) 中,$\gamma_1^0 = \gamma_2^0 = \gamma^0 = 1.4$。

式(3-19)和式(3-20)倒数相同,对 v 而言,可以获得 p 的表达式并将其代入式(3-18),得到 p 和 v 的关系式为

$$p_{\pm} = \frac{B}{2A}\left[1 \pm \left(1 - \frac{4AC}{B^2}\right)^{1/2}\right] \tag{3-21}$$

$$v_{\mp} = \frac{B'}{2A'}\left[1 \pm \left(1 - \frac{4A'C'}{B'^2}\right)^{1/2}\right] \tag{3-22}$$

式中:

$$A = (\gamma_2^0+1)[(1-\gamma_2^0\varepsilon_2)-(1-\varepsilon_2)b_2^*]+6\varepsilon_2(1-b_2^*)$$

$$B = -(\gamma_2^0-1)[\gamma_2^0+1+2(2-\gamma_2^0)\varepsilon_2](2\alpha+X_1-1)$$

$$C = (\gamma_2^0-1)\{[1+(2-\gamma_2^0)\varepsilon_2](2\alpha+X_1)-(1+\varepsilon_2)b_2^*\}$$

$$A' = (\gamma_2^0+1)\gamma_2^0(1-3\varepsilon_2)+2(4\gamma_2^0+1)\varepsilon_2$$

$$B' = -2b_2^*(\gamma_2^0+1)(1-\varepsilon_2) - 12b_2^*\varepsilon_2 +$$
$$[(\gamma_2^0+1)(1-2\varepsilon_2)+6\varepsilon_2](\gamma_2^0-1)(2\alpha+X_1-1)$$
$$C' = (\gamma_2^0-1)(2\alpha+X_1-1)[(\gamma_2^0+b_2^*)(1-\varepsilon_2)+2(b_2^*+1)\varepsilon_2] -$$
$$[\gamma_2^0(\gamma_2^0-1)(1-\varepsilon_2)+2(\gamma_2^0-1)\varepsilon_2]$$
$$X_1 = [\gamma_1^0 - 2b_1^* + 1 + 2(2-\gamma_1^0-b_1^*)\varepsilon_1]/(\gamma_1^0-1)$$

在式(3-21)和式(3-22)中,加号对应 CJ 爆轰点,减号对应 CJ 爆燃点,将反应物和产物范德瓦耳斯气体方程分开,给出燃烧波的温度比值为

$$T_\pm = \frac{R_1(1+\varepsilon_2)(1-b_2^*)}{R_2(1+\varepsilon_1)(1-b_1^*)} p_\pm v_\pm \qquad (3-23)$$

作为 p 和 v 的函数公式,$(Ma_{1\pm})^2$ 可写为

$$(Ma_{1\pm})^2 = \frac{1-\varepsilon_1+2\varepsilon_1 b_1^*}{\gamma_1^0(1+\varepsilon_1)-2\varepsilon_1(1-b_1^*)} \frac{1-b_1^*}{1+3\varepsilon_1-2\varepsilon_1 b_1^*} \frac{p_\pm-1}{1-v_\pm} \qquad (3-24)$$

爆燃和爆轰速率可以通过 $u_\pm = \left(\dfrac{p_\pm-1}{1-v_\pm}P_1 v_1\right)^{1/2}$ 得出。

图 3-3 和图 3-4 分别了范德瓦耳斯气体中 CJ 燃烧波特性与无量纲的热释放参数的关系。

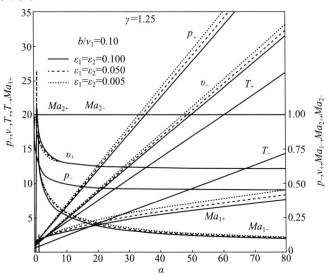

图 3-3 范德瓦耳斯气体中 CJ 燃烧波特性($b^* = 0.1$,ε_i 为常数,$\gamma = 1.25$)

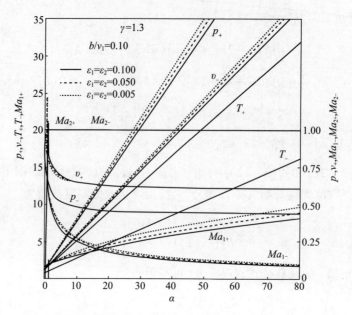

图 3-4 范德瓦耳斯气体中 CJ 燃烧波特性($b^* = 0.1, \varepsilon_i$ 为常数, $\gamma = 1.3$)

3.2.5 范德瓦耳斯气体的滞止参数

当流速通过等熵过程减小为 0 时,可获得滞止条件,因此,能量方程可以写为

$$c_v T_0 + P_0 v_0 (1 - \varepsilon_0) = c_v T_0 + P v (1 - \varepsilon) + \frac{u^2}{2} \qquad (3-25)$$

式中:$\varepsilon_0 = a/(P_0 v_0^2)$;$c_v$ 为恒容下比热容,假设为常数;下标 0 表示为等熵条件下的值。最终等熵温度可以通过以下方程获得:

$$\frac{T_0}{T} = \frac{1 + \dfrac{(\gamma^0 - 1)}{(1 + \varepsilon)(1 - b^*)} \left[1 - \varepsilon + \dfrac{\gamma^0(1 + \varepsilon) - 2\varepsilon(1 - b^*)}{2(1 - \varepsilon + 2\varepsilon b^*)} \left(\dfrac{1 + \varepsilon}{1 - b^*} + 2\varepsilon \right) (Ma)^2 \right]}{1 + (\gamma^0 - 1) \dfrac{(1 - \varepsilon_0)}{(1 + \varepsilon_0)(1 - b_0^*)}}$$

$$(3-26)$$

考虑到 $b_0^* = b/v_0 = b^* v/v_0$,对于范德瓦耳斯状态方程使用等熵关系式,得到

$$b_0^* = \left[1 + \frac{1 - b^*}{b^*} \left(\frac{T_0}{T} \right)^{-\frac{c_v}{R}} \right]^{-1} \qquad (3-27)$$

以及

$$\frac{1+\varepsilon_0^2}{\varepsilon_0} = \frac{1+\varepsilon^2}{\varepsilon}\left(\frac{T_0}{T}\right)^{\frac{R+c_v}{R}}\left[b^* + (1-b^*)\left(\frac{T_0}{T}\right)^{-\frac{c_v}{R}}\right]^2 \qquad (3-28)$$

这时,等熵压力 P_0 可以通过式(3-29)获得,即

$$\frac{P_0}{P} = \frac{1+\varepsilon^2}{1+\varepsilon_0^2}\left(\frac{T_0}{T}\right)^{\frac{R+c_v}{R}} \qquad (3-29)$$

反应物和产物的指数最终可以通过式(3-25)~式(3-29)获得。

获取等熵条件遵循以下顺序。

(1) 输入数据:ε、b^*、γ^0、M。

(2) 估算理想气体 T_0/T 比值,使用式(3-27)式(3-28)估算 ε_0 和 b_0^*。

(3) 通过第二步求得的 ε_0 和 b_0^* 解出式(3-26)和得到 T_0/T。

(4) 通过 T_0/T 再次使用式(3-27)和式(3-28)计算 ε_0 和 b_0^*。

(5) 重复第三步,直到 T_0/T 变化小于 0.1%。

(6) 使用式(3-29)计算 P_0/P。

一旦知道等熵温度便可以得到其比值。基于反应物和产物的 a_i、b_i、γ_i 和 R_i,可以获得范德瓦耳斯气体中 CJ 爆燃和爆轰的压力、比体积、温度比、马赫数及等熵条件。

3.2.6 NA 气体的 CJ 方程

使式(3-21)~式(3-24)、式(3-26)、式(3-29)中的 $\varepsilon=0$,便可以从理想气体的 CJ 方程直接获取 NA 气体的 CJ 方程。

因此,对于理想 NA 气体,其雷利线方程为

$$\frac{p-1}{v-1} = -\mu \qquad (3-30)$$

式中:$\mu = \frac{\gamma_1}{1-b_1^*}(Ma_1)^2$;$(Ma_1)^2 = \frac{1-b_1^*}{\gamma_1}\frac{p-1}{1-v}$。

Hugoniot 曲线变为

$$\left(p + \frac{\gamma_2-1}{\gamma_2+1}\right)\left(v - \frac{\gamma_2+2b_2^*-1}{\gamma_2+1}\right) = \frac{\gamma_2-1}{\gamma_2+1}\left(2\alpha + \frac{\gamma_1-2b_1^*+1}{\gamma_1-1} - \frac{\gamma_2+2b_2^*-1}{\gamma_2+1}\right)$$

$$(3-31)$$

渐近线 $v_0 = \frac{\gamma_2+2(b_2/v_2)-1}{\gamma_2+1}$,$p_0 = -\frac{\gamma_2-1}{\gamma_2+1}$。

图 3-5 和图 3-6 分别为 $\gamma=1.3$ 和 $\gamma=1.4$ 时 NA 气体的 Hugoniot 曲线,

$b_1^* = b_2^* = b^*$ 为常数。

在 NA 气体中,沿着燃烧波的压力、比体积及温度比分别如下。

$$p_\pm = \frac{(\gamma_2 - 1)(2\alpha + X - 1)}{2(1 - b_2^*)} \left\{ 1 \pm \left[1 - \frac{4(1 - b_2^*)(2\alpha + X - b_2^*)}{(\gamma_2^2 - 1)(2\alpha + X - 1)^2} \right]^{\frac{1}{2}} \right\}$$

(3-32)

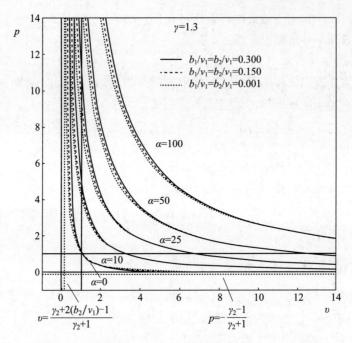

图 3-5 b 为常数及 $\gamma = 1.3$ 时 NA 气体的 Hugoniot 曲线

$$v_\pm = \frac{(\gamma_2 - 1)(2\alpha + X - 1) + 2b_2^*}{2\gamma_2}$$

$$\left\{ 1 \mp \left[1 - \frac{4\gamma_2(\gamma_2 - 1)[(\gamma_2 + b)(2\alpha + X + 1) - \gamma_2]}{(\gamma_2 + 1)[(\gamma_2 - 1)(2\alpha + X + 1) + 2b_2^*]^2} \right]^{\frac{1}{2}} \right\} \quad (3-33)$$

$$T_\pm = \frac{R_1(v_\pm - b_2^*)}{R_2(1 - b_1^*)} p_\pm \quad (3-34)$$

其中, $X = (\gamma_1 - 2b_1^* + 1)(\gamma_1 - 1)$, $\dfrac{R_1}{R_2} \approx \dfrac{b_2}{b_1}$。

在 NA 气体中,就爆轰(加号)和爆燃(减号)来说,其反应物的马赫数为

$$Ma_{1\pm} = \left[\frac{(1 - b_1^*)(p_\pm - 1)}{\gamma_1(1 - v_\pm)} \right]^{\frac{1}{2}} \quad (3-35)$$

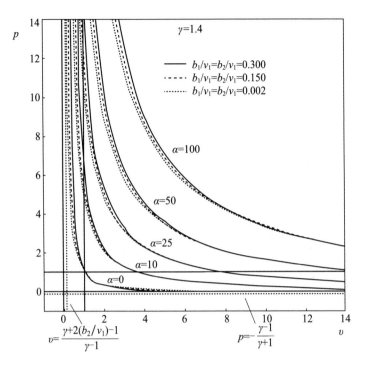

图 3-6 b^* 为常数及 $\gamma=1.4$ 时 NA 气体的 Hugoniot 曲线

图 3-7 和图 3-8 呈现了 NA 气体中作为热释放 α 函数的燃烧波特性，$b_i^* = b_i/v_i =$ 常数，以及 $\gamma_i = \gamma$ 分别为 1.3 和 1.4。

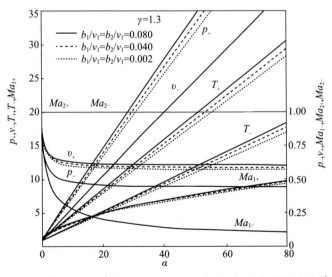

图 3-7 $b_i^* = b_i/v_i =$ 常数及 $\gamma_i = \gamma = 1.3$ 时 NA 气体的 CJ 燃烧波特性

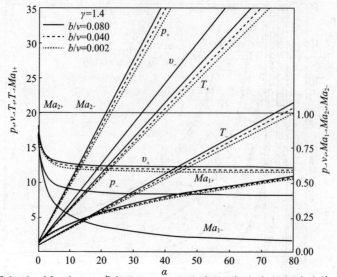

图 3-8 $b_i^* = b_i/v_i = $ 常数及 $\gamma_i = \gamma = 1.4$ 时 NA 气体的 CJ 燃烧波特性

3.2.7 NA 气体的等熵特性

在 NA 气体中,沿燃烧波的等熵温度和等熵压力分别通过如下公式获得

$$\frac{T_0}{T} + \frac{(\gamma-1)b^*}{\gamma(1-b^*)}\left(\frac{T_0}{T}\right)^{\frac{\gamma-1}{\gamma}} = \frac{\gamma - b^*}{\gamma(1-b^*)} + \frac{\gamma-1}{2(1-b^*)^2}(Ma)^2 \quad (3-36)$$

$$\frac{P_0}{P} = \left(\frac{T_0}{T}\right)^{\frac{\gamma-1}{\gamma}} \quad (3-37)$$

图 3-9 列出了 NA 气体等熵特性与马赫数的关系。可以看出,当 Ma、T 和 P 相同时,NA 气体的等熵温度和等熵压力均小于理想气体的相应值。

3.3 体积协同效应

1. $b_1 = b_2 = b = $ 常数 $\neq 0$ 及 $\gamma_1 = \gamma_2 = \gamma = $ 常数

当 $b_i^* = b/v_1 \neq 0$ 时,对于一个给定的热释放 α,不同协体积的 Hugoniot 双曲线会出现一个交叉点。图 3-10 描述了对于一个增加的 b 值,双曲线上分支($p>1$)向左移动而下分支($p<1$)轻微向上移动。当协体积增加时,Hugoniot 双曲线顶点向其中心移动。双曲线在 $p = -(\gamma-1)/(\gamma+1)$ 出现水平渐近线,等于理想气体渐近线,垂直渐近线位于 $v = (\gamma + b^* - 1)/(\gamma+1)$,其位置也取决于协体积。

在同等热动力学条件下,NA 气体中的声速大于理想气体中的声速。由于分子中自由空间变小,因此当协体积增加时,声速也会增加。另外,如图 3-9 所示,

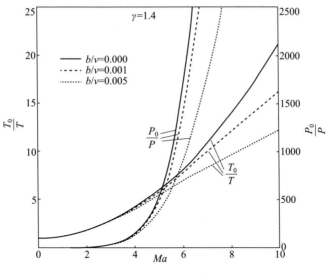

图 3-9 $\gamma = 1.4$ 时 NA 气体的等熵特性

当马赫数、静态温度 T 和压力 P 一定时,协体积增加,等熵特性 T_0 和 P_0 减小。

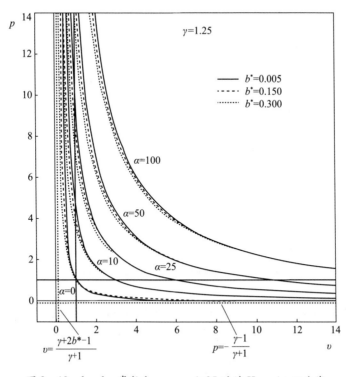

图 3-10 $b_i = b =$ 常数和 $\gamma_i = \gamma = 1.25$ 时的 Hugoniot 双曲线

在 CJ 爆轰情况下,如图 3-11 所示,对于一个给定的热释放 α,当 b 增加时,所有的特性增加(包括压力比 p_+、温度比 T_+、比体积比 v_+ 及爆轰马赫数 Ma_{1+})。b 值越大,气体分子能储存的能量越多,并最终能达到更高的温度和压力。在 CJ 爆燃情况下,b 值增加时,温度比 T_- 增加,然而由于膨胀体积远大于协体积,反应物的压力比 p_-、马赫数 Ma_{1-} 和比体积比 v_- 没有明显的变化。

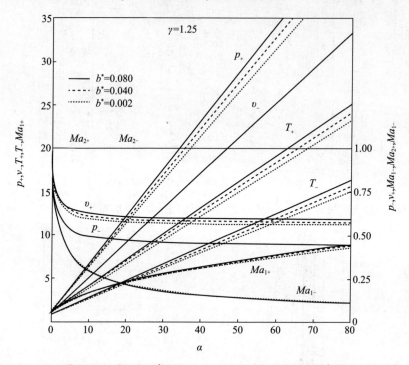

图 3-11　$b_i = b = $ 常数和 $\gamma_i = \gamma = 1.25$ 时 CJ 燃烧波特性

2. $b_2 < b_1$ 以及 $\gamma = $ 常数

图 3-12 所示为 $b_2 < b_1$ 和 $\gamma = 1.25$ 时的 Hugoniot 曲线。给定热释放 α 和协体积 b_1 值时,增加 b_2 值会使得 Hugoniot 曲线的上分支($p > 1$)轻微向右移动。因此,这时 CJ 爆轰中存在一个较小的气体压缩。由于 CJ 爆燃存在较大的体积膨胀,以及产物的协体积对比体积的影响微乎其微,Hugoniot 曲线的下分支($p < 1$)没有明显的变化。

一条 Hugoniot 曲线存在两条渐近线:仅取决于水平比热率且为常数的水平渐近线,以及取决于比热率和产物协体积的垂直渐近线。因此,增加 b_2 值会使得 Hugoniot 曲线轻微右移。

在 CJ 爆轰情况下,图 3-13 表明,对于给定的热释放 α,当协体积 b_2 增加时,比体积率,压力比和爆轰马赫数 Ma_{1+} 增加,而由于协体积 b_2 较大时,产生较小压缩和较大压力,最终温度并无明显变化。一旦 b_1 大于 b_2,作为比体积率和压力比的补偿,一般情况下气体常数 R_1 会小于 R_2,如式(3-34)所示。在 CJ 爆燃情况下,除了有轻微热释放时的压力比,协体积 b_2 对任何特性都没有影响。

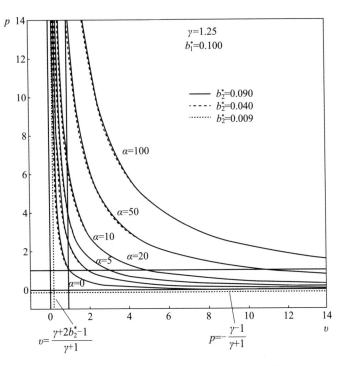

图 3-12 $b_2 < b_1$ 和 $\gamma = 1.25$ 时 Hugoniot 曲线

3. $b_2 > b_1$ 及 γ = 常数

图 3-14 表明,对于给定的热释放 α 和反应物的协体积 b_1,当 b_2 增加时,同此前情况一样,减少气体压缩、增加压力时,Hugoniot 曲线的上分支轻微向右移动。如前面所述,由于气体大规模膨胀,协体积 b_2 对 Hugoniot 曲线的下分支基本没有影响。

图 3-15 表明,当 α 值不变时,协体积 b_2 增加,CJ 爆轰波特性(压力比 p_+、比体积比 v_+ 及爆轰马赫数 Ma_{1+})会增加,这与之前的情况类似。气体压缩降低,压力增大。由于产物协体积大于反应物协体积,且 $R_1/R_2 \sim b_2/b_1$ 值补偿了压力和比体积的变化,温度比 T_+ 没有明显变化,可见式(3-34)。在 CJ 爆燃情况下,协体积 b_2 变化对任何特性均无影响,除了热释放 $\alpha < 10$ 时,随 b_2 增加,压

65

力比会轻微减小。

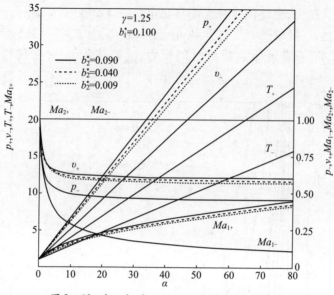

图 3-13　$b_2 < b_1$ 和 $\gamma = 1.25$ 时 CJ 燃烧波特性

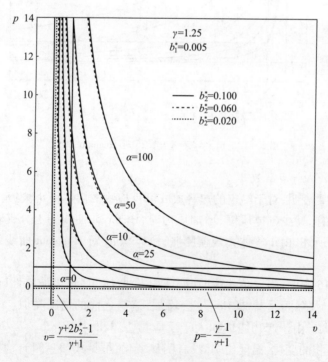

图 3-14　$b_2 > b_1$ 和 $\gamma_i = \gamma = 1.25$ 时 Hugoniot 曲线

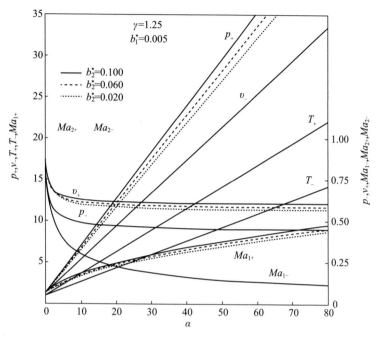

图 3-15　$b_2 > b_1$ 和 $\gamma_i = \gamma = 1.25$ 时 CJ 燃烧波特性

4. $b_1 < b_2$，反应物和产物的 γ 和 R 值不同

在这种情况下，假定反应物 $\gamma_1 = 1.35$，$R_1 = 274 \text{J/(kmol·K)}$，产物 $\gamma_2 = 1.25$，$R_1 = 290 \text{J/(kmol·K)}$。图 3-16 所示为输入参数和协体积不同时的 Hugoniot 曲线。增加协体积 b_1 和 b_2，CJ 爆轰分支轻微右移，同时气体压缩减少，压力增加。然而，对于 CJ 爆燃分支，气体膨胀时，协体积的影响减小。渐近线仅取决于产物的参数，因此其随着 b_2 和 γ_2 的变化而变化。

图 3-17 列出了燃烧波特性的变化。值得注意的是，在 CJ 爆轰中，对于给定的热释放 α，压力比 p_+、比体积比 v_+ 和爆轰马赫数 Ma_{1+} 随着协体积的增加而增加。气体压缩较小时压力上升，且压力和比体积较大时温度上升。对于CJ爆燃，协体积对压力比、反应物马赫数和比体积基本没有影响。温度比 T_- 会随着协体积的增加而变大，因为大分子可以储存更多的能量。协体积增加也会导致声速的增加和马赫数 Ma_{1-} 的降低。小的热释放处会出现特性的不连续性或跳跃，因为需要最小能量 α_{min} 来将反应物转变成产物。

5. 分子间力作用

分子间力的影响通过分子间吸引系数 $\varepsilon = \alpha / Pv^2$ 来衡量，并且认为 $b_i^* = 0$。这样可以更好地评估分子间力作用对 Hugoniot 曲线和 CJ 燃烧波特性的影响。

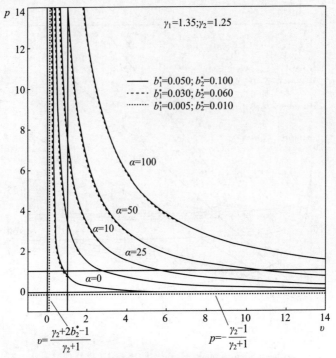

图 3-16 输入参数和协体积不同时的 Hugoniot 曲线

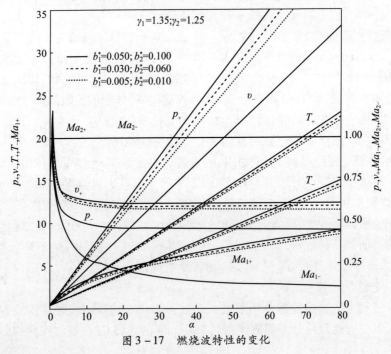

图 3-17 燃烧波特性的变化

当分子间作用力系数 ε 增加时(图3-18),上分支($p>1$)轻微向左偏移,爆轰压力减小,但是对比体积比值无明显影响。当分子间作用力变强时,Hugoniot曲线的爆燃分支($p<1$)向下偏离得更多,导致气体膨胀更大,但对压力并无显著影响。

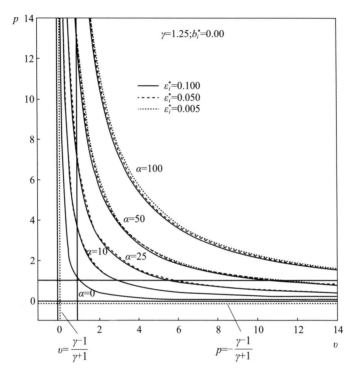

图3-18　$\varepsilon_i = \varepsilon =$ 常数和 $\gamma_i = \gamma =$ 常数时 Hugoniot 曲线

图3-19描述了分子间作用力系数对CJ燃烧波特性的影响。对于热释放 α 一定的CJ爆轰波,当分子间作用力系数增加时,爆轰压力比 p_+ 和爆轰马赫数 Ma_{1+} 减小,而比体积比 v_+ 和温度比 T_+ 无较大变化。在CJ爆燃波情况下,ε 值对爆轰压力比 p_-、温度比 T_- 及爆轰马赫数 Ma_{1-} 没有明显影响,但是 ε 增加时比体积比 v_- 会显著降低。

3.4　应　　用

3.4.1　用于CJ方程的 n-辛烷和空气的化学计量混合物

通过前文方程计算CJ燃烧波在 n-辛烷和空气化学计量混合物中传播的

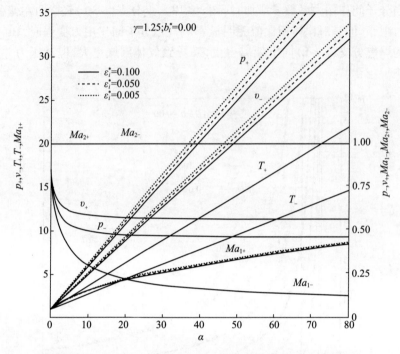

图 3-19 $\varepsilon_i = \varepsilon =$ 常数和 $\gamma_i = \gamma =$ 常数时 CJ 燃烧波特性

燃烧特性(假设 $P_1 = 101325\text{Pa}$, $T_1 = 300\text{K}$),并考虑理想气体状态方程、NA 和 VDW 的状态方程。反应如下。

$$C_8H_{18} + 12.5(O_2 + 3.76N_2) \longrightarrow 8CO_2 + 9H_2O + 47N_2$$

表 3-1 列举了用于计算的反应物和产物的输入数据。

获取以下 3 种用于计算的常数和相等参数:①反应物的 c_P、R、a、b;②产物的 c_P、R、a、b;③反应物和产物 c_P、R、a、b 的平均值。

$$C_8H_{18} + 12.5(O_2 + 3.76N_2) \longrightarrow 8CO_2 + 9H_2O + 47N_2$$

结果如表 3-2 所列。将结果与使用 NASA CEA2004 程序计算的爆轰模拟数据相比较,该程序根据假定的化学平衡、产物分离及反应物和产物的参数计算理想气体的 CJ 爆轰。

表 3-1 300K 下反应物和产物的特性

样品	摩尔数(以 C_8H_8 为参考物)	分子质量/ (kg/kmol)	R/(kJ/ (kg·K))	$c_{P,0}$/(kJ/ (kg·K))	$c_{v,0}$/(kJ/ (kg·K))	$g°$	A/(Pa· m^6/kg^2)	B/ (m^3/kg)
C_8H_{18}	1	114.23	0.0729	17.113	16.385	1.044	290.3	0.002078
O_2	12.5	31.999	0.2598	0.918	0.658	1.395	3.115	0.043189

续表

样品	摩尔数(以C_8H_8为参考物)	分子质量/(kg/kmol)	R/(kJ/(kg·K))	$c_{P,0}$/(kJ/(kg·K))	$c_{v,0}$/(kJ/(kg·K))	$g°$	A/(Pa·m^6/kg^2)	B/(m^3/kg)
N_2	47	28.013	0.2968	1.039	0.743	1.400	4.931	0.048906
CO_2	8	44.010	0.1889	0.846	0.657	1.289	2.215	0.083117
H_2O	9	18.015	0.4615	18.723	14.108	1.327	9.398	0.307355

表3-2 使用理想气体、NA和VDW状态方程计算的
n-辛烷和空气的化学计量混合物的CJ燃烧波特性

CJ特性	理想气体			NA气体			VDW气体			NASA CEA2004
	反应物	产物	反应物和产物	反应物	产物	反应物和产物	反应物	产物	反应物和产物	
P_2(爆轰)/MPa	25.675	17.772	17.27	25.675	18.65	18.066	25.756	18.837	18.460	18.900
v_2(爆轰)/(m^3/kg)	0.47227	0.45839	0.45903	0.51913	0.52265	0.523	0.5192	0.53197	0.52273	0.55184
T_2(爆轰)/K	4413.5	2965.2	2727.6	4412.7	3017.4	3008.9	4600.75	3388.6	2977.6	2830.72
P_2(爆轰)/MPa	0.044439	0.04712	0.043445	0.0444	0.04704	0.047095	0.04441	0.04697	0.04696	
v_2(爆轰)/(m^3/kg)	15.364	11.5345	11.256	15.411	11.635	11.277	15.445	117.254	114.746	
T_2(爆轰)/K	2485.1	1992.5	1682.5	2485.1	2086.8	2024.5	2360	1894.87	1660	

3.4.2 初始压力对丙烷和稀释空气混合物的爆轰性能影响

使用衍生的方程研究了初始压力对丙烷和稀释空气混合物的爆轰速率影响。反应如下:

$$C_3H_8 + 4.3 O_2 + 8.7 N_2 \longrightarrow 产物$$

图3-20对比了使用产物参数计算的VDW气体和NA气体的实验数据和理论结果。

当初始压力上升到40MPa时,使用VDW状态方程计算的爆轰速率与实验值很接近。使用理想气体状态方程计算的爆轰速率低于实验值,然而当初始压力上升到40MPa时,NA气体的计算结果大于实验值。因此,当初始压力超过0.3MPa时,应考虑分子间作用力和协体积的影响。

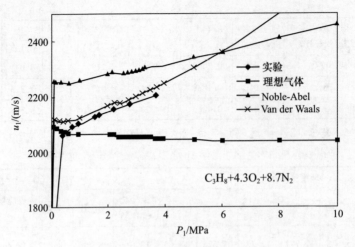

图 3-20 初始压力对丙烷和稀释空气混合物的爆轰性能影响
（实验数据来源：Schmitt、Butler,1995a）

3.5 结 论

本章将燃烧波的 CJ 理论拓展到 VDW 气体和 NA 气体中，根据协体积和分子间作用力参数，推导出了燃烧波跳跃条件的解析表达式。总体来说，相比分子作用力，协体积对 Hugoniot 曲线及燃烧波特性的影响明显更大。对于高初始压力下丙烷和稀释空气混合物的爆轰，使用范德瓦耳斯状态方程计算的理论结果与实验值更为接近。

参 考 文 献

Astapov, N. S. , Nikolaev, Y. A. ,& Ul'yanitskii, V. Y. (1984). Detonation Parameters of Hydrogen – Oxygen and Hydrogen – Air Mixtures at High Initial Density. *Fizika Gorenia i Vzryva*, 20(1), 98 – 105.

Bauer, P. , Dabora, E. K. , & Manson, N. (1991). Chronology of the Early Research on Detonation Wave. In B. A. L. Kuhl et al. (Eds.), *Dynamics of Detonations and Explosions: Deflagrations, Progress in Astronautics and Aeronautics* (Vol. 133, pp. 3 – 18). Washington, DC: AIAA.

Bauer, P. , Krishnan, S. , & Brochet, C. (1979). "*Detonation Characteristics of Gaseous Ethylene, Oxygen, and Nitrogen at High Initial Pressures*", *Progress in Astronautics and Aeronautics* (Vol. 75, pp. 408 – 421). AIAA.

Dremin, A. N. (1999). *Toward Detonation Theory*. New York: Springer. doi: 10. 1007/978 – 1 – 4612 – 0563 – 0

Fickett, W. , & Davis, W. C. (2000). *Detonation Theory and Experiment*. New York: Dover Publications.

Gealer, R. L. , & Churchill, S. W. (1960). Detonation Characteristics of Hydrogen – Oxygen Mixtures at High Initial Pressures, A. 1. *Ch. E. Journal*, 6(3), 501 – 505. doi: 10. 1002/aic. 690060330.

Glassman, I. (1996). *Combustion* (3rd ed.). California: Academic Press.

Gonzales, C. A. Q. (2010). Propagation of Combustion Waves in Real Gases [Master Dissertation] (In Portuguese). INPE, Sao Jose dos Campos, Brazil.

Kuo, K. K. (2005). *Principles of combustion* (2nd ed.). New Jersey: John Wiley & Sons.

Lee, J. H. S. (2008). The Detonation Phenomenon (illustrated ed.). Cambridge: University Press – UK.

Manson, N., & Dabora, E. K. (1993). Chronology of Research on Detonation Waves: 1920 – 1950. In B. A. L. Kuhl et al. (Eds.), *Dynamic Aspects of Detonations*, *Progress in Astronautics and Aeronautics* (Vol. 153, pp. 3 – 42). Washington, DC: AIAA.

Marchionni, M., Aggarwal, S. K., Puri, I. K., & Lentini, D. (2007). The Influence of Real – gas Thermodynamics on Simulations of Freely Propagating Flames in Methane/Oxygen/Inert Mixtures. *Combustion Science and Technology*, 179(9), 1777 – 1795. doi: 10.1080/0010220070 1259999.

Nettleton, M. A. (1987). *Gaseous Detonations: their Nature, Effects and Control*. London: Chapman and Hall Ltd. doi: 10.1007/978 – 94 – 009 – 3149 – 7.

Oates, G. C. (1984). *Aerothermodynamics of Gas Turbine and Rocket Propulsion*. New York: American Institute of Aeronautics and Astronautics.

Schmitt, R. G., & Butler, P. B. (1995a). Detonation Properties of Gases at Elevated Initial Pressures. *Combustion Science and Technology*, 106(1 – 3), 167 – 193. doi: 10.1080/0010220950890 7773.

Schmitt, R. G., & Butler, P. B. (1995b). Detonation Wave Structure of Gases at Elevated Initial Pressures. *Combustion Science and Technology*, 107(4 – 6), 355 – 386. doi: 10.1080/001022 09508907811.

Williams, F. A. (1985). Combustion Theory (2nd ed.). MA: The Benjamin/Cummings Publishing Co.

Wingerden, K. V., Bjerketved, T. D., & Bakke, J. R. (1999). *Detonation in Pipes and in the Open*. Porsgrunn – Norway, Christian Michelsen Research and GexCon.

第4章 金属基固体推进剂的激光点火

Igor G. Assovskiy

(谢苗诺夫化学物理研究所,俄罗斯)

摘要:本章对激光辐照与半透明金属基含能材料间的相互作用进行了理论分析,在辐射与物质非共振相互作用的框架内考察激光脉冲与金属基复合材料间相互作用的主要规律。各种金属化复合推进剂具有不同的成分性质,根据激光辐照的特征时间(t_r)与含有某种金属燃料推进剂特征单元的热弛豫时间(t_m)的比例,可以将化合物含量和粒度不同的金属基复合推进剂分为两类。对金属燃料形貌的作用分析表明,对于球形的金属燃料,激光脉冲的持续时间与燃料的最佳尺寸匹配时,会被加热到最高温度。对于片状金属燃料,在相同脉冲持续时间下,临界辐射通量和临界点火能量密度随着燃料厚度的减小而显著降低。

4.1 引 言

热辐射与含能材料相互作用的实验和理论研究有着悠久的历史,最早可追溯到 P. Pokhil 和 A. Kovalskiy 及其合作者于 20 世纪 50 年代在 ICP 一起开展的开创性工作(Pokhil, 1982; Koval'skiy, Khlevnoy, Mikheev, 1967; Pokhil, Maltsev, Zaitsev, 1969),同时开展工作的还有美国的 Beyer 和 Ohlemiller 等(Beyer, Fishman, 1960; Ohlemiller 和 Summerfield, 1968)。

首批研究的主要目的是探明固体推进剂点火和燃烧过程中气相和凝聚相的变化过程。这些研究的一项主要发现是双基推进剂具有在高真空环境中燃烧的能力(Pokhil, Maltsev, Zaitsev, 1969),意味着双基推进剂凝聚相的化学反应释放的热量足够支撑推进剂自身反应,这与固体推进剂在这种情况下的点火和燃烧理论模型不同(Librovich, 1963)。这一结果促进了固体推进剂点火与燃烧的凝聚相模型的发展(Merzhanov, Averson, 1971; Vilyunov 和 Zarko, 1989; Ohlemiller 和 Summerfield, 1968)。

自首批激光器诞生开始,Brish 与同事(Brish, Galeev, Zaitsev, 1969)的开拓性工作就开启了用热辐射来点燃或触发含能材料研究的新篇章。激光辐射对含能材料(火箭推进剂、爆炸物、烟火等)的作用是当今大量出版物的主题。大多数此类研究的主要目的是研究放热反应波传播的机制和规律。尽管金属基固体推进剂(MSP)的激光点火(LI)研究历史悠久,但是由于含能材料和激光辐射源的种类都比较繁多,目前对于激光点火的机理尚无普遍认可的观点。此外,不同材料特定且不一致的特征过程有时存在相当普遍的规律,其中一条主要规律是点火的热机制和材料化学转变的空间不均匀性。发生在光学致密颗粒和其他非均相结构处的化学反应与结构、辐射源及材料的转变特性存在联系。(Kondrikov, Ohlemiller, Summerfield, 1970; DeLuca, Ohlemiller, Caveny, Summerfield, 1976; DeLuca, Ohlemiller, Caveny, Summerfield, 1976; Karabanov, Bobolev, 1981; Assovskiy, 1994; Tarzhanov, 1998; Assovskiy, 2000; Aluker 等,2008)。这些研究表明,目前尚无有效的方法来控制复合推进剂的激光点火。

在本章中,我们在激光辐射与金属基固体推进剂的非共振(热)相互作用框架内考虑了激光脉冲与金属基固体推进剂作用的主要规律(Assovskiy,2000),关注了通过小能量短激光脉冲刺激金属基含能材料的特征,并详细考虑了非连续形状和大小的脉冲强度与脉冲持续时间的关系。

4.2 激光脉冲辐照下准均相推进剂的点火

对于金属基固体推进剂的激光点火,金属燃料颗粒与复合推进剂中其他颗粒的主要区别在于前者的吸光系数和热扩散系数较高。这首先导致金属燃料颗粒自身温度相较于环境温度的升高,同时还会导致金属燃料颗粒内部温度快速均衡,以及其与周围环境间相对缓慢的热弛豫。例如,铝颗粒的热扩散系数约等于 $1cm^2/s$,其他颗粒的热扩散系数约等于 $10^{-3}cm^2/s$。金属燃料颗粒和环境温度均衡的特征时间 $t^* = r^2/\kappa$,其中 r 是金属颗粒之间的特征距离。假如燃料颗粒尺寸为 $10^{-3}cm$,颗粒之间的距离 $r = 10^{-2}cm$,铝颗粒的热惯量等于 $10^{-6}s$,周围颗粒体积的热惯量近似为 $10^{-1}s$,可以得出如下结论:当金属燃料颗粒暴露于特征持续时间超过 $10^{-1}s$ 的光脉冲下时,可忽略金属燃料颗粒的温度与其周围层环境温度之间的差异,并将金属燃料颗粒视为具有普通热特性的准均匀介质;但是,当光脉冲的特征持续时间小于 t^* 时,必须考虑金属颗粒的温度和其周围层环境温度之间的差异。

在本节中,我们将分析一下,当激光脉冲时间 t_e 大于由于推进剂中金属燃料颗粒干扰存在而引起的热弛豫时间 t^* 时,金属基含能材料激光点火过程中的临界现象。假设激光束在金属基含能材料中的色散可以忽略不计。如图 4 – 1 所示,在这种情况下,辐射于圆柱体($x \leq 0, 0 < r < R$)的热状态问题,可以使用一

维热导率方程式(4-1)来表示,其中,$T(x,t)$为在圆筒横截面上的平均温度。边界条件为:前表面($x=0$)温度分布如式(4-2)所示,均匀初始温度分布如式(4-3)所示。

$$\rho c \frac{\partial T}{\partial t} = \lambda \frac{\partial^2 T}{\partial^2 x} + \rho q_o F_o(T) + \frac{J(t)\mathrm{e}^{x/h}}{h} - 4\frac{Q}{D} \qquad (4-1)$$

$$\left(\frac{\partial T}{\partial x}\right)_o = \beta(T_2 - T_1) + q_s \Phi_s(T_1), \quad T_1 = T(0,t) \qquad (4-2)$$

$$T(x,0) = T_o = T(x \to -\infty, t) \qquad (4-3)$$

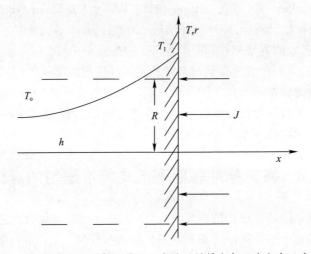

图4-1 激光与物质相互作用及半透明材料内部温度分布示意图

式中:ρ、c和λ分别为复合物质的密度、比热容和导热系数;$q_o E_o$和$q_s F_s$分别为本体和非均相反应的热释放速率;J为吸收光通量的密度;h为特征吸收深度;Q为通过辐射圆柱体侧面的热通量密度;β和T_2分别为圆柱体前部的热交换系数和周围介质的温度;D和R分别为激光束的直径和半径。

辐照体外的温度分布渐近分析(在条件$h \gg D$下)表明热流Q的中间渐近线(在时间$t \sim D^2 \rho c/\lambda$上)具有以下形式(Assovskiy,1994)。

$$Q \approx 2\lambda [T(x,t) - T_o]/D \qquad (4-4)$$

假定本体反应的活化能E_o足够大,那么反应主要发生在位于最高温度位置附近的薄层区域(厚度$l_o \ll h$)(Frank - Kamenetskiy,1969)。如果$T > T^*$,那么反应区的热释放速率为正,其中T^*是圆柱体(均匀加热)与环境的非稳定热平衡温度(Assovskiy,1994;Assovskiy,Leipunskiy,1980)。

$$\rho q_o F_o(T^*) = 8\lambda(T^* - T_o)/D^2 \qquad (4-5)$$

4.2.1 均相加热

当整个圆柱中 $T > T^*$ 时,会导致物质自加热(热爆炸)。当仅在辐照体的一个小范围内 $T > T^*$ 时,热爆炸的可能性取决于温度分布参数、主体反应的特性和辐射放热。

根据 Arrhenius 定律,进一步假设反应速率随温度变化:

$$F_o = k_o \exp(-E_o/R_g T), \quad F_s = k_s \exp(-E_s/R_g T) \qquad (4-6)$$

使用式(4-5)和式(4-6)及 Frank - Kamenetskiy 近似(Frank - Kamenetskiy,1969),T^* 和 D 之间的关系可表示为

$$D^2/l_o^2(T_o) = 8x \exp(-x), \quad l_o^2(T) = \lambda R_g T^2 / E_o \rho q_o F_o(T) \qquad (4-7)$$

式中:l_o 为本体反应区的特征厚度;x 为辐射体的相对温度。

$$x = (T^* - T_o) E_o / R_g T_o^2 \qquad (4-8)$$

按式(4-7)绘制的曲线图如图4-2所示。从图4-2中可以看出,式(4-7)的最大值(在 $x=1$ 时)处对应为激光临界直径 D^*。

$$D^* = 2(2/e)^{1/2} l_o(T_o) \qquad (4-9)$$

根据式(4-9),D^* 具有与 $l_o(T_o)$ 相同的量纲。图4-3所示为某些放热反应物质 l_o 与温度关系的曲线,这些物质的热化学特性如表4-1所列。

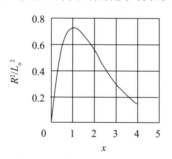

图4-2 相对半径 R/l_o 与辐射圆柱体相对温度 x 的关系

表4-1 一些放热反应化合物的热化学特征

化合物	$l_g(\rho q_o k_o)$	$E/(\text{kJ/mol})$	$\lambda/(10^{-3} \text{W}/(\text{cm} \cdot \text{K}))$
叠氮化铅(LA)	16.83	152	1.76
硝化棉(NC)	22.56	201	2.35
黑索今(RDX)	19.01	172	1.67
奥克托今(HMX)	23.26	220	2.90
气体混合物(MG)	10.00	100	0.50

由图4-2可知,对每种$D<D^*$(低温x_1和高温x_2)都有两种热平衡状态,x_1的值对应于照射体温度T_1与环境温度T_o的小偏差为

$$T_1 - T_o < R_g T_o^2 / E_o$$

高温x_2定义为辐照体均匀受热的上限,而不是热爆炸激发温度:

$$T^*(D) = T_o + x_2 R_g T_o^2 / E, \quad x_2 > 1 \qquad (4-10)$$

式(4-10)中的临界温度值随着光束直径的减小而迅速增加(由于x_2的增加,如图4-2所示)。因此,它可能大大超过$D=D^*$时的最低温度:$T^*(D^*)=T_o + R_g T_o^2 / E_o$,这通常被认为是爆炸前的温度(Frank-Kamenetskiy,1969)。表4-2列出了一些放热反应化合物的临界温度T^*的典型值。

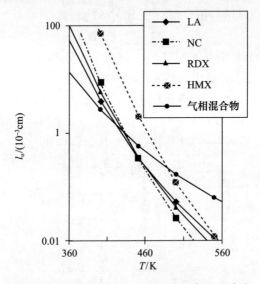

图4-3 反应区厚度l_o与反应区温度T的关系

表4-2 均匀辐照体的热爆炸临界温度T^*　　　　单位:℃

化合物	HMX	RDX	NC
$R=2.0$mm	250	220	200
$R=5.0$mm	200	185	180

4.2.2 非均相加热

在辐射体的非均相加热下,反应区温度可能远远超过式(4-10)的值。系统式(4-1)~式(4-4)(条件:$l_o \ll h$)的渐近分析表明,准稳态相互作用与反应区温度T_1的关系可描述为

$$Q_1(T_1) = 2\sqrt{2}\lambda(T_1 - T_o)/D, \quad T_1 = T_o + JD^2/8(h + D/2\sqrt{2}) \quad (4-11)$$

这里 Q_1 是从反应区到辐射体较冷层的热通量。

$$Q_1^2(T) = [\beta(T_2 - T) + q_s F_s(T)]^2 + 2lR_g T^2 E^{-1}[\rho q_o F_o(T) - 8\lambda(T - T_o)/D^2]$$
$$(4-12)$$

辐射光束的最大直径使得准稳态热状态仍可能实现,可以像 Semenov 的热爆炸理论一样定义(Frank – Kamenetskiy,1969)。临界条件对应的是图 4 – 4 所示左[式(4 – 12)]、右[式(4 – 11)]曲线相交部分。

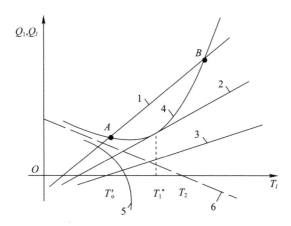

图 4 – 4 散热 Q_1(曲线 1、2 和 3)与来自反应区热通量 Q_1(曲线 4、5 和 6)之间的关系(放热(曲线 4)、吸热(曲线 5)和中性(曲线 6)反应曲线分别对应 $D < D^*$、$D = D^*$、$D > D^*$ 激光束直径下的反应)

4.2.3 多色脉冲辐照点火

在许多情况下,激光脉冲由多种模式的不同波长组成。利用前述单色辐射的结果可以解决多色脉冲辐射下化学反应的热状态问题。假设波长为 m 的不同吸收模式的光不依赖于其他模式。结合式(4 – 1),导热系数可以采用以下形式表示。

$$\rho c \partial T/\partial t = \lambda \partial^2 T/\partial x^2 + \rho q_o F_o(T) + \int_0^\infty j(t, m) h^{-1} \exp(x/h) dm - 4Q/D$$
$$(4-13)$$

式(4 – 13)、式(4 – 2)及式(4 – 3)的参数分析表明,相互作用的热状态高度依赖于以下参量的时间尺度关系(Assovskiy,Leipunskiy,1980):脉冲持续时间 t_J,辐照体的热弛豫特征尺度 $t_1 = h_m^2/\chi$ 和 $t_1 = R^2/\chi$,以及由于反应引起的辐射体

自热时间尺度 $t_3 = c(T_1 - T_o)/q_o F_o$。其中,$h_m$ 为光吸收的特征深度。

如果脉冲持续时间 t_J 远小于其他时间,则辐射体温度分布仅取决于其在辐射期间内吸收辐射的光谱和函数 $h(m)$。

$$T(x,t) = T_o + \int_0^t \int_0^\infty j(t,m) h^{-1} \exp(x/h) \mathrm{d}m \mathrm{d}t$$

辐射后该分布的变换取决于时间尺度 t_1、t_2、t_3 的比例。在该比例的极限情况下,有可能获得分析解。

例如,假设 $t_J \ll t_1, t_2$ 时,点火特性与激光脉冲之间的关键关系可表示为

$$a = Q_1(T_1) h_m / \lambda (T_1 - T_o) > a^* \tag{4-14}$$

式中:a 为式(4-12)中辐射结束时反应区释放的总热量 $Q_1 T_1$ 与从被辐照圆柱体的前表面传递到较冷层的热通量的比值。

临界值 a^* 是比例式 h_m/D 的函数。若 $D \gg h_m$,则 $a^* < 1$,并且存在 $1 > a > a^*$ 的区域,此时被辐射体的点火发生在脉冲激光辐射后一定时间延迟之后。若 $D < h_m$,则 $a^* > 1$,并且存在区域 $1 < a < a^*$,此时脉冲激光辐射后,被辐射体受到的初始自加热由于热损失而冷却。

4.2.4 光学不连续性对点火过程的影响

存在于反应物质中的光学不连续性,如金属颗粒,不仅会影响光学特性,而且还会影响化学反应过程的宏观动力学。因此,爆炸物的激光脉冲起爆阈值异常低的问题通常用"吸收了微观颗粒"来解释(Karabanov, Bobolev, 1981)。

常见的物理情形清楚表明,通过辐射加热的大烟尘或金属颗粒可以显著增强相邻物质中的反应,特别是引发放热反应并造成局部热爆炸。为评估这种现象,有必要分析潜在的温度扰动因素。

本节介绍了透明含能试剂中光致密球形颗粒热状态的渐近分析,如图 4-5 所示。

将该问题中的方法与众所周知的球形反应器的热爆炸问题方法进行比较,是很有效的(Frank-Kamenetskiy, 1969)。当反应区超出球形,反应器壁温未知,但当热交换定律已知时,有必要指出,连续光辐照下透明反应介质的热爆炸并非由颗粒自身吸热引起,而是由颗粒向周围介质传递辐射通量的有效吸收引起的。

假设本体反应的活化能足够大,对该问题进行渐近分析。分析结果表明(Assovskiy, 1992),如果粒径 D_1 不超过临界值,那么颗粒周围可能存在准稳态温度场。其相邻层的最高温度 T_1 定义为

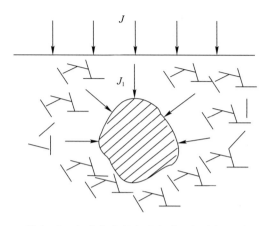

图4-5 包裹在散射介质中的颗粒的辐照图

$$2R_g T_1^2 E_o^{-1} q_o F_o(T_1) + \beta_1 (T_2 - T_1)^2 = 4\lambda^2 (T_1 - T_o)/D_1^2 \qquad (4-15)$$

式中：$T_2 = T_o + zJ_1/\beta_1$ 为有效温度；J_1 为颗粒吸收辐射的通量密度；z 为颗粒表面发光部分的相对尺寸，取决于物质中的光散射（$1/4 \leqslant z \leqslant 1$）；$\beta_1$ 为热交换系数。

式（4-15）仅在 $D_1 \leqslant D_1^*$ 的情况下有解。粒径 D_1，粒子温度 T_1 和辐射通量密度 J_1 的临界值之间的关系可以以参数形式呈现（省略了表示临界值的星号）。

$$D_1 = 2\sqrt{2} l_o(T)/[e - 2\beta_1 l_o(T)/\lambda] \qquad (4-16)$$

$$J_1 = ez\lambda(T - T_o)/\sqrt{2} l_o(T), \quad T_1 = T + 2R_g T^2/E, \quad e = 2.72 \qquad (4-17)$$

式中：T 为独立的参数，其物理意义上对应于包含在惰性物质（$q_o = 0$）中颗粒的温度（直径为 D_1^*）。在该温度下反应区的宽度是临界粒径的特征尺寸。

临界直径 D_1^* 与反应区特征宽度 l_o 之间的关系是颗粒再发射强度的函数。在相当高的再发射强度（$\beta_1 \geqslant e\lambda/2l_o$）下，任何直径的颗粒都不会引起热爆炸。如果颗粒的再发射强度低到可以忽略不计（$\beta_1 \leqslant e\lambda/l_o$），那么临界直径与反应区特征宽度 l_o 的比例是定值。

$$D_1^*/l_o = 2\sqrt{2}/e \approx 1.04 \qquad (4-18)$$

在这种情况下，临界直径 D_1^* 是颗粒温度的函数类似于 $l_o(T_1)$（图4-3），该关系是独立的。临界直径与激光照射强度之间的比例关系可以由式（4-17）和式（4-18）得到：

$$zJ_1 = 2\lambda[T_1^o(D_1) - T_o]/D_1^* \qquad (4-19)$$

式中：T_1^o 为惰性介质中颗粒的温度：

$$T_1^o = T_o + zJ_1 D_1(2\lambda + \beta_1 D_1) \qquad (4-20)$$

由式(4-19)可得,$J_1D_1^*$可被认为恒定(当D_1改变一个数量级时),因为式(4-20)中$T_1^o(D_1)$不随着D_1的增加而显著减小。

4.3 小粒子悖论

在有关短激光脉冲与物质相互作用的文献中,激光辐照期间,从颗粒到环境的热传递经常被忽略。在这种情况下,激光辐照下颗粒的温度与粒子的比表面积和脉冲持续时间成正比(图4-6)。

$$T_1^o - T_o = 6zJt_j/D_1\rho_1c_1 \tag{4-21}$$

式中:c_1为颗粒的热容。

从金属基固体推进剂激光点火的公式[式(4-21)]可以得出一个矛盾的结论:颗粒越小,其对应的爆炸物对激光就越敏感,也就越危险。根据这个结论,一些研究者认为小于10^{-5}cm的金属颗粒会引起叠氮化铅的热爆炸(Karabanov, Bobolev,1981)。相关文献中也考虑了其他因素,如燃烧传播不可能超出小颗粒边界以解释低阈值存在的原因。然而,这种悖论可以用热爆炸理论解决。

事实上,实验中短激光脉冲的持续时间通常为$(3/5) \times 10^{-8}$s,与位于热扩散系数$k \approx 10^{-2}$cm^2/s的物质中直径$D_1 < 10^{-5}$cm的小颗粒周围形成准稳态温度分布场的特征时间相当或更长。

因此,式(4-21)不适用于这种小颗粒,使用式(4-20)来预测颗粒温度会更准确。根据式(4-20),颗粒温度增加的快慢与颗粒直径有关。粒子尺寸越小,温度升高得越快,如图4-6所示。因此,极小的化学惰性颗粒不会引起环境热爆炸。

对于尺寸相对较大的颗粒,要解决短脉冲激光辐射下金属基推进剂点火的问题,需要验证颗粒周围准稳态温度分布的条件。对于相当大的颗粒,热弛豫时间($\approx D_1^2/k$)与脉冲持续时间t_j相当。在这种情况下,必须考虑颗粒的热惯量。

图4-6和图4-7分析了粒子周围的非稳态温度场(Assovskiy,Zemskih,Lejpunskij,Marshakov,1981;Assovskiy,2005)。如图4-6所示,即使在短脉冲激光辐照下,绝热条件下的粒子温度仍可显著超过非绝热条件下的粒子温度。

对于每个辐射脉冲的持续时间t_j,都有一个由中等尺寸颗粒引发的最大温度扰动(图4-7)。

$$D_1 = 2(3t_j\lambda/\rho_1c_1)^{1/2}$$

只有这种尺寸的颗粒能够在脉冲激光辐照期间t_j充当金属基固体推进剂的光敏剂。由这种粒子引发的温度扰动与辐射通量的强度成比例,并且可以使用式(4-17)和式(4-26)的渐近式 $T_1 - T_o = zJ(3t_j\lambda/\rho_1 c_1)^{1/2}$ 来预估。

反应区的特征厚度 $l_o(T_1)$ 与 $D_1(\rho_1 c_1/\rho c)^{1/2}$ 相当时,局部爆炸的临界条件适用。

总之,我们强调了反应区特征厚度 $l_o(T)$(图4-3)在金属基固体推进剂中非等温、非均匀过程中的重要作用。该厚度定义了激光脉冲与金属基固体推进剂相互作用问题中,不同临界尺寸的标准。

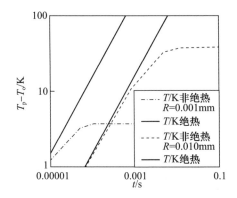

图4-6 绝热和非绝热条件下激光辐照惰性颗粒的温度

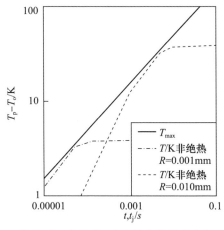

图4-7 包络 $T_{max}(t_j)$ 的曲线族 $T_1(t)$

4.4 降低含能材料激光点火的能量

最近开发的半导体激光器结合了小尺寸和低能耗的特点,能够在很宽的辐射波长范围内,以相对较高的能量转换效率转换为相干辐射。因此,在许多与含能材料相关的技术装置中,激光的应用前景似乎很好。显然,用于含能材料点火的激光器应用范围越宽,引发含能材料反应的临界能量就越低。考虑到光学不均匀性会降低含能材料的起始临界能量,我们可以假设,这种应用的低能激光器成功与否,取决于含能材料中光致密不均匀性的形成。

目前,对球形金属或碳颗粒的光学不均匀性的研究最充分,尤其是用于引发如金属叠氮化物类的爆炸物。在最大温度下,球面不均匀性的最佳尺寸本身取决于激光脉冲的持续时间。次优尺寸颗粒的温度与含能材料的初始温度略有不同,这与球对称情况下颗粒传热的具体特征有关。与平面和圆柱对称的情况不同,球形颗粒的温度在足够长且任意强度的辐照下都会达到平台。因此,平面和圆柱形颗粒比球形颗粒更适用于局部加热。

因此,在本节中,我们将分析使用平面光吸收包含物,以降低含能材料激光点火临界能量的可能性。

4.4.1 过程模型和主要关系

强度为 J、持续时间为 t_i 的脉冲激光辐照于透明含能材料的样品。样品含有一个厚度为 $2h$,与激光光束垂直的光致密平面颗粒(可能为金属质地),如图4-8所示。为简化分析,我们假设粒子的纵向尺寸与激光束尺寸接近。在实验(Assovskiy, Zemskih, Lejpunskij, Marshakov, 1981)中使用类似的方案,来研究双基推进剂凝聚相中的温度分布对不稳定燃烧、熄火和再点火特性的影响。该过程中使用了电流脉冲加热镍铬箔板(厚 $2h = 20\mu m$,工作区尺寸为 $4mm \times 6mm$)。

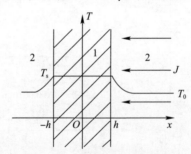

图4-8 激光辐照下材料2中的金属颗粒1的排列

由于平面对称性,脉冲激光辐照下的问题等效于脉冲激光加热厚度为 h 的板的热问题,其一侧与含能材料接触,另一侧绝热绝缘。考虑到含能材料($x > h$)化学反应的热量和光吸收,热传导方程为

$$\rho c \partial T/\partial t = \lambda \partial^2 T/\partial x^2 + \rho q_o F(T) + \sigma J(t)\exp(-\sigma x) \quad (4-22)$$

$$T(x,0) = T(\infty,t) = T_0$$

式中：T 为温度（K）；ρ 为密度（kg/m³）；c 为比热容[J/(kg·K)]；λ 为导热系数 [W/(m·K)]；t 为时间（s）；x 为空间变量（m）；$\sigma = h^{-1}$ 为含能材料的吸光系数 （m⁻¹）；J 为激光辐射能量密度（W/m²）；q_o 为含能材料分解的热量（J/kg）；F 为反应速率，取决于温度和转化率。在忽略透明度（$\sigma_1 \to \infty$）的假设下，惰性金属板（$0 < x < h$）热传导方程为

$$\rho_1 c_1 \partial T / \partial t = \lambda_1 \partial^2 T / \partial x^2 \qquad (4-23)$$

在板和含能材料（$x = h$）接触面的条件下考虑吸收的光通量：

$$\lambda_1 (\partial T / \partial x)_{h-0} = \lambda (\partial T / \partial x)_{h+0} + J, \quad \lambda_1 (\partial T / \partial x)_0 = 0 \qquad (4-24)$$

$$T(x = h_{-0}, t) = T(x = h_{+0}, t) = T_s(t)$$

当 $0 < t < t_i$ 时，J 为常数；当 $t > t_i$ 时，$J = 0$。

在式（4-22）~式（4-24）及后面的公式中，无下标的量表示含能材料，用下标 1 表示平板；用下标 i 表示到点火或激光脉冲的时刻；用下标 s 表示板与含能材料的接触面。

从式（4-22）~式（4-24）中可以看出，该问题有几个空间和时间尺度。首先，这些是脉冲持续时间 t_i 及其对应的物质和板被加热的特征深度 $l = \sqrt{Ct_i}$ 和 $l_1 = \sqrt{C_1 t_i}$，其中（$x = \lambda / \rho c$）。假设板厚度足够小 $h \ll \sqrt{C_1 t_i}$，我们可以认为板在每一时刻都被均匀加热到温度 $T_s(t)$。

在边界和初始条件下，热传导方程相对于板厚度进行积分，给出 $T_s(t)$ 的关系式为

$$\rho_1 c_1 h \partial T_s / \partial t = q_{s1} = J - q_s \qquad (4-25)$$

式中：q_{s1} 为通过与板接触的含能材料表面进入板的热通量，等于吸收的光通量 J 减去加热含能材料所消耗的通量 q_s。如果 h 足够小，与加热含能材料消耗的能量相比，可以忽略加热板消耗的热量，那么 $q_s = J$。但是一般情况下，板所累积的热量可能与被加热的含能材料层吸收的热量相当或更多。

下面预估一下通常情况下的通量 q_s。如果活化能足够高，那么反应主要发生在最高温度附近的薄层内。含能材料的最高温度在接触表面处达到最大值，等于 T_s。通量 q_s 形成传播到含能材料冷层的热通量 q，由式（4-26）确定。

$$q^2 = q_s^2 + q_r^2, \quad q_r^2 = 2\lambda \rho q_o \int_T^{T_s} F dT \qquad (4-26)$$

由于与 $\Delta T = T_s - T_o$ 相比，反应区的温差很小，因此可以认为反应区的冷边界温度约等于 T_s，并且可将热通 q 和 q_r 预估为

$$q \approx \lambda \frac{T_s - T_o}{\sqrt{xt_i}}, \quad q_r^2 = 2\lambda\rho q_o F(T_s)\frac{RT_s^2}{E}, \quad F(T_s) = k_o \exp\left(-\frac{E}{RT}\right) \quad (4-27)$$

在式(4-27)和后述内容中,假设反应速率依赖于阿伦尼乌斯温度。那么,式(4-25)~式(4-27)可以帮助我们将含能材料的热状态问题简化为单个方程式,以获得该过程最重要的特征-反应区温度 T_s。

$$\rho_1 c_1 h \partial T_s / \partial t = J - \left[\lambda\rho c(T_s - T_o)^2/t_1 - 2\lambda\rho q_o F(T_s) \cdot \frac{RT_s^2}{E}\right]_{1/2} \quad (4-28)$$

含能材料的点火对应终止激光脉冲后温度 T_s 的无限快速增加。因此,要确定点火的临界条件,最重要的是求得温度 T_s 和 $t = t_i$ 时刻时,热通量之间的比例。

在激光脉冲辐照期间,与辐照通量 J 相比,化学反应的热量可以忽略不计。如果在这种情况下,板厚度很小,那么由式(4-28)可得 $q = J$,在 $t = t_i$ 时刻反应区温度为

$$T_s(t_i) = T_o + J(t_i/\lambda\rho c)^{1/2} \quad (4-29)$$

使用焓守恒定律来估计板的热含量对 $T_s(t_i)$ 的校正:

$$JSt_i = m_l c_l \Delta T + mc\Delta T \quad (4-30)$$

式中:m_l 为板的质量;m 为含能材料加热层的质量;S 为激光束的横截面积。

考虑到含能材料加热层的厚度,由式(4-30)可得

$$T_s(t_i) - T_o = \frac{J\sqrt{t_1}}{\sqrt{\gg Ac}} \cdot \left(1 + \frac{\rho_1 h c_1}{\sqrt{\gg Act_i}}\right)^{-1} \quad (4-31)$$

如式(4-10)所示,板厚对温度 $T_s(t_i)$ 的影响可描述为

$$K_l = \frac{\rho_1 h c_1}{\sqrt{\gg Act_i}} \quad (4-32)$$

当 $K_l \ll 1$ 时,温度 T_s 由式(4-29)确定;当 $K_l \gg 1$ 时,板的热含量对 $T_s(t_i)$ 起主导作用。

$$T_s(t_i) - T_o = \frac{Jt_1}{\rho_1 h c_1} \quad (4-33)$$

辐照结束后,化学反应成为唯一的热源。物质点火的临界条件是,化学反应释放的热大于等于从反应区到材料冷层的热损失,即 $q_r \geq q$ 时。考虑到式(4-27)中 q_r 与 T_s 的关系,点火的临界条件可表示为

$$q_r = \left[2\lambda\rho q_o \exp\left(-\frac{E}{RT_s}\right)\frac{RT_s^2}{E}\right]^{1/2} \geq q = \lambda\frac{T_s - T_o}{\sqrt{xt_i}} \quad (4-34)$$

$T_s(t_i)$ 与激光脉冲强度的关系由式(4-31)给出。

4.4.2 临界点火能量与脉冲持续时间和初始温度的关系

下面应用推导的准则来评估点火的临界条件及其与激光脉冲参数和含能材料特性的关系。为此,将式(4-10)和式(4-13)方程组作为临界激光通量 J 与脉冲持续时间 t_i 关系的一个参数,其中独立变化的参量是温度 $T_s(t_i)$。下面以3种典型的含能材料举例说明:包含吸光铝板的猛炸药奥克托今(HMX)、黑索今(RDX)和双基推进剂 N。表4-3列举了这些材料的热物理和动力学特性。具体数值可见参考文献(Assovskiy,2000;Assovskiy,2005)。

图4-9(a)所示为板厚度对 HMX 的临界光通量 J 和脉冲激光持续时间的关系影响,(b)所示为板厚度对 HMX 的临界点火能量密度 $E^* = Jt_i$ 和脉冲激光持续时间关系的影响。在相同的脉冲持续时间下,随着板厚增加,临界光通量和临界点火能量密度显著增加。

在研究考虑的持续时间 t_i 范围内,临界光通量对激光脉冲持续时间的依赖性不变(图4-9(a)),而临界点火能量密度对脉冲持续时间的依赖性却发生了根本性变化。当板厚度 $h \leqslant 100\text{nm}$ 时(图4-9(b),曲线3~5),临界点火能量密度随着脉冲持续时间 t_i 的增加而增加,这是脉冲热流辐照下含能材料点火的典型特征(Pokhil, Maltsev, Zaitsev, 1969; Ohlemiller, Summerfield, 1969; Ohlemiller, Summerfield, 1968; Kondrikov, Ohlemiller, Summerfield, 1970)。然而,当板厚度 $h \geqslant 500\text{nm}$(曲线1、2)时,临界点火能量密度随着 t_i 的增加而减小。这是由脉冲激光辐照的短时间 t_i 内加热板所消耗的高热损失导致的,对应 $K_1 \gg 1$。随着脉冲持续时间 t_i 的增加,含能材料加热深度增加,$T_s(t_i)$ 减小,这使得加热板消耗的热损失减少。随着脉冲持续时间 t_i 的增加,不同板厚度下对应的点火能量之间差异减小,且这种差异在 $K_1 \gg 1$ 时消失,此时加热板消耗的热损失与加热含能材料层的热含量相比,变得可以忽略不计。在这种情况下,临界点火能量密度随着 t_i 作为 $l(t_i)$ 的增加而增加,即与 $t_i^{1/2}$ 成比例地增加。

表4-3 一些含能材料的热物理和动力学特性

物质	$\rho/(\text{g/cm}^3)$	$c/(\text{J}/(\text{g} \cdot \text{K}))$	$\lambda/(\text{W}/(\text{cm} \cdot \text{K}))$	$q_0 k_o/(\text{J}/(\text{g} \cdot \text{s}))$	$E/(\text{kJ/mol})$
HMX	1.75	1.25	2.9×10^{-3}	10^{23}	219.3
RDX	1.7	1.0	1.67×10^{-3}	6×10^{18}	171.6
双基推进剂推进剂粉末 N	1.6	1.3	1.25×10^{-3}	2.3×10^{22}	200.9
铝	2.69	0.9	2.37	—	—

总之,我们考虑了含能材料点火过程中,含能材料的初始温度对临界条件的影响。这一点对于考察系统操作条件的影响,以及评估通过改变材料的初始温

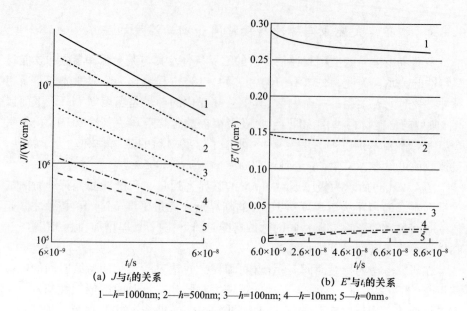

(a) J 与 t_i 的关系   (b) E^* 与 t_i 的关系

1—h=1000nm; 2—h=500nm; 3—h=100nm; 4—h=10nm; 5—h=0nm。

图 4-9　不同板厚度 h 下，HMX 在 300K 时临界光通量 J、临界点火能量密度 E^* 与脉冲激光持续时间 t_i 的关系

度来降低其临界点火能量的可能性，是十分重要的。图 4-10 所示为含能材料性质对临界点火能量密度 E^* 和材料初始温度 T_0 之间关系的影响。在计算中，假设光通量密度不变（$J=200\text{W/cm}^2$），能量密度只随脉冲持续时间的变化而变化。计算表明，随着初始温度的增加，含能材料的临界点火能量密度会显著降低，这与现有的实验数据一致。

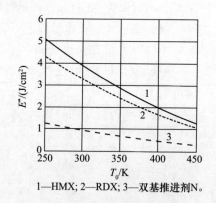

1—HMX；2—RDX；3—双基推进剂N。

图 4-10　含能材料性质对临界点火能量密度 E^* 和材料初始温度 T_0 之间的关系的影响

通过比较现有曲线,还能得出一个结论,即活化能不是评估 E^* 与 T_0 关系的主要因素。例如,双基推进剂粉末 N 与 HMX 的活化能相似,但是与 HMX 相比,N 的临界点火能量受初始温度的影响更弱。此外,RDX 的活化能远低于 HMX,但临界点火能量却随着 T 的增加而降低。这表明脉冲激光点火感度与温度的关系较为复杂,取决于材料的动力学和热物理特性。

4.5 结论与展望

对本文分析结果的总结如下。

(1) 根据激光辐照特征时间 t_r 与金属基固体推进剂的热弛豫时间 t_m 比例的不同,可将物理化学性质不同的金属基推进剂分为两类。

对于激光脉冲持续时间相对较长,即 $t_r \gg t_m$ 的情况,复合推进剂可被认为是平均热特性适当的热准均匀材料。这种情况下,对于金属基固体推进剂的激光点火,可以参考有关均匀推进剂激光点火的实验和理论数据。例如,单、双和三基推进剂(Ohlemiller,Summerfield,1968)及含有纳米金属粒子的金属基推进剂(Arkhipov, Korotkikh, Kuznetsov, Razdobreev, Evseenko, 2011;DeLuca 等,2005)数据。

对于激光脉冲持续时间相对较短,即 $t_r \ll t_m$ 的情况,考虑到金属颗粒的几何形状和周围基质材料层的传热特性,金属基推进剂必须被视为非均质材料。

(2) 对于球形金属颗粒,激光脉冲的每个持续时间都对应其被加热到最高温度的最佳颗粒尺寸。这一发现解释了为什么在一些实验中,金属颗粒在推进剂中分散度的增加不会导致激光点火延迟时间的缩短(Arkhipov, Korotkikh, Kuznetsov, Razdobreev, Evseenko, 2011)。

(3) 对于扁平金属颗粒,在激光脉冲持续时间恒定的情况下,颗粒厚度的减小会导致临界辐射通量和临界点火能量密度显著降低。当加热金属颗粒所消耗的热量与加热环境层的热量相比,达到可忽略不计的极限时,临界点火能量密度随着 t_i 的增加以 $t_i^{1/2}$ 倍成比例增加。

以上分析建立在几项假设的基础上,包括辐射通量与高能材料非共振(热)相互作用,系统中局部热力学平衡,以及金属基含能材料的物理化学性质与辐射通量相互独立。将激光应用于含能材料问题的趋势表明,脉冲激光器具有辐射脉冲能量低,但脉冲持续时间非常短(远小于 10^{-9} s)的优点。在这种情况下,需要对以上假设做较为明显的改进,如与激光通量的电动力学性质相关联。作者与同事在文献(Assovskiy,Melik – Gaikazov & Kuznetsov, Direct laser initiation of open secondary explosives, 2015)中已经开展了这方面的研究,并计划在不远的将来继续这项研究。

参 考 文 献

Aluker, E. D. , Krechetov, A. G. , Loboiko, B. G. , Nurmukhametov, D. R. , Filin, V. P. , & Kazakova, E. A. (2008). Effect of temperature on the laser initiation of pentaerythritol tetranitrate (PETN). *Russian Journal of Chemical Physics*, 27(5), 53 – 55.

Arkhipov, V. A. , Korotkikh, A. G. , Kuznetsov, V. T. , Razdobreev, A. A. , & Evseenko, I. A. (2011). Influence of the Dispersity of Aluminum Powder on the Ignition Characteristics of Composite Formulations by Laser Radiation. *Russian Journal of Physical Chemistry*, 5(4), 616 – 624. doi:10. 1134/S1990793111040026.

Assovskiy, I. G. (1992). Effect of Absorbing Microinclusions on the Interaction of Light with a Reacting Substance. *Dokladi Physical Chemistry (Proc. Rus. Acad. Scien.)*, 324(1 – 3), 205 – 210.

Assovskiy, I. G. (1994). Interaction of Laser Radiation with Reagents. Critical Diameter of Laser Beam. *Doklady Physical. Chemistry, Proc. RAS*, 337(6), 752 – 756.

Assovskiy, I. G. (2000). Heat Transfer in Laser Pulse Interaction with Reactive Substances. In A. E. Bergles, & I. Golobic (Eds.), Thermal Sciences 2000 (pp. 107 – 112). Ljubljana, Slovenia. doi: 10. 1615/ICHMT. 2000. TherSieProcVol2TherSieProcVol1. 130.

Assovskiy, I. G. (2005). *Physics of Combustion and Interior Ballistics*. Moscow: Nauka.

Assovskiy, I. G. , & Leipunskiy, O. I. (1980). Theory of Propellant Ignition by Pulse Radiation. *Combustion, Explosion, and Shock Waves*, 16(1), 310.

Assovskiy, I. G. , Melik – Gaikazov, G. V. , & Kuznetsov, G. P. (2015). Direct laser initiation of open secondary explosives. *Journal of Physics: Conference Series*. doi:10. 1088/1742 – 6596/653/1/012014.

Assovskiy, I. G. , Zemskih, V. I. , Lejpunskij, O. I. , & Marshakov, V. N. (1981). *Experimental Method for Determination of Ignition Characteristics of Solid Propellants* (Report of ICP AS USSR No. 75063377).

Beyer, R. B. , & Fishman, N. (1960). Solid Propellant Ignition Studies with High Flux Radiant Energy as a Thermal Source. In *Progress in Astronautics and Rocketry: Solid Propellant Rocket Research* (Vol. 1, pp. 673 – 692).

Brish, A. A. , Galeev, I. A. , & Zaitsev, B. N. (1969). The initiation mechanism in condensed explosives by optical quantum generator radiation. *Combustion, Explosion, and Shock Waves*, 5 (4), 475. doi: 10. 1007/BF00742068.

DeLuca, L. , Ohlemiller, T. J. , Caveny, L. H. , & Summerfield, M. (1976). Radiative Ignition of Double Base Propellants: II. Pre – ignition Events and Source Effects. *AIAA Journal*, 14 (8), 1111 – 1117. doi: 10. 2514/3. 7193.

DeLuca, L. , Ohlemiller, T. J. , Caveny, L. H. , & Summerfield, M. (1976). Radiative Ignition of Double – Base Propellants. *AIAA Journal*, 14(7), 940 – 946. doi:10. 2514/3. 7167.

DeLuca, L. T. , Galfetti, L. , Severini, F. , Meda, L. , Marra, G. , Vorozhtsov, A. B. , & Babuk, V. A. et al. (2005). Burning of Nano – Aluminized Composite Rocket Propellants. *Combustion, Explosion, and Shock Waves*, 41(6), 680 – 692. doi:10. 1007/s10573 – 005 – 0080 – 5.

Frank – Kamenetskiy, D. A. (1969). *Diffusion and Heat Transfer in Chemical Kinetics*. New York: Plenum.

Goldshleger, U. I. , Barzykin, V. V. , & Mezhanov, A. G. (1971). On mechanism and regularities of solid propellant ignition by disperse flow. *Combustion, Explosion, and Shock Waves*, (3), 319 – 332.

Karabanov, Y. F. , & Bobolev, V. K. (1981). Experimental Study of Laser Pulse Ignition of Explosives. In

Proceedings of the U. S. S. R. Academy of Sciences. Atmospheric and Oceanic Physics (Vol. 256, pp. 1152 – 1154).

Kondrikov, B. N., Ohlemiller, T. J., & Summerfield, M. (1970). Ignition and Gasification of a Double – Base Propellant Induced by CO_2 Laser Radiation. In *Proceedings of the Thirteenth International Symposium on Combustion*. Salt Lake City, Utah.

Koval' skiy, A. A., Khlevnoy, S. S., & Mikheev, V. F. (1967). On ignition of doublebased propellant. *Combustion, Explosion, and Shock Waves*, 3(4), 527 – 541.

Librovich, V. B. (1963). Ignition of Powders and Explosives. *Zhurnal Prikladnoi Mekhaniki i Technicheskoi Fiziki*, 6, 74.

Melik – Gaykazov, G. V., Kuznetsov, G. P., & Assovskiy, I. G. (2016). On mechanism of laser initiation of secondary explosives. In *Space Technologies, Materials, and Devices* (pp. 255 – 259).

Merzhanov, A. G., & Averson, A. E. (1971). The Present State of Thermal Ignition Theory: An Invited Review. *Combustion and Flame*, 16(1), 89 – 124. doi: 10. 1016/S0010 – 2180(71)80015 – 9.

Ohlemiller, T. J., & Summerfield, M. A. (1968). A critical Analysis of arc ignition of solid propellants. *AIAA Journal*, 6(5), 878 – 886. doi: 10. 2514/3. 4613.

Pokhil, P. F. (1982). On combustion mechanism of double based propellants. *J. Physics of Combustion and Explosion*, 1982, 117 – 140.

Pokhil, P. F., Maltsev, V. M., & Zaitsev, V. M. (1969). *Methods of Experimental Study of Combustion and Detonation*. Moscow: Nauka.

Tarzhanov, V. I. (1998). *Fast Initiation of Explosives*. Special Regimes of Detonation.

Vilyunov, V. N., & Zarko, V. E. (1989). *Ignition of Solids*. New York: Elsevier Science Publishers.

第 5 章　旋流雾化器内流场动力学 CFD 模拟仿真

Roman Ivanovitch Savonov

(巴西国家空间研究所,巴西)

摘要:本研究为旋流雾化器内部流动的模拟仿真,雾化器的几何形状采用工程中应用的解析方程组计算,两相流采用两个 $k-\varepsilon$ 湍流模型方程进行数值模拟。旋流雾化器中的流动表现为双流体均相模型,两相之间的界面采用自由表面模型计算,由此得到流体的轴向速度和切向速度、压力和空气柱的分布区域。该研究工作的目的是将数值模拟获得的结果与解析获得的结果进行对比,研究雾化器内部的流体流动。

5.1　引　言

双元推进剂喷射器将推进剂的组分喷射到燃烧室中,从而对燃烧过程进行优化,产生更大的发动机推力,发动机推力取决于双元推进剂燃烧产生的扭矩,通过热力学计算得到燃料与氧化剂的适当混合比。当发动机工作时,燃烧室不同区域的燃烧过程存在差异,燃烧室的中央区域温度最高。外围喷射器有规律地分布在靠近燃烧室的室壁处,燃料液体柱同时具有使室壁绝热的作用。

由于外围喷射器中只喷射燃料,因此在靠近室壁的区域形成的燃油混合物最丰富。与燃烧室中心区域的燃烧相比,该区域混合物的燃烧温度相对较低,燃烧室的中心区域温度为 3000~3200K,外围温度为 1000~1200K,燃烧室壁的结构材料必须耐受上述温度,通常采用镍和铌制成。对于一些双元推进剂,当氧化剂的热防护性能优于燃料时,可以用氧化剂保护燃烧室室壁,通常使用的是燃料——由于氧化剂是活性组分,因此为了避免室壁的氧化,采用燃料较为合适。大多数基于液体推进剂的设计中,燃烧室壁的内壳由射流式喷射器组成,也称为"冲击射流"。例如,这种类型的喷射器比中心位置具有更小的喷射角度,可以直接引导至燃烧室壁,使燃料与室壁更好地接触。

图 5-1 所示为推力为 400N 的火箭推进剂液体发动机注射简图。

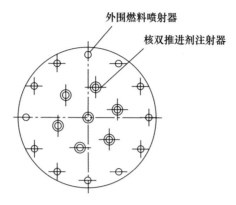

图 5-1 推力为 400N 的火箭推进剂液体发动机注射简图

在这种情况下,燃料与燃烧室壁之间的热交换更为有利,使得室壁的冷却效率更高。

5.2 喷射器的类型

喷射器的主要功能如下:
(1)确保推进剂持续不断地注入燃烧室。
(2)准确注入一定量的推进剂,以确保燃料和氧化剂的混合比例。
(3)确保液流层迅速碎裂。
(4)适当对双元推进剂组分雾化,确保碎裂的液滴尺寸,从而实现有效燃烧。
(5)确保推进剂在燃烧室中均匀分布。

喷射器有几种分类方法,根据 1993 年 Bayvel 和 Orzechowski 的研究,最佳分类方法是根据液体雾化的能量进行分类。表 5-1 列举了喷射器的分类情况。

表 5-1 用于液体自动化的能量类型注射器的分类(Bayvel,Orzechowski,1993)

能量类型	注射器的类型
液体能量	喷气注射器
	离心注射器
	混合注射器(离心-喷气)
气体能量	气动注射器
机械能	旋转注射器
振动、电和其他能量	声共振、超声、静电和其他注射器

射流喷射器在制造上不算复杂。液体在0.5~10MPa高压下进入喷射器，通过出口孔离开装置后形成液体射流，如图5-2所示。由于液体具有较高速度，运行至离出口一段距离后，碎化形成喷雾。

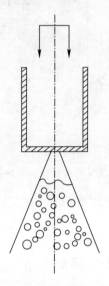

图5-2 喷气注射器的喷雾形成

射流喷射器在狄塞尔循环内燃机系统中有广泛的应用，基于其喷射特性，射流喷射器也作为外围喷射器应用于火箭发动机中，这种应用下的主要缺点是形成喷射角较小(最大为15°~20°)，并产生液滴直径较大。根据1980年Alemasov的研究，液滴的平均直径为200~500μm，而对于离心式喷射器，液滴直径为25~250μm。喷射角度会影响该类喷射器在发动机燃烧室中的应用设计。喷射角越小，液体的轴向速度越大，因此为了使推进剂燃烧完全，必须具有更大的燃烧室，导致发动机的质量增加。同时，液滴大小会影响燃烧过程的稳定性，液滴尺寸越小，燃烧过程越稳定。

图5-3给出了液体在离心式注射器的雾化模型，基于液体在装置扭转室内的旋转进行设计。这类注射器使液流能够在低压下充分分散，同时制造这种注射器十分简单，因此应用广泛。流体从外围进入扭转室，到达出口孔获得轴向速度，在注射器的出口处形成锥体液流，与射流注射器相比，液流分散从较小出口距离处发生，增加了推进剂在燃烧室中的停留时间，可减小燃烧室的尺寸。离心式注射器富有意义，因为对于相同的质量流量，可以通过改变进口、出口和扭转室的尺寸来调节锥形液流的角度。

上述特性对于火箭发动机和液体推进剂的设计非常有用，设计师有注射器

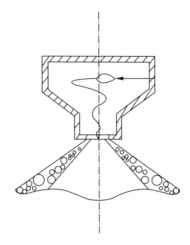

图5-3 液体在离心注射器的雾化模型(旋转)

设计的自由度,能够以最简单且最合适的方式将注射器固定在喷嘴头上。注射器流量由热力学计算确定,其改变会导致双元推进剂混合比率发生变化,影响发动机产生的推力。因此,对于相同的流体,设计人员能够改变注射器的尺寸并选择最合适的尺寸,有利于制造和降低设计成本。

气动注射器利用气体的动能来分散液流,与之前提到的两种类型相比复杂许多,通常只用于几个领域,最主要的用途为高黏度油性燃料的雾化。

旋转式注射器通常由电机驱动,旋转轴可以为水平或垂直,旋转的动能传递给液体,使液体离开注射器后具有较高的动能将自身分散。这类注射器用于水溶液的雾化,在低压下有良好的雾化效果。

在航空航天领域,射流和离心注射器相比其他类似注射器更加简单、效率更高,受到专业人士的关注。表5-2所列为不同类型的注射器雾化1kg液体所需的能量,离心式注射器与射流注射器具有相同的效率,并且具有上面所述的优点。

旋流雾化器广泛用于火箭推进系统,与注射雾化器相比,雾化质量好,液体喷雾的距离相对较小,并且设计更简单。旋流雾化器应用于火箭发动机中,可以减小燃烧室尺寸和发动机的重量。1940年至今,对旋流雾化器已有相当多的研究。

注射器内部理想流体流动的第一个近似解析理论由Abramovich在1944年提出,他论述了注射器的主要特性及其几何特征的演算。之后,为了展示Abromovich的方案,数名研究人员研究了旋流雾化器内的流动过程。1962年,Kliachko提出用等效特性代替几何特性计算废品系数,并考虑了注射器内部的摩擦损失,该方法中所有微积分都基于 Abramovich 理论。Kliachko 认为所有液压损失都是摩擦造成的,但只占总损失的一小部分,并取决于多个因素。1947年,Doble 和 Halton 应用气旋理论计算雾化器内部的液体流动,理论基于如下假设,即液体的旋转符合下式:

$$V_Q^2 r = \text{const} \tag{5-1}$$

表 5-2 不同类型的注射器雾化 1kg 液体所需的能量(Bayvel,Orzechowski,1993)

注射器类型	所需能量/(W/kg)
喷气注射器	2~4
离心注射器	2~4
气动注射器	50~60
旋转注射器	15

式(5-1)只适用于 r 为出口半径一半时的情况。目前有许多关于旋流雾化器的研究,但都采用相同方法来获得注射器参数,即首先计算空气柱的大小,然后通过雾化器计算消耗量。这些研究和提出的方法并未优于 Abramovich 的理论,因此本研究基于 Abramovich 理论对注射器参数进行分析计算。

过去数十年中,计算设备的发展非常迅速,使人们得以应用更复杂的数值方法和解析方案来研究雾化器的流动力学。

2002 年,Alajbegovic 和 Meister 开展了高压下旋流注射器内流动的三相流动模拟,并应用于汽油直喷发动机。该模型以双流体模型的多相扩展为基础,获得了流动的最重要特征,预测了伴有空气柱的锥形流体薄层的形成和发生在空气柱压降区的空化现象。该分析提供了一个模拟 DGI 注射器中流动的方法,十分有应用前景。2007 年,ShanwuYang、Hsieh、Hsiao 和 Mongia 发表了一项关于燃气轮机注射器内受限旋流的研究报告,对大涡流进行了模拟,考虑了共旋转和反旋转结构,并检测了涡流方向对流动特性的影响。研究测量和计算得到的平均速度场和湍流性质之间具有很好的一致性,证明了使用 LES 研究复杂流场的可行性。2001 年,Hansen 和 Madsen 详细研究了大型压力旋流雾化器中的两相内部流动,该研究包括实验测量,并基于 3 种途径进行了 CFD 建模,这 3 种途径分别为:假定为层流的流体体积(VOF)模型、使用 LES 湍流模型的 VOF 及使用层流假设的双流体欧拉/欧拉模型。所有模拟都呈现出类似的结果,并产生与实验观测结果相匹配的空气柱。模拟得到的锥形旋流室内切向速度和轴向速度分布及静态壁面压力与测量数据吻合较好,假定为层流的 VOF 模型和双流体模型具有最好的流速一致性。

5.3 旋流式雾化器分析

开展本项工作是为了研究注射器的内部流动。内部流动特性包括空气柱的尺寸、雾化器内部的压力分布、切向和轴向速度场,在锥形液流层形成和雾化过程中起着关键作用。了解注射器内部流体行为的全面信息十分重要,可用来预测雾化器外部的完整过程(如锥形液流层的形成、碎裂角度、液流层的厚度、碎裂、雾化等)。第一步需要计算注射器的几何形状。

Abramovich 理论(雾化器尺寸的微积分)忽略注射器中的摩擦损失,涡流室中的角动量是恒定的,即

$$V_e R = V_r r \tag{5-2}$$

式中:V_e 为雾化器入口处液体的速度;V_r 为流体的切向速度;R 为涡流室的半径;r 为液滴的旋转半径。

液体假定为非黏性流体,注射器任意点的压力符合伯努利方程,液相与气相界面的径向速度假定为零,空气柱尺寸基于最大消耗原理确定。1944 年 Abramovich 及 1993 年 Vasiliev、Kudriavtcev 和 Kuznetcsov 提出了有关 Abramovich 理论的全面表述,本节给出了计算旋流雾化器(图 5-4)主要特征的公式,如采用式(5-3)计算喷嘴系数 ϕ,采用式(5-4)和式(5-5)计算几何特征参数 A 和 B,μ 为流量系数。

$$\phi = 1 - \frac{r_v}{r_n} \tag{5-3}$$

式中:r_v 和 r_n 分别为空气柱和喷嘴的半径。

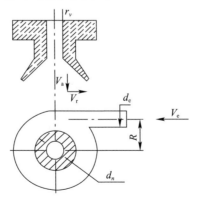

图 5-4 旋流雾化器

$$A = \frac{Rr_n}{nr_e^2} \tag{5-4}$$

式中:n 为切向孔的数量;r_e 为切向孔的半径。

$$B = \frac{R}{r_e} \tag{5-5}$$

根据1944年Abramovich及1993年Vasiliev、Kudriavtcev和Kuznetcsov提出的定义,ϕ、μ、A 和 $\tan\alpha$ 之间的关系为

$$A = \frac{1-\phi}{\sqrt{\frac{\phi^3}{2}}} \tag{5-6}$$

式(5-4)用于评比实践数据与理论微积分计算的误差,式(5-6)为注射器几何尺寸的初始微积分。

$$\mu = \sqrt{\frac{\phi^3}{2-\phi}} \tag{5-7}$$

$$\tan\alpha = \frac{(1-\phi)\sqrt{8}}{(1+\sqrt{1-\phi})\sqrt{\phi}} \tag{5-8}$$

式中:α 为粉碎角。

Abramovich理论适用于无黏流体和黏性流体,根据1993年Vasiliev、Kudriavtcev和Kuznetcsov的研究,如果

$$\frac{B^2}{n} - A \leq 6.2 \tag{5-9}$$

那么摩擦损失可忽略为零,采用Abramovich理论微积分的精度很高。

通过雾化器的液体消耗为

$$\dot{m} = \mu F \sqrt{2\rho \Delta P} \tag{5-10}$$

式中:F 为注射器喷嘴的面积;ρ 为液体的密度;ΔP 为压差。

以水为例,使用式(5-10)计算注射器的尺寸和几何特征,得到 $\Delta P = 10\text{atm}$,消耗量为50g/s,计算结果如表5-3所列。

表5-3 喷雾器维数和几何特征

输入数据				喷雾器参数						
压力/atm	消耗/(g/s)	密度/(kg/m³)	孔数量	ϕ	μ	A	B	$a/(°)$	D/mm	d_e/mm	d_n/mm
10	50	998	2	0.345	0.158	4.569	3.658	105	4.39	1.2	0.3

为了确认和证明基于Abramovich理论的微积分的精度,让压力在1~10atm

之间变化,计算相同雾化器喷嘴出口处一定压力下的消耗量、轴向和切向速度,然后与采用 ANSYS CFX 进行数值模拟得到的结果对比。数值的计算依据为 1993 年 Vasiliev、Kudriavtcev 和 Kuznetcsov 及 2004 年 Khavkin 提出的方程,即

$$V_{eq} = \mu \sqrt{\frac{2\Delta P}{\rho}} \quad (5-11)$$

式中:V_{eq} 为等效速度。

$$V_a = \frac{V_{eq}}{\phi} \quad (5-12)$$

式中:V_a 为喷嘴出口处的轴向速度。

$$V_t = V_{eq} \frac{R r_n^2}{r r_e^2} \quad (5-13)$$

$$\dot{m} = V_{eq} r_n^2 \pi \rho \quad (5-14)$$

微积分的结果如表 5-4 所列。

表 5-4 分析演算结果

ΔP/atm	$\dot{m}$/(kg/s)	V_a/(m/s)	V_t/(m/s)	V_{eq}/(m/s)
10	0.049992467	20.57623	34.72147	7.100855
9	0.047427019	19.52032	32.93968	6.736463
8	0.044714622	18.40394	31.05583	6.351198
7	0.041826699	17.21531	29.05007	5.941002
6	0.038723999	15.93828	26.89514	5.500299
5	0.035350013	14.54959	24.55179	5.021063
4	0.031618013	13.01355	21.95979	4.490975
3	0.027382002	11.27006	19.01773	3.889299
2	0.022357311	9.201968	15.52792	3.175599
1	0.015809006	6.506774	10.97989	2.245488

5.4 数值模拟

近几十年来,计算机工业和微处理器的发展取得了很大的进展,工业和研究得以全面引入数值分析。对于 20 世纪 70~90 年代期间需花费数周时间进行的分析,现在只需几个小时即可完成。现在,数值模拟成为研究项目的主要流程之一。数值分析技术主要包括结构领域的有限元法和流体领域的有限体积法等。

目前市场上已开发了几款商业软件,来实现和简化数值解析的应用,其中一款应用"ANSYS"涵盖了结构分析、电气、流体动力学、热力学和其他流体结构的数值模拟模块,包括 ABAQUS、PATRAN、NASTRAN、FLUENT 和 FEMAP 等。在本项关于离心注射器内部流体流动的研究中,使用的是"ANSYS CFX"软件。

所有数值建模都可以分为两个步骤:网格的选择和生成(离散化)及物理问题的转化(应用边界条件、选择流体类型、湍流类型等)。

5.4.1 网格生成

网格生成是数值分析的主要步骤之一,物理领域有许多空间离散化技术,关于这类主题的出版物很多,其中大量关于"计算流体力学"的书籍探讨了网格细化的问题,内容很深入。例如,2001 年 Blazek,2005 年 Cebeci、Rshao、Kafyeke 和 Laurendeau,以及 2002 年 Chung 等的专著。Navier – Stokes 方程的空间离散涉及大量研究方法,主要分为三大类:有限差分、有限体积和有限元素,这些都依赖于同类型的网格。

目前生成的网格有两类:结构化网格和非结构化网格。

结构化网格:每个交叉点采用 i、j、k 产生唯一的标记,对应笛卡儿坐标的 x_i、j、k、y_i、j、k、z_i、j、k,生成的网格单元为二维下的四边形和三维下的六面体。

非结构化网格:网格单元和节点都没有特定的排序,所以单元格(元素)或节点不能通过其标记参数直接识别,网格单元在二维中为三角形,在三维中为四面体。在边界处理上,非结构化网格在二维状态下由四边形、三角形混合组成,在三维状态下由六面体、四面体混合组成。

使用结构化网格的主要优点在于它的标记参数 i、j、k 有一个被称为计算空间的线性地址空间,可直接对应流量变量在计算机内存中的存储路径,快速访问邻近点,因此也便于评估梯度和流量,以及应用边界条件。

而其主要缺点是用于复杂几何形状结构化网格的生成问题,解决方案是将物理空间划分成几个简单的拓扑空间,称为块。这些块可以分成复杂程度较低的结构化网格。多块方法通过域分解并行使用多个微处理器解决问题,复杂几何结构化网格生成需要大量的处理时间。

非结构化网格应用于复杂几何时灵活性极高,其更突出的优势是,无论域的复杂程度如何,非结构化网格的基础三角形(2D)或四面体(3D)都可以自动生成。实际中往往需要通过少数几个参数获得高质量的网格,为解决边界层问题,建议引入矩形单元(2D)或棱柱单元和六面体(3D)构建壁面。采用混合元素的另一个好处是减少单元、面、边缘的数量,有时也可减少交叉点的数量。在复杂情况下,用非结构化网格生成几何图形并非一项简单的任务,但无论如何,与使用多块方法的结构化网格生成相比,要简单得多,而且速度更快。非结构化网格的另一个优点是,根据解决方案的需要,网格的细化和增厚可以采取简单的方式进行。

使用非结构化网格的一个主要缺点是,需要使用网格解算器内复杂的数据结构。这些结构与间接寻址一起工作,会导致计算效率降低,与结构化网格生成相比,需要更高的计算内存。

雾化器的几何形状不是很复杂,可以创建结构化的网格,首先要对几何形状进行正确的简化,用通道与涡流室的圆柱形部分相交形成的孔口代替管状通道的几何形状,如图5-5所示(区域1)。

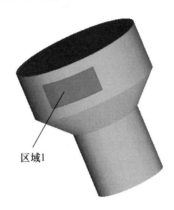

图5-5 喷雾器几何形状

多块技术用于生成网格,物理域分割为69个块,如图5-6所示。

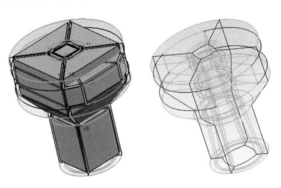

图5-6 网格生成结构

将O'Grid函数应用于圆柱形区域,以获得良好的网格质量,ICEM CFD软件具有此项功能。最初生成的是没有进行区域细化的均匀规则网格,数值模拟效果不好,空气柱仅在喷嘴区域形成,靠近壁面的速度场仿真效果差。但是,第一次分析有助于确定较高梯度值的区域,之后可以再采用块结构细化靠近壁面和水-空气两相界面的网格,用于数值模拟的最终网格如图5-7所示。

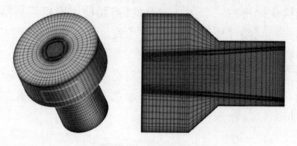

图5-7 网格细化

5.4.2 数值仿真模型

ANSYS CFX 软件有两种用于多相流模拟仿真的模型,即欧拉-欧拉(Eulerian - Eulerian)多相模型和拉格朗日粒子追踪(Lagrangian Particle Tracking)多相模型。将水和空气两种流体考虑为连续流体,采用欧拉-欧拉均相多相模型模拟其流动,用自由表面模型计算两种流体之间的界面性质。

采用1993年Vasiliev等提出的式(5-15)计算雾化器内部流动的雷诺数:

$$Re = \frac{4\dot{m}}{\pi \rho v \sqrt{nd}} = 4215 \qquad (5-15)$$

该雷诺数值的流动是紊乱的,因此采用两个 $k-\varepsilon$ 湍流模型方程进行模拟仿真。

边界为入口,壁面为雾化器壁面,喷嘴为出口。在入口边界施加1~10atm的总压力,湍流动能和湍流损耗可以计算为

$$k_{inl} = \frac{3}{2}T_i \sqrt{u^2+v^2+w^2} \qquad (5-16)$$

$$\varepsilon = \frac{k^{\frac{3}{2}}}{0.3l} \qquad (5-17)$$

式中:u、v、w 为速度分量;l 为水力直径;T_i 为湍流强度。

在开放边界条件下施加的是静态压力,湍流选项为零梯度。

初始条件是静压等于环境压力,水体积分数为0,空气体积分数为1。

5.4.3 结果

1. 湍流模型评估

图5-8图(a)和(b)分别为 $\kappa-\varepsilon$ 湍流模型和RNG$\kappa-\varepsilon$ 湍流模型下,注射

器内水的体积分数和形成的空气柱。如图5-8所示,两种情况下空气柱的形成是相同的,这意味着在注射器中的旋转系数小于0.1,可以在数值解析方案中使用 κ-ε 湍流模型进行数值模拟,更为简单快速。两种湍流模型下注射器内部湍流黏度分布表现出不同的结果。图5-9所示为两种情况下注射器内部空气的湍流黏度分布图。

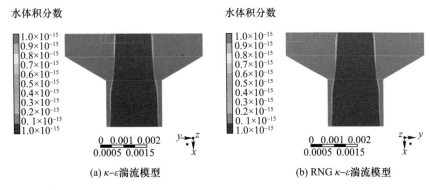

(a) κ-ε 湍流模型　　　　(b) RNG κ-ε 湍流模型

图5-8　根据模型注射器内水的体积分数

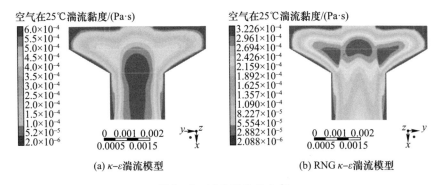

(a) κ-ε 湍流模型　　　　(b) RNG κ-ε 湍流模型

图5-9　湍流黏度的分布

从图5-9中可以看出,应用 κ-ε 湍流模型得到的空气黏度的最大值几乎是 RNG κ-ε 模型的2倍。注射器的中心部分空气黏度值越高,越容易形成空气柱,如图5-9(a)所示。从注射器的出口到顶部湍流黏度值均较高,而采用 RNG κ-ε 湍流模型模拟,高湍流黏度存在于注射器的顶部。流体的湍流黏度对流量有很大影响,高黏度会降低流体流速,增加能量损耗。在 κ-ε 湍流模型下,产生高黏度值的位置完全位于形成空气柱的中心区域,对离心式注射器中的流动影响很大。由于本注射器旋转速度很小,采用 κ-ε 模型的情况下黏度值甚至比采用 RNG κ-ε 湍流模型情况下的黏度值更大,但并不影响涡流场的形成。

图5-10所示为两个模拟案例中注射器内的总体压力分布。

两个湍流模型的总体压力分布是相同的。在 Abramovich 的理论中,假定流动能量由伯努利方程定义,流体没有黏性,流动能等于总压力,在流动过程中是恒定的。数值模拟时考虑了空气和水的黏度,因而总压力会发生变化,如图 5-10 所示。总压力存在区域梯度,最高值对应于较大半径,靠近注射器入口,随着半径减小,总压力逐渐下降,这与流体层之间的摩擦引起的能量损失有关。

图 5-11 所示为静态压力的分布。两种湍流模型的静压分布相同,总压力比静态压力高 0.15MPa,两者之差被称为动态压力。流动的角动量趋于恒定,随着半径的减小,切向流速增加,动态压力增加。除摩擦造成的微小损失之外,静态和动态压力的总和是恒定的,半径减小,静压减小,如图 5-11 所示,到旋转轴的距离直观反映了静态压力的分布。

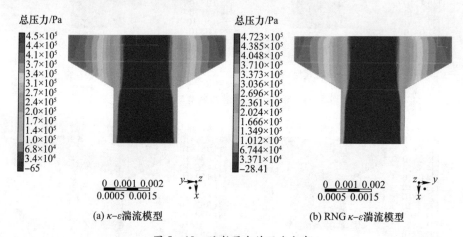

图 5-10 注射器内总压力分布

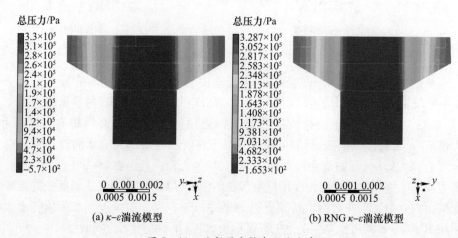

图 5-11 注射器内静态压力分布

图 5－12 所示为两种湍流模型的轴向速度分布。旋转室上部或较宽区域的流体轴向速度值较低,流体轴向速度的增加几乎与空气柱的产生同步,为了更好地分析速度分布状态,在图 5－13 中对速度矢量场进行了模拟。从图 5－12 和图 5－13 中可以看出,轴向流动主要发生在空气和水的界面。

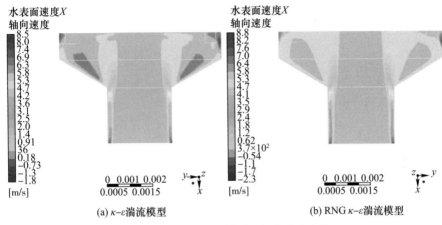

图 5－12 两种湍流模型的轴向速度分布

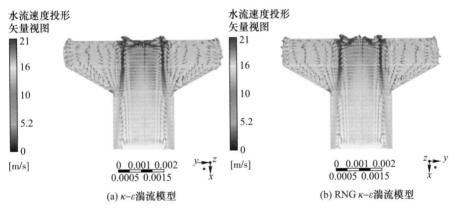

图 5－13 速度矢量场模拟

同时,界面上会形成循环流动,在注射器上部,空气与注射器上部的壁面接触并形成更大的循环流动,被水流吸引着从相反方向流向注射器出口。

在旋转室中,离水和空气界面最远的位置,轴向速度较低,切向速度较高,在注射器的会聚区域,小部分流体沿着壁面流向出口。轴向速度增加主要位于注射器的回流区内,即图中显示的较小直径层中。轴向速度的增加可以用连续性定律来解释,旋转室半径最大,因此水流过的横截面积更大。在回流区,由于水流在注射器出口方向上的半径减小,该区域的截面减小,因此轴向速度增加使得质量流量相同,由于喷嘴半径较小,轴向速度在喷嘴位置达到最大值。

图 5-14 所示为径向速度的分布。离心注射器内部流体的主要运动是旋转,在大多数注射器中,径向速度分量接近零,径向分量的值在再循环区域中增加,位于空气柱半径增大的位置;空气柱半径增加,位于喷嘴的起始位置和注射器的出口,对比图 5-14 和图 5-8,很容易识别这些位置。

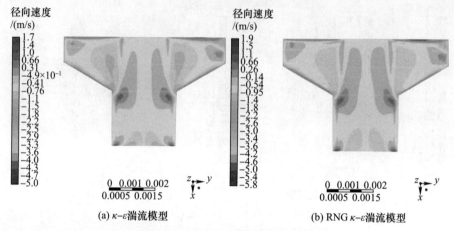

(a) κ-ε 湍流模型 (b) RNG κ-ε 湍流模型

图 5-14 注射器内径向速度的分布

图 5-15 所示为切向速度的分布。根据 Abramovich 的理论,注射器内部的角动量被认为是恒定的。根据这个假设,相同半径下切向速度的值相同,黏性流体的数值计算方案接近。在旋转室和回流区中,相同半径的切向速度接近,且会不沿着轴向改变,喷嘴区域中的切向速度值开始下降,直至装置出口,切向速度减小及由此引起角动量减小,是因为流动过程存在内部摩擦损失。

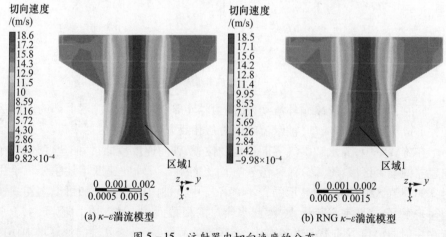

(a) κ-ε 湍流模型 (b) RNG κ-ε 湍流模型

图 5-15 注射器内切向速度的分布

在 κ-ε 湍流模型案例中，只有轴向速度，而切向速度接近零（区域1），但大于 RNG κ-ε 湍流模型案例中的值，这是因为注射压力和环境压力不同，导致进入中心区域的气流存在差异，气流同时受到切向速度分量与流体的相互作用影响。κ-ε 湍流模型中的湍流黏度是 RNG κ-ε 湍流模型中的两倍，速度传递的梯度层更多。

在旋转室（图5-15）中，切向速度值几乎不变，根据角动量守恒定律，切向速度应随着半径增大而减小，但该现象未发生，是因为流动中随半径减小而产生的切向速度增量与摩擦损失抵消了。图5-16中显示，旋转室中横截面的切向速度分布在一个狭窄的速度范围内（15~18m/s），随着与中心区域的接近，切向速度小幅增加，直至空气与水的表面区域，在该区域附近，由于与空气的相互作用，水的切向速度开始下降。

图5-16所示为旋转室横截面的切向速度分布。

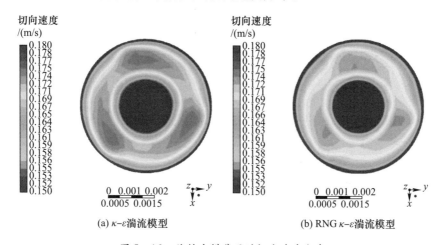

图5-16 旋转室横截面的切向速度分布

注射器的额定工作压力是5atm，在0~5atm的范围内，在不同压力下进行数值模拟。图5-17所示为注射器出口部分的轴向速度分布。随着压力的增加，轴向速度增加。在更高的速度下，湍流程度加剧，靠近注射器下段壁面的损失和水与空气相互作用区域的损失也在增加。图5-17中，速度等于零的中间位置对应于空气柱的位置，此处水的体积分数为零。

注射器出口部分的切向速度分布与轴向速度相似，如图5-18所示。

图5-19所示为溶液切向速度随压力变化曲线。通过理论计算得出的结果数值高于数值模拟得到的结果。

这是因为两种相关理论（无黏流体、黏性流体）都无法计算全部流动损失。

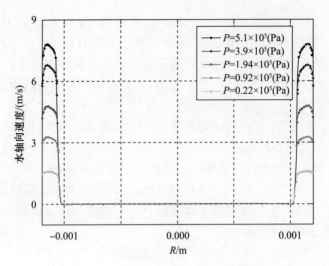

图 5-17　注射器出口部分的轴向速度分布

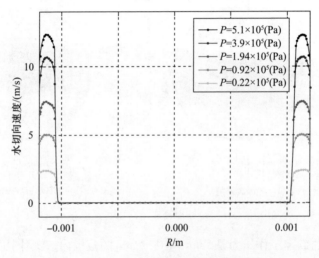

图 5-18　注射器内出口部分的切向速度分布

在 Abramovich 理论中,注射器内部的角动量是恒定的,在计算中没有考虑流体的黏度,模型中不存在摩擦损失,因此应用该理论获得的切向速度值更大。第二种理论为 1962 年 Kliachko 提出的理论,该理论基于流体黏度对计算进行了校正,考虑了角动量损失,计算的切向的速度比使用 Abramovich 理论计算的要小。

图 5-20 所示为溶液轴向速度随压力变化曲线。理论轴向速度也高于数值模拟得到的数值。轴向速度结果的差异小于切向速度的差异。在上述两种理论

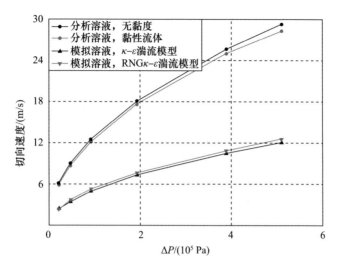

图 5-19 溶液切向速度随压力变化曲线

中,都假定注射器内部的总压力是恒定的,但根据前面讨论的情况,在流动过程中总压力会有损失,因此轴向速度值会更小。

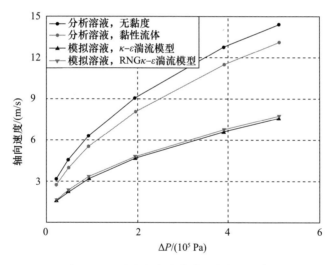

图 5-20 溶液轴向速度随压力变化曲线

由黏性流体理论获得的轴向速度大于 Abramovich 理论所获得的轴向速度。流体黏性使角动量存在损失。黏流模型假定总压力是恒定的,考虑到角动量存在损失,切向速度分量降低,因此轴向分量增加。

数值和理论结果之间的差异随着压力的增加而增大,曲线规律表明,当流动表现为湍流且流速很高时,高压下的流体黏度及注射器工作状态对结果影响很大。

图 5-21 所示为注射器装置溶液的液体锥角随压力变化曲线。黑色曲线对应 Abramovich 理论,由于这种理论下假设流体没有黏性,因此注射器的所有几何特性都是恒定值,与流动状态无关。红色曲线是根据黏性流体理论获得的喷雾角度值,由于入口压力的变化,角度会发生变化。随着装置的压力增加,角度也会增大,这种现象与数值模拟方案一致(曲线 3 和曲线 4)。如前文所述,当流体黏度最大时,注射器出口处的轴向速度分量大于切向速度分量。

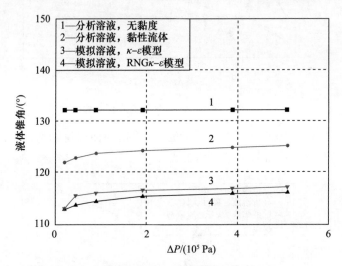

图 5-21　注射器装置溶液的液体锥角随压力变化曲线

在较高黏度流体的案例中,液流的锥角较小,如图 5-21 所示。从图 5-21 中可以看出,数值模拟方案和黏性流体理论结果存在差异,表明黏性流体理论没有涵盖黏度对注射器内部流动的所有影响。

燃料注射器位于双元推进剂注射器的外围,为了让燃料注射器内的流动不受影响,空气柱的直径必须大于中心注射器的外径。为证实这一点,作者构建了一个具有出口内腔的注射器模型,数值模拟的结果如图 5-22 所示。

如图 5-22 所示,中心注射器外壁对外围注射器的流动没有干扰,这意味着流体的流动面积与没有内腔模型的情况相同,质量流量和其他流量参数不受影响。

图 5-22 显示了注射器外部液体锥流的形成过程,锥流路径不是线性的,而是呈抛物线状的,当需要减少液体注射角度时,该现象对于喷嘴的轮廓设计具有重要意义。如果在注射器喷嘴的内部圆柱部分设计弧形扩张腔,液流将不具备连续性,并会影响注射角度和液体分布的均匀性,如图 5-23 所示。

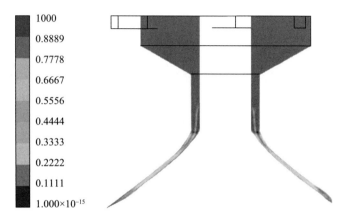

图 5-22 注射器体内水的分布

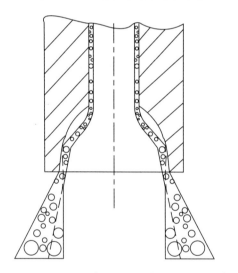

图 5-23 注射器喷喉压型不连续流体的轮廓

为了避免流体通过注射器流动时产生不连续性,注射器喷嘴口需要在一开始就与流体随动,可以通过计算得到其初始曲线。图 5-24 所示为锥面示意图。

图 5-24 中的曲线 EA 是需要计算的液体锥形线。曲线 EA 经过直线 BA 与 ADC 的交点,曲线 BA 表示水流在注射器外部的轨迹,以 D 点为中心的圆周表示注射器的出口孔,离开注射器后的水流具有线性轨迹(BA),环绕入口孔形成锥体。用 ADC 平面切割锥体时,锥体壁面呈现为曲线 EA,曲线 EA 的形成需要将

111

与喷嘴的半径或圆柱表面相切的平面绕注射器的出口孔转动四分之一周,即半径 r 的角度 φ 从 $0\sim\pi/2$。

根据图 5-22,DC 段是直线 BA 与平面 ADC 的交点或轮廓点 A 的 x 坐标,CA 段是 y 坐标。为了推导锥形轮廓公式,需要推导 y 和 x 的相关性。角度 $\alpha/2$ 为根据离心注射理论计算的雾化角度,可以通过实际测试获得。根据 $\triangle DBC$,得到

$$x = DC = \frac{r}{\sin\varphi} \tag{5-18}$$

y 坐标可以由 $\triangle ACB$ 计算:

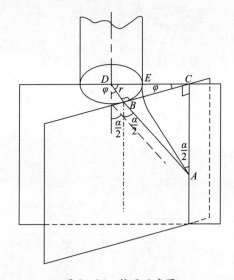

图 5-24 锥面示意图

$$y = AC = -\frac{BC}{\tan\dfrac{\alpha}{2}} \tag{5-19}$$

根据 $\triangle ACB$ 有

$$BC = \frac{r}{\tan\varphi} \tag{5-20}$$

将 BC 值代入式(5-19),则有

$$y = AC = -\frac{r}{\tan\varphi\tan\dfrac{\alpha}{2}} \tag{5-21}$$

将式(5-18)中 r 代入式(5-21),则有

$$y = AC = -\frac{x\sin\varphi}{\tan\varphi\tan\frac{\alpha}{2}} = -\frac{x\cos\varphi}{\tan\frac{\alpha}{2}} \qquad (5-22)$$

角度 φ 通过 X 坐标得到

$$\varphi = \arcsin\frac{r}{x} \qquad (5-23)$$

将式(5-23)代入式(5-22)得到

$$y = -\frac{x\cos\left(\arcsin\frac{r}{x}\right)}{\tan\frac{\alpha}{2}} \qquad (5-24)$$

图 5-25 所示为数值解析与数值模拟得到的函数曲线图。

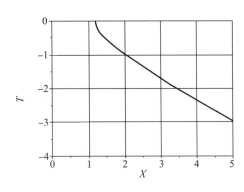

(a) 液锥壁的轮廓分析　　　　　(b) 液锥壁的数值解

图 5-25　数值解析与数值模拟得到的函数曲线图

2. 流动模拟

模拟基于旋流雾化器入口处总压力的 10 个压力值(1~10atm)进行。

图 5-26 所示为对应于公称压力 10atm 的空气柱结构。

图 5-27 所示为总压力和静态压力的分布。可以观察到,由于动态分量的贡献,总压力值较高。

图 5-28 所示为雾化器内水轴向速度的分布。轴向速度在注射器顶部的值较低,在这个区域,轴向速度近似随着空气柱增大而增加;通过喷嘴时,轴向速度具有更大的值,达到喷嘴出口处具有最大值。

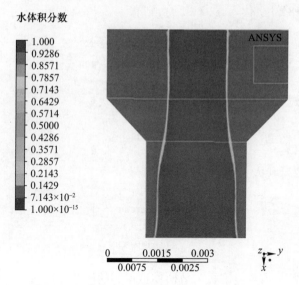

图 5-26 对应于公称压力 10atm 的空气柱结构

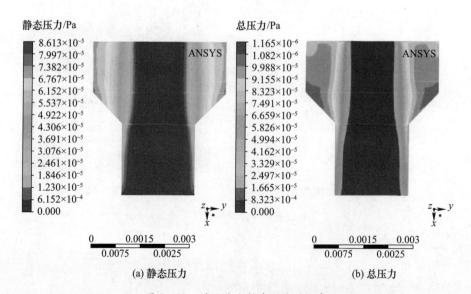

(a) 静态压力 (b) 总压力

图 5-27 总压力和静态压力的分布

图 5-29 列出了水流径向速度的分布。基于空气柱半径的增加,径向速度在喷嘴的顶部和出口处最高,可以参照图 5-29 和图 5-26 进行对比。

水流切向速度的分布如图 5-30 所示。涡流室的切向速度值较大,因为这部分雾化器中的角动量大于喷嘴中的角动量。它与 Abramovitch 理论相反,

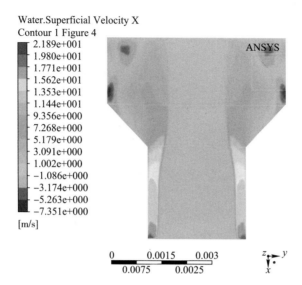

图 5-28　雾化器内水轴向速度的分布

Abramovitch 理论基于角动量是恒定的,且同一径向位置上的切向速度相等,见式(5-2)。Abramovitch 考虑的是无黏流体,但在模拟中使用的水为黏性流体。由于在喷嘴内存在摩擦损失,切向速度较小,在同一 ZY 平面剖面上的切线速度符合角动量守恒,在半径减小时增加,由于水和空气之间的相互作用,只有在表面区域才会减小。

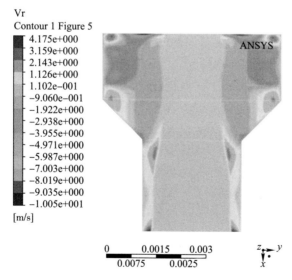

图 5-29　水流径向速度的分布

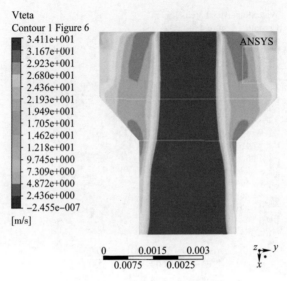

图 5-30　水流切向速度的分布

从图 5-31 中可以观察到一些回流区域。回流区域位于旋流腔室上部和进口孔下方。这些区域的流体流动存在水力损失,有利于降低旋流室到切向入口孔的高度,其他回流区则由于空气和水的反向流动集中在其界面处。在喷嘴段也观察到回流现象,这是因为空气进入喷嘴时改变了流动方向,与水一起流向喷嘴的出口,回流区的存在使出口处空气柱具有更大的半径。

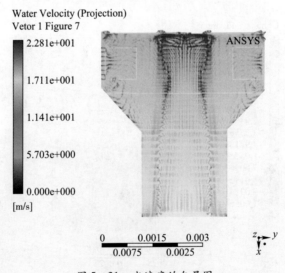

图 5-31　水速度的矢量图

图 5-32 所示为喷嘴出口横截面水的质量流量分布,可以观察到最大质量流量的两个区域。质量流量的不均匀分布与由注射器切向进入口的数量有关,雾化器有两个流体进口,因此形成两个最大质量流量区域。根据相关研究,如果入口数量增加,不均匀性程度会降低,当入口孔数量达到 6 个时,最大质量流量区域就会连接在一起,质量流量几乎是均匀的。

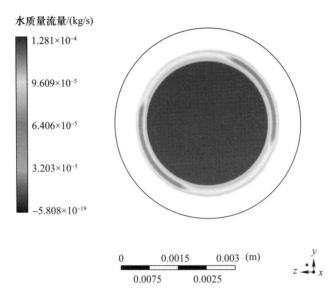

图 5-32 喷嘴出口横截面水的质量流量分布

5.5 结　　论

本章采用 $\kappa\text{-}\varepsilon$ 湍流模型和 RNG$\kappa\text{-}\varepsilon$ 湍流模型进行了相关仿真和比较,并采用 $\kappa\text{-}\varepsilon$ 湍流模型进行了两相流的数值模拟计算。基于对壁面和两种流体之间界面边界层网格的精细划分,得到了流体的流动特征,获得了喷嘴出口轴向、切向速度和质量流量的解析解。轴向速度和质量流量的数值模拟和解析结果表现出很好的一致性,如图 5-33 和图 5-34(b)所示。由于在解析计算过程中没有考虑摩擦损失,在图 5-34(a)中,水的切向速度解析和数值模拟结果有明显偏差。旋流室的角动量大于喷嘴处,角动量对雾化角度的微积分有影响,雾化器出口处的液锥角度比解析计算得到的值更小。图 5-32 所示的喷嘴出口横截面质量流量数值模拟结果证实了 1993 年 Vasiliev 等的实验结论。

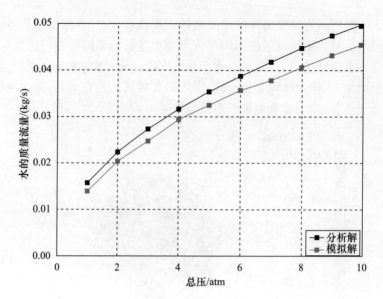

图5-33 水的质量流量分析结果与数值模拟比较

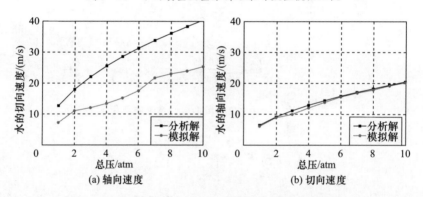

图5-34 水的轴向速度和切向速度分析结果和数值模拟比较

参 考 文 献

Abramovich, G. N. (1944). The Teory of Swirl Atomizers. In *Industrial Aerodynamics* (pp. 114 – 121). BNT ZAGI.

Alajbegovic, A., Meister, G., Greif, D., & Basara, B. (2002). Three phase cavitation flows in high pressure swirl injectors. *Experimental Thermal and Fluid Science*, 26(6 – 7), 677 – 681. doi: 10. 1016/S0894 – 1777(02) 00179 – 6

Alemasov, V. E. (1980). *Teoria dos motores – foguete*. Machinostroenie.

Bayvel, L., & Orzechowski, Z. (1993). *Liquid Atomization*. Washington: Taylor & Francis.

Blazek, J. (2001). *Computational Fluid Dynamics*. Baden – Daettwil, Switzerland: Alstom Power Ltd.

Cebeci, T., Rshao, J., Kafyeke, F., & Laurendeau, E. (2005). *Computational Fluid Dynamics for Engineers*. Long Beach, California: Horizons Publishing Inc.

Chung, T. J. (2002). *Computational fluid dynamics*. Cambridge University Press. doi: 10.1017/CBO9780511606205.

Doble, S. M., & Halton, E. M. (1947). The Application of Cyclone Theory to Centrifugal Spray Nozzles. *Institute of Machenical Engineers*, 154(1), 111 – 119. doi: 10.1243/PIME – PROC – 1947 – 157 – 015 – 02

Hansen, K. G., & Madsen, J. (2001). *A Computational and Experimental Study of the Internal Flow in a Scaled Pressure – Swirl Atomizer* [MSc Thesis]. Denmark: Aalborg University Esbjerg.

Khavkin, Y. I. (2004). *Theory and Practice of Swirl Atomizers*. New York: Taylor & Francis.

Kliachko, L. A. (1962). Theory of Centrifugal Injectors. *Teploenergetica*, 34 – 38.

Shanwu, W., Yang, V., Hsiao, G., Hsieh, S., & Mongia, C. (2007). Large – eddy simulations of gas – turbine swirl injector flow dynamics. *Journal of Fluid Mechanics*, 583, 99 – 122.

Vasiliev, A. P., Kudriavtcev, V. M., & Kuznetcsov, V. A. (1993). *Theory and calculos of liquid propellant rocket motors*.

第6章 离心喷射制备的液体薄片的裂解

Leopoldo Rocco Jr.

（Flowtest 工程研究公司，巴西）

摘要：从喷嘴出来的液体薄片的发展主要受其初始速度及液体和周围气体的物理性质的影响。液体薄片的最小速度对于其表面张力的增大是必要的，而表面张力会使表面收缩。随着速度的增加，薄片会膨胀，直到形成一个主要的末端，表面张力和惯性力平衡。液体薄片崩解过程的形式和规律对产生的液滴的粒径分布和索氏平均直径（SMD）有一定的影响。产生的液体薄片的初始厚度对于确定获得的液滴的中等尺寸是十分重要的。据观察，较厚的液体薄片产生较厚的韧带和更大的液滴。根据液片的厚度和波长的最大生长率，本章计算得出在压缩涡流雾化器的锥形板中产生的中滴直径。

6.1 引　　言

从喷嘴出来的液体薄片的发展主要受其初始速度及液体和周围气体的物理性质的影响。由于表面张力使表面收缩，因此在表面张力的作用下，对于液片的扩张，其最小的速度就显得非常必要。随着这一速度的增大，更多的液片膨胀，并延长至形成一个主要的末端，这时在表面张力和惯性力之间存在一个平衡。平衡的崩解可能导致液片穿孔，也可能不会导致。

在液片中产生的波运动，通过与完全振动的一个或半波长相对应的区域，在到达极限之前就会被撕裂。这些撕裂的区域，如果没有因为空气或湍流作用而解体，就会在表面张力作用下迅速收缩，形成线网。

Fraser、Dombrowski 和 Routley（1963）的研究表明，崩解过程的规律性和线条生产的均匀性对液滴的大小分布有很大的影响。在喷嘴相同距离处发生的穿孔具有相似的结构，并且对于发生穿孔的液片，在崩解过程中，液滴的大小恒定。波纹型液片的崩解是高度不规则的，因此液滴的大小也更加多变。

以液片形式从雾化器喷出的液体通常有3种崩解方式，有时会以两种方式同时发生，崩解方式对液滴大小和粒径分布有相对较大的影响。

Fraser、Dombrowski、Routley(1963)采用了一种经过改良的照相技术和一种能在短时间内放电并伴有强烈光照的光源,确定了这些韧带主要是由于液体薄片上的穿孔造成的。如果穿孔是由空气摩擦造成的,韧带就会很快分开;然而,如果穿孔由其他原因产生,如由于喷嘴的湍流,那么韧带断裂的速度相对更慢。他们得出的结论是:①具有高表面张力和黏度的液体薄片具有更强的抗断裂能力;②液体的密度在液片崩解时的影响非常小。

Dombrowski 和 Johns(1963)观察到,液体和空气之间相互作用,会产生不稳定的波,这些波将被溶解在韧带断裂的碎片中。因为韧带比较细,并且在比较靠近喷嘴的地方形成,这些韧带会由于空气速度而破裂,形成细小的液滴。

液体薄片的初始厚度与喷嘴的大小成正比,正如观察到的,较厚的液片会产生较厚的韧带和较大的液滴,因此确定产生液滴的中等尺寸是很重要的。

Dumouchel、Ledoux、Bloor、Dombrowski 和 Ingham(1990)研究了引起液体薄片破裂的扰动波长的大小与液片厚度之间的关系,将液体薄片分成两组。在第一种情况下,当液体表面扰动波长的大小与液片厚度变化一致时,破裂过程从靠近喷嘴口处开始,并沿着液片的长度进行延伸;而韧带、较大的结构和液滴是不稳定的,在液滴较小时就会破裂。

在第二种情况下,当液体表面扰动波长小于液片的厚度时,液体表面扰动被限制在靠近表面的一个小区域内,并且随着扰动的增长,表面上的细韧带和小液滴会被移除。这种崩解过程发生在离喷嘴较远的地方。

6.2 平面液体薄片

York、Stubbs 和 Tek(1953)从理论和实验两个方面研究了在空气中移动的平面液片的崩解机理。他们得出结论,在连续与不连续相界面之间的不稳定和波的形成是液滴在滴落过程中破裂的主要原因。表面张力会使凸起的地方恢复其原来位置,但会导致空气的局部静压降低(对应于局部速度的增加),并且离外部隆起越来越远。这与诱导风的不稳定性模式相对应,在这种情况下,表面张力与最初计划中界面上的任何运动都相反,并且试图重新建立平衡,而强制的空气动力学会增加界面的分离,增加不稳定性。

为了解决这个问题,York、Stubbs 和 Tek(1953)设想了一种无限二维液体薄片,其厚度有限,两侧都有空气,且没有黏性效应和非旋转流动。利用伯努利方程计算得到的速度,可以描述压力和某些位移。与液体射流的情况一样,在一定条件下,波的宽度呈指数增加。

增长率对一定的韦伯数具有明确的最大值,特别是韦伯数很高时。在该波长的扰动中,增长率将主导界面,快速分解液片。

6.3 扇形液体薄片

Fraser、Dombrowski 和 Tracle(1963)提出了一种液滴尺寸的表现形式,该液滴尺寸由扇形的低黏度液片破裂而产生。Fraser 的模型假设最快的波(β_{max})以半波长($\lambda_{opt}/2$)宽度的带状物从边界分离,该带状物立即收缩成直径为 D_L 的细丝,随后溶解在等直径的液滴中。

与 Rayleigh 的分析一致,韧带的分解产生直径 D 约为 $1.89D_L$ 的液滴。

液滴的 Sauter 中等直径(SMD),是液滴的直径,其表面积的体积比例与总喷雾量相同。

在实际情况中,液体的黏度有限,并且液片的厚度随着移动而减小,因为其距离喷嘴出口的距离在增加。Dombrowski 和 Johns(1963)在理论上将其工作中 Sauter 中等直径的测量结果与风扇中的喷嘴扇形喷雾联系起来,发现对于低黏度的流动,液体薄片的厚度、喷嘴的距离、液体的动态黏度、液体的压力和液片的速度在经验上相关联。

6.4 锥形液体薄片

由加压旋流喷嘴产生锥形液片破裂的理论尚不完善,但有证据表明该锥体的曲率半径在漂浮中会有不稳定的影响。

York、Stubbs 和 Tek(1953)能够粗略地估计由这种类型的涡流加压喷嘴产生的液滴的大小,从而为实验结果提供了有意义的方法。

Eisenklam(1964)描述了 3 种液片分解方式,分别为环形、波形和穿孔片。

如图 6-1 所示,在环形方式中,由于表面张力和黏性力之间的不平衡(表面张力使液体趋向于联合,而黏性力会使液体分散),根据与自由射流的分解相对应的机制形成了破裂边缘,因此在没有液体片的末端存在不平衡。

产生的液体继续沿原始流动的方向移动,保持在固定表面上,并形成细线(韧带),这些细线也迅速在一排排液滴中破裂。当液体的黏度和表面张力较高时,这种崩解方式非常明显,并产生大液滴,且周围会有许多小液滴。

在波形情况下,这些波在喷嘴附近形成,最大生长的波长导致液片沿着正常流动方向周期性增厚。环在锥形液片外部断裂,环中包含的液体体积可等同于从液片上切出的韧带的体积,在破裂距离上具有与液片相同的厚度,并具有类似于波长的宽度。这些圆柱形韧带随后以液滴状溶解,符合瑞利原理。

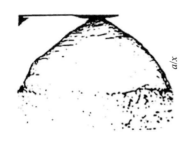 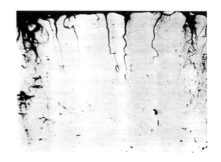

图6-1 空心锥形液体薄片在环和韧带中的崩解

Bayvel 和 Orzechowski(1993)也研究了锥形液体薄片的形成机理、稳定性和崩解过程。图6-2说明在理想条件下主导锥形中空液片崩解的是表面波。轴向波 $\lambda *$ 产生直径为 d_1 的环形韧带,该环形韧带具有驱动形成液滴的周向波 λ_1。

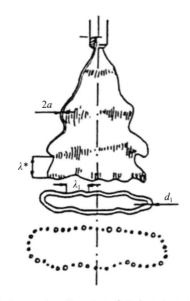

图6-2 空心锥形液体薄片在波中的分解

如图6-3所示,在液片的崩解中,在液片中出现了几个孔,这些孔在最初形成的孔内液体的成形边缘显现出来,尺寸快速增长,直到到达相邻孔的边缘,并且随之聚集,以不规则的方式产生韧带,然后以不同大小的液滴断裂。

在若干喷射条件下,这些崩解方式会在加压涡流喷射器内产生的同一空心锥形液片中发生,视有无受到相邻移动空气的影响来施加低压或高压。

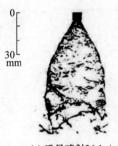  

(a) 质量喷射26.1g/s　　　(b) 质量喷射32.5g/s　　　(c) 质量喷射48.6g/s

图6-3　穿孔板中的空心锥形液体薄片的分解(Bayvel,Orzechowski,1993)

6.4.1　旋流加压喷射器内锥形液体薄片的液滴直径

要得到旋转加压雾化器的锥形薄片中产生液滴的中径,可根据液片厚度和最大生长速率的波长来计算。

York、Stubbs 和 Tek(1953)认为,在理论分析中使用的无限平板模型并不足以代表其经验得到的锥形喷雾。

为了调节锥形液片的膨胀,改变液片长度和破裂时间中韦伯数的效果由流动主方向上曲率半径的相对重要性决定。对于正弦调制,液片破裂是由液片非线性连续扩张和液片的长度造成的。韦伯数变化导致的液片断裂时间也受非线性连接方式的影响,这种连接方式具有线性和非线性膨胀的特性。

对于锥形液片,液片偏差的增加促使小液滴很快脱离细韧带,然后液片溶解,这与瑞利射流破裂机制一致(Bazarov,Yang,Puri,2004)。

Couto、Carvalho 和 Netto(1997)得到了一个表达式,其中,以风扇中平面液体薄片的 Dombrowski 和 Johns(1963)表达式开始,考虑了由旋流加压雾化器产生的空心锥形喷雾的锥形格式、轴向分量和切向速度。

6.4.2　液体薄片厚度

在旋流式加压雾化器中,排液孔末端的液片厚度与空气核的面积直接相关。理论和实践表明,随着喷射压差的增大,产生的液体薄片越薄,雾化质量越好。这通常归因于液体排出速度的增加,或者部分归因于差压的增加,导致了液片厚度的减小。

排液孔终端(喷嘴)直径的增加导致液片变厚,因为它降低了流量系数。液片的厚度随着液体的切向入射孔面积的增加而增加,这是因为液片厚度随着喷嘴内的流动增加而增加。涡旋相机直径的减小导致液片厚度的增加,这可以归因于涡流的最低作用减小了排液孔末端内空气核的直径。孔长度和涡旋照相机长度对液片厚度的影响非常小。

液片厚度随喷嘴尺寸、液体流速和液体黏度的增加而增加,随液体密度和喷射压力的增加而减小。

表面张力是之后液体薄片在韧带和液滴中崩解的重要指标。

液体黏度在雾化过程中非常重要,因为黏性力会以两种方式阻碍雾化:①增加液片的初始厚度;②抵抗液体薄片在液滴中的崩解。

液体密度对液片厚度的影响很小,可能对雾化质量的影响也很小。研究人员通过测量加压旋流式雾化器中的液滴中等尺寸证实了这一点(Lefebvre,1989)。

6.5 实　　验

用黄铜制造双同心涡流喷射器,以用于乳化油和煤油的冷态试验,以及熔融石蜡的热态试验。

除带有切割工具和钻头的机械车床之外,还需使用带有数字标记的铣刀、分度盘和钻孔,以获得涡流的切向孔。

为保证涡流室的紧密配合,喷射器使用衍生自石油的丁腈橡胶 O 形圈,理想工作温度范围为 -50.0 ~ +120.0℃,这种 O 形圈能够保证整体使用效果。

图 6-4 所示为内部和外部喷射器,图 6-5 所示为将集成喷射器与喷射器头结合的适配器。

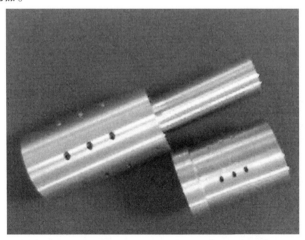

图 6-4　内部(较长)和外部(较短)喷射器

图6-5 将集成喷射器与喷射器头结合的适配器

成形锥的角度可以通过若干因素改变,如涡流室的形式和注射压力等。

实验台(图6-6)用于自动车床乳化油、工业煤油和熔融石蜡等试验。

图6-7和图6-8显示了外部和内部喷射器(不同时操作),能够在压力低于1atm的煤油中形成空心锥形液体薄片。

图6-9显示了外部和内部喷射器同时工作时,形成压力低于1atm的空心锥形煤油液体薄片。

图6-6 实验台

图 6-7 外部喷射器形成的空心锥形液体薄片

图 6-8 内部喷射器形成的空心锥形液体薄片

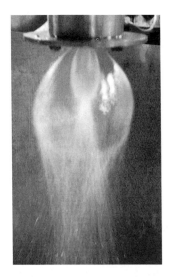

图 6-9 内部和外部喷射器同时形成空心锥形液体薄片

图 6-10 显示了同时工作的外部和内部喷射器,表明流动之间的相互作用,形成压力低于 1atm 的空心锥形煤油液体薄片。

可以观察到,在十分靠近喷嘴的出口处,液片仍然是分开的,并且随后很快就会结合在一起。

图 6-10　外部和内部喷射器同时工作时液体薄片的相互作用

由外部喷射器在 5atm 注入熔融的石蜡形成的锥体的角度,如图 6-11 所示。

图 6-12 显示了由内部喷射器在 5atm 下注入熔融的石蜡形成的锥体的角度。

 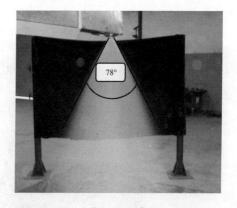

图 6-11　外部喷射器在 5atm 下注入　　　图 6-12　内部注射器在 5atm 下注入
　　熔融的石蜡形成的锥体的角度　　　　　　熔融的石蜡形成的锥体的角度

6.6　结　　论

喷射器和喷射器头的制造过程非常有效且令人满意,能够生产所有必要的零件,且精整性良好,研究人员得以有可能完成那些对可靠性要求很高的试验。

根据文献中发现的中空锥形液片的形成理论和崩解,在若干情况下,改变注入的液体和工作压力时,会在外部和内部喷射器中形成锥形液片。

对注入的熔融石蜡的初步观察(利用投影仪观察)表明,除了产生预期之中的球形液滴,这些液滴还将呈现不同的直径。

使用金属丝网排布使得通过计算来确定液滴的 Sauter 中径(SMD)成为可能。

即使在低压和低流量下,内部和外部喷射器中也会形成液体薄片。

增加喷射压力对靠近喷嘴出口的喷雾角度没有大的影响,但是会引起喷雾曲率和液体薄片长度的显著变化。它们会随着压力的增加而减小,直到液片可能溶解在产生的液滴中,而无法被清晰观察到为止。因此,在较高喷射压力下,会形成细小的液体雾。

在喷嘴和液滴形成带之间区域内的液体薄片上没有观察到穿孔,证明 Eisenklam(1964)提出的穿孔薄片方案不存在。

在有液滴形成的区域,尚不清楚是否存在穿孔或环,但韧带似乎存在。

可以观察到液体薄片中的起伏,这些起伏体现了同一液体薄片的解离结构的变化,并最终促进了破裂,导致液滴的形成。

在已经观察到液滴的区域,液滴以特定形式排列,即垂直排列或倾斜排列,能体现韧带断裂的过程。

本章完成的计算表明,喷射器尺寸和所形成锥体的主要角度与文献和工程方法相符。

参 考 文 献

Bayvel, L., & Orzechowski, Z. (1993). *Liquid Atomization*. Philadelphia: Taylor & Francis.

Bazarov, V., Yang, V., & Puri, P. (2004). Design and Dynamics of Jet and Swirl Injectors. In V. Yang, M. Habiballah, J. Hulka, & M. Popp(Eds.), *Liquid Rocket Thrust Chambers: Aspects of modeling, analysis and design* (pp. 19 – 103). Massachusetts: Progress in Astronautics and Aeronautics.

Couto, H. S., Carvalho, J. A., & Netto, D. B. (1997). Theoretical formulation for sauter mean diameter of pressure – swirl atomizers. *Journal of Propulsion and Power*, 13(5), 691 – 696. doi: 10.2514/2.5221.

Dombrowski, N., & Johns, W. R. (1963). The aerodynamic instability and disintegration of viscous liquid sheets. *Chemical Engineering Science*, 18(3), 203 – 214. doi: 10.1016/0009 – 2509(63)85005 – 8.

Dumouchel, C., Ledoux, M., Bloor, M. I., Dombrowski, N., & Ingham, D. B. (1990). The Design of Pressure Swirl Atomizers. In *Proceedings of the Twenty – Third Symposium on Combustion* (pp. 1461 – 1467). The Combustion Institute.

Eisenklam, P. (1964). On ligament formation from spinning discs and cups. *Chemical Engineering Science*, 19(9), 693 – 694. doi: 10.1016/0009 – 2509(64)85056 – 9.

Fraser, R. P., Dombrowski, N., & Routley, J. H. (1963). The atomization of a liquid sheet by an impinging air stream. *Chemical Engineering Science*, 18(6), 339 – 353. doi: 10.1016/0009 – 2509(63)80027 – 5.

Fraser, R. P., Dombrowski, N., & Routley, J. H. (1963). The filming of liquids by spinning cups. *Chemical Engineering Science*, 18(6), 323–337. doi:10.1016/0009-2509(63)80026-3.

Lefebvre, A. H. (1989). *Atomization and Sprays*. West Lafayette: Purdue University.

York, J. L., Stubbs, H. E., & Tek, M. R. (1953). The mechanism of disintegration of liquid sheets. Trans. ASME, 1953, 1279–1286.

第7章 基于复杂3D几何形状推进剂药柱的固体火箭发动机内弹道模拟

Guilherme Lourenco Mejia

(巴西航空技术学院,巴西)

摘要:固体火箭发动机(SRM)广泛应用于卫星发射器、导弹和气体发生器中。其设计需要考虑推进参数如尺寸、制造、热和结构等因素的制约。固体推进剂的几何形状和燃速的计算是推算压力、推力与时间曲线的基础,SRM燃烧过程中推进剂装药几何形状的变化对于结构的完整性和分析也十分重要,应该用计算工具追踪SRM三维界面和形状的变化。从这一意义上来说,本项工作的目标是开发一种计算工具(RSIM),对固体推进剂燃烧过程中的表面燃烧进行模拟。本章中,SRM内部弹道的模拟基于3D传播,采用水平集方法,将几何和热力学数据作为计算输入,在测试中模拟几何结构和腔室压力与时间的关系,并将结果进行展示。

7.1 引　言

基于化学能的火箭(含固体或液体推进剂)是目前进入太空的唯一途径,该领域的研究与发展对航空航天工程具有非常重要的意义。

固体火箭推进剂的燃烧机制相当复杂,并且依赖于许多局部流体、化学和热现象。由于计算能力有限,且对燃烧过程的了解不够深入,许多固体火箭推进剂的燃烧速率模型十分简化。在典型的SRM发动机废气中,有相当数量的氧化铝颗粒。铝粉被用作发动机推进剂中的添加剂,来提高性能并降低燃烧不稳定性。在燃烧过程中,大部分铝会转化为氧化铝。燃烧中不断产生大量微米级的粉尘颗粒,并在燃烧结束前形成尺寸更大的碎渣,从喷管中流出。

目前,几个准稳态公式可用于预测高能固体材料的燃速。其中之一被称为Vieille或Saint Robert法则,是一个经验模型,能反应燃烧速率与压力的相关性,下面将对其做进一步说明。

固体推进剂的几何结构和其燃烧模型是计算压力-时间曲线和推力-时间

曲线的关键。另外,火箭燃烧期间必须保证推进剂结构的完整性。在结构分析中,需要将推进剂的几何形状作为数据输入,还应考虑燃烧表面的消退,即推进剂装药几何形状在火箭燃烧期间的改变。因此,开发一个能追踪立体界面和形状变化的计算工具很有必要。本研究开发的 SRM 燃烧模拟工具(名为 RSIM)具有处理复杂几何装药的多功能性,设计流程图如图 7-1 所示。

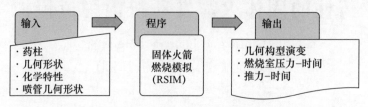

图 7-1 项目设计流程图

7.2 巴西固体火箭发动机的历史

自 1965 年发射探空火箭 Sonda Ⅰ以来,巴西航空航天项目中使用固体火箭发动机(SRM)的历史已经很长。在这种背景下,一些公司和研究机构对采用现代计算模拟方法来降低项目成本产生了兴趣。

VLS 飞行轨道(IAE,2012)如图 7-2 所示。

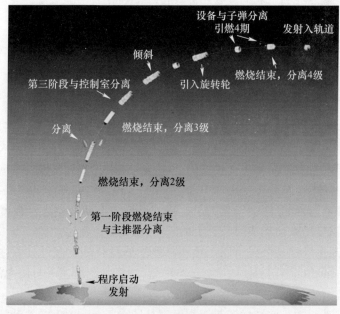

图 7-2 VLS 飞行轨道(IAE,2012)

巴西探测火箭(AEB,2017)如图7-3所示。

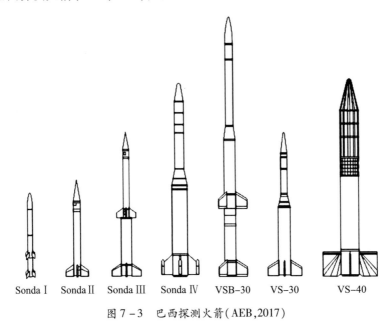

图7-3 巴西探测火箭(AEB,2017)

7.3 技术应用

固体火箭推进剂可用于复杂系统,如卫星发射器发动机、导弹发动机、燃气发生器。

其设计需要考虑以下几点:推进参数(如推力与时间)、尺寸、制造工艺、热效应和结构限制。如果在实验中采用实际规模的火箭模型,成本将非常昂贵,因此采用计算模拟来降低项目总成本。

结构分析(如FEA)中使用推进剂几何参数作为输入,并应考虑燃烧表面消退,即推进剂装药几何形状在火箭燃烧期间的改变。因此,开发一个能追踪立体界面和形状变化的计算工具很有必要。本项目开发的RSIM工具具有处理复杂几何装药的多功能性,随着时间的增长,计算能力呈指数增长,趋势符合摩尔定律,如图7-4所示。

技术进步促进了软硬件快速发展和计算机的智能化。

在20世纪70年代早期,UNIX操作系统采用C编程语言作为执行语言,C语言源自无类型结构语言BCPL,后演变为类型结构语言,最早在小型机器上创建,用于改善编程环境,但今天已成为主流语言之一。

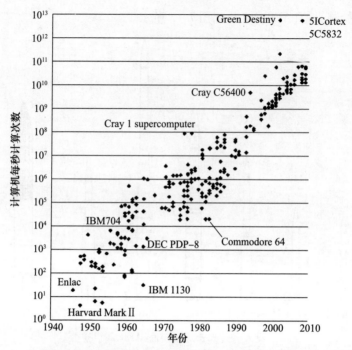

图7-4 计算机计算能力随着时间的发展(Koomey,Berard,Sanches,Wong,2011)

C++设计结合了C语言的高效率和灵活性,用于程序编写和系统组织,在半年时间内应用于项目并取得成功。尽管多年来确有适量创新,但其效率和灵活性始终保持不变。经过改进,C++的功能已变得更加明确。

7.4 理论研究

7.4.1 热力学考量

固体推进剂由几种化学成分组成,如氧化剂、燃料、胶黏剂、增塑剂、固化剂、稳定剂和交联剂,具体化学组成取决于具体任务所需的燃烧特性。固体推进剂通常根据其用途进行定制和分类,如用于太空发射、导弹和枪支,不同化学成分和比例可表现出不同的物理化学性质、燃烧特性和性能。

对固体推进剂自持燃烧现象的描述包括分解、气化、气相反应和纯气相。燃烧发生在纯气相并产生火焰。图7-5描述了RDX单元推进剂自持燃烧的燃烧波结构示意图。

为更好地举例说明固体推进剂中使用的典型成分,表7-1列举了一些成分及其常用配方。

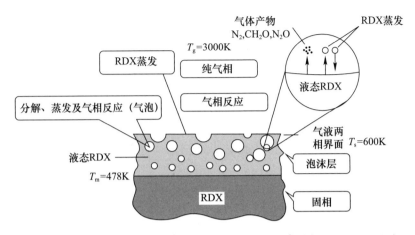

图 7-5　RDX 单元推进剂自持燃烧和燃烧波结构示意图(Liau,Yang,1995)

表 7-1　典型固体推进剂化学组分(Chaturvedi,Dave,2015)

组分	举例
氧化剂	AP、AN、KN
金属燃料	铝粉
胶黏剂	HTPB、CTPB、NC
改性剂或催化剂	氧化铁、氟化锂
增塑剂	DOA、NG、GAP、DEP
固化剂	HMDI、TDI 和 IPDI
添加剂	乳浊剂、键合剂、脱敏剂

如图 7-6 所示,固体推进剂的几何形状和其燃烧模型对于计算压力-时间曲线和推力与时间曲线极为重要。

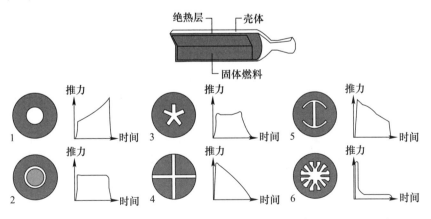

图 7-6　不同固体火箭发动机(SRM)截面和推力曲线(Braeunig,2014)

7.4.2 模型建立

计算机辅助设计(CAD)软件提供了极大的绘图灵活性,其著名的文件格式 STL 十分有吸引力,正成为快速原型工业表面处理的替代品。简而言之,STL 文件格式使用一系列连接的三角形重新创建实体模型的几何表面。基本模型的表面可以用一些三角形构建;三角形越多,文件越大,对象越细致。每个三角形面都由垂直方向和 3 个代表 3 个角的点来描述,STL 文件记录了角点和垂线的 x、y 和 z 坐标。

STL 文件格式可以定义复杂形状(数学意义上具有任何多边形面的多面体),实际中主要采用三角形构建虚拟表面。图 7-7 列出了不同细致程度的网格化球体表面。

图 7-7 基于 STL 的代表性球体表面(All3DP,2016)

7.5 方　　法

7.5.1 水平集方法和离散化

水平集方法是一种用于追踪表面和形状变化的数值处理技术,可以在固定网格上执行涉及曲线和曲面的计算,而无须对这些对象进行参数化。水平集方法包括欧拉方法,可应用于 RSIM 项目中的几何模块(GEOM)处理,在离散化的 3D 空间上处理时间步长迭代过程。

在 2D 空间中界面的变化问题能很好地阐述水平集方法。垂直传播的边界由函数 $\Phi(x,y)$ 的时间演化决定,燃烧过程可定义燃速 v,总体方案如图 7-8 所示。

在离散化中,标量值 Φ 将内部和外部区域分开。当 $\Phi<0$ 时,该点在里面;其中 $\Phi=0$,该点位于边界上;当 $\Phi>0$ 时,该点在外部。

LS 方程描述了特定空间中随时间演变的界面,如图 7-8 所示。

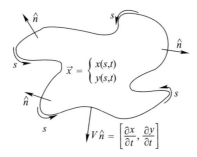

图7-8 传播曲线简图(Cavallini,Favini,Di Giacinto,Serraglia,2009)

$$\frac{\partial \phi}{\partial t} + V |\vec{\nabla} \phi| = 0 \quad (7-1)$$

由于 ϕ 并不总能被表示为函数,因此需要找到数值解决方案,这个水平集方程可以用 Hamilton - Jacobi 方程组来表示。

$$\phi_t + H(\phi_x, \phi_y, \phi_z) = 0 \quad (7-2)$$

大多数推进剂具有圆柱对称性,LS 方程可以表示为

$$\phi_t + \dot{r}_b \sqrt{(\phi_r)^2 + (\phi_\theta/r)^2 + (\phi_z)^2} = 0 \quad (7-3)$$

以下数值方程为空间和时间的近似一阶函数:

$$\phi_{ijk}^{n+1} = \phi_{ijk}^n - \Delta t^n \{ \dot{r}_b |_{ijk}^n [(\max(\max(1/r_j D^{-\theta} \phi_{ijk}^n, 0)^2, \min(1/r_j D^{+\theta} \phi_{ijk}^n, 0)^2) +$$

$$\max(\max(D^{-r} \phi_{ijk}^n, 0)^2, \max(D^{+r} \phi_{ijk}^n, 0)^2) +$$

$$\max(\max(D^{-z} \phi_{ijk}^n, 0)^2, \max(D^{+z} \phi_{ijk}^n, 0)^2)]^{1/2} \} \quad (7-4)$$

$$D^{-\theta} \phi_{ijk}^n = \frac{\Delta_\theta^- \phi_{ijk}^n}{\Delta \theta} = \frac{\phi_{ijk}^n - \phi_{i-1jk}^n}{\Delta \theta}, \quad D^{+\theta} \phi_{ijk}^n = \frac{\Delta_\theta^+ \phi_{ijk}^n}{\Delta \theta} = \frac{\phi_{i+1jk}^n - \phi_{ijk}^n}{\Delta \theta}$$

$$D^{-r} \phi_{ijk}^n = \frac{\Delta_r^- \phi_{ijk}^n}{\Delta r} = \frac{\phi_{ijk}^n - \phi_{ij-1k}^n}{\Delta r}, \quad D^{+r} \phi_{ijk}^n = \frac{\Delta_r^+ \phi_{ijk}^n}{\Delta r} = \frac{\phi_{ij+1k}^n - \phi_{ijk}^n}{\Delta r}$$

$$D^{-z} \phi_{ijk}^n = \frac{\Delta_z^- \phi_{ijk}^n}{\Delta z} = \frac{\phi_{ijk}^n - \phi_{ijk-1}^n}{\Delta z}, \quad D^{+z} \phi_{ijk}^n = \frac{\Delta_z^+ \phi_{ijk}^n}{\Delta z} = \frac{\phi_{ijk+1}^n - \phi_{ijk}^n}{\Delta z} \quad (7-5)$$

7.5.2 固体推进剂燃烧规律

在 RSIM 程序中,燃烧模块(BURN)固体推进剂燃速模型采用的是 Robert 方程:

$$\dot{r}_b = aP_c^n \tag{7-6}$$

对于静止发动机,室压 P_c 由下式计算:

$$P_c = \left(a\frac{S_b}{A_{\text{th}}}\rho_p c^*\right)^{\frac{1}{1-n}} \tag{7-7}$$

将热化学参数(a,n)、推进剂密度(ρ_p)和喷嘴喉部面积(A_{th})作为 RSIM 的输入参数。

7.5.3 推力方程

推力方程基于等熵流动、锥形喷管和喷管效率获得,锥形喷管示意图如图 7-9 所示。以下公式与锥形喷管模型有关,包括效率参数。

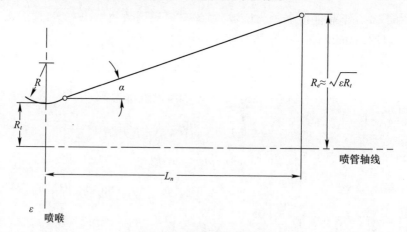

图 7-9 锥形喷管示意图

$$F = C_{F,\text{act}} A_{\text{th}} P_c \tag{7-8}$$

$$C_F^0 = \sqrt{\frac{2\gamma^2}{\gamma-1}\left(\frac{2}{\gamma+1}\right)^{\frac{\gamma+1}{\gamma-1}}\left[1+\left(\frac{P_e}{P_c}\right)^{\frac{\gamma-1}{\gamma}}\right]} + \left(\frac{P_c - P_\infty}{P_c}\right)\varepsilon \tag{7-9}$$

$$\varepsilon = \frac{A_e}{A_{\text{th}}} \tag{7-10}$$

$$\lambda = \frac{1}{2}(1+\cos\alpha) \tag{7-11}$$

$$\eta_F = \frac{C_{F,\text{act}}}{\lambda C_F^0} \tag{7-12}$$

7.5.4 固体推进剂侵蚀燃烧

在小型固体发动机中可以忽略固体推进剂侵蚀燃烧,但在大型发动机中,不建立相应模型,可能对计算精度有影响。

7.5.5 喷管侵蚀

喷管侵蚀主要发生在较大的 SRM 中,其燃烧时间约数分钟,推进剂配方中的铝也会产生侵蚀,在高速排出过程中会侵蚀喷喉。

7.6 软件应用

7.6.1 流程图

图 7-10 中的流程图详细介绍了自输入选择到 RSIM 程序输出文档的全部步骤。

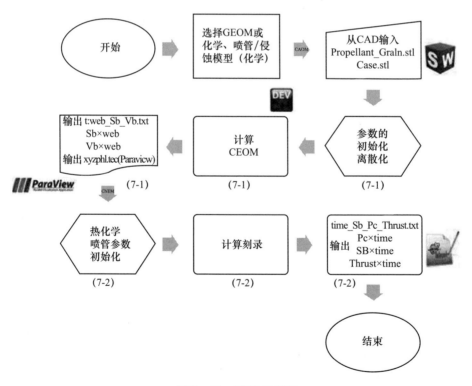

图 7-10 RSIM 流程图

7.6.2 描述

每个主要模块的意义及其任务,如图 7-10 所示。

(1) 选择:可以加载预先计算好的几何配置,然后程序跳转到计算(7-2)模块,也可以进行新的计算。

(2) CAD 输入:导入两个文件,即推进剂装药几何形状(模芯)和推进剂外壳或边界,均要求为 STL 格式。

(3) 初始化(7-1):导入后,生成网格进行适当的离散化。

(4) 计算(7-1)或 GEOM:该模块使用 LS 方法计算几何变化,过程中不考虑热化学性质。

(5) 输出(7-1):该步骤以列表形式得到对应的燃烧表面面积与燃烧传播深度(S_b-web)数据、孔体积与燃烧传播深度(V_b-web)数据。

(6) 初始化(7-2):该模块加载热化学和喷管参数,用于求解内部弹道方程。

(7) 计算(7-2)或 BURN:"输出(7-1)"与"初始化(7-2)"相结合,进行整体火箭燃烧模拟计算。

(8) 输出(7-2):最后一步以表格形式生成重要的火箭性能数据。输出的曲线分别代表腔室压力(P_c)、燃烧表面面积(S_b)和推力(F)与时间(t)的关系。

7.6.3 网格细化程度的影响

平衡模拟精度和计算时间是一项重要的任务。当需要快速获得解决方案并允许中等程度误差时,可使用较为粗糙的网格;当出现错误时可对网格进行细化,但完成整个模拟也需要进行更多的计算和时间。

7.7 案例结果

本研究采用 C++ 代码编写的 RSIM 程序分析了不同 SRM 案例,包括星形装药、翼柱形装药、多孔推进剂装药和 NAWC SRM n.6。

[案例1] 星形推进剂装药

以下分析的第一个案例是星形 SRM,图 7-11 所示为推进剂装药结构图。

推进剂装药具有 9 个星槽,尺寸参数如图 7-12 所示。在网格构建和水平集计算中采用了圆柱和镜像对称性。几何体采用 CAD 创建,并进行了适当的曲线离散化,便于 RSIM 的输入。

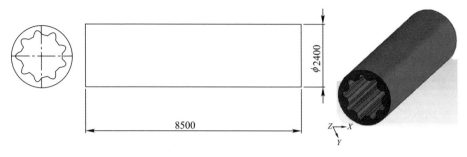

图 7-11 案例 1-推进剂装药结构图(单位为 mm)

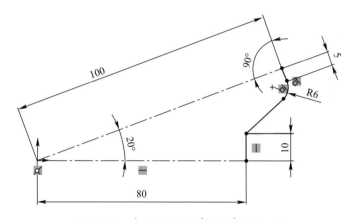

图 7-12 案例 1-星形参数(单位为 cm)

模拟结果显示了几何形状和腔室压力随时间的变化。图 7-13 列出了几何形状的变化,蓝色曲线的时间步长为 2s,而红色箭头代表燃烧方向。几何结构变化的模拟基于外径为 2.4m 的推进剂装药进行。

腔室压力与时间的关系曲线如图 7-14 所示。从图 7-14 中可以看出,35s 以前为渐进燃烧,之后压力急剧下降。将 RSIM 的计算结果与之前专门为星形或翼柱推进剂装药结构设计而采用 Fortran 代码编写的程序计算结果进行了对比,如图 7-14 所示,两条静态燃烧曲线非常接近。

[案例 2]翼柱式推进剂装药

过去的文献曾涉及翼柱式 SRM 模拟,相关案例是在巴西卫星运载火箭 VLS 中使用的 S43 发动机。推进剂装药如图 7-16 所示,为翼柱形,外边界由头部圆顶、圆柱形区域和尾部圆顶组成。

图 7-17 为在 RSIM 进行几何离散后的计算网格,对 3 个圆柱坐标 (θ, r, z) 进行了适当的离散化,权衡考虑了精度和计算时间:坐标步长 $(\Delta\theta, \Delta r, \Delta z)$ 越小,精度越好,但计算时间呈指数增长;较好的解决办法是进行一些微调,一直减小

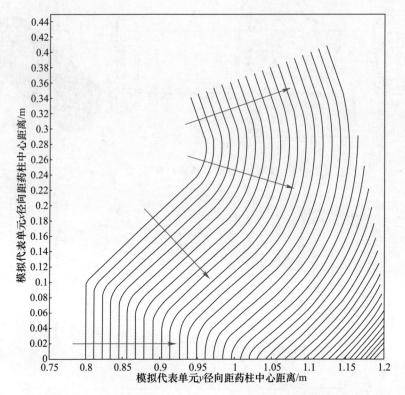

图7-13 案例1-推进剂燃烧扩展部分视图(曲线之间的时间步长为2s,单位为m)

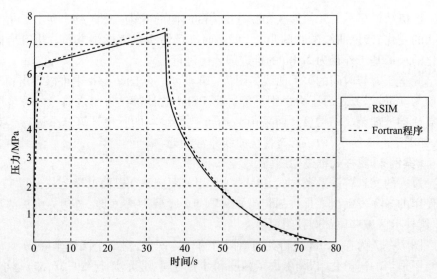

图7-14 案例1-燃烧室压力与时间的关系曲线

步长,直到继续减小也不会显著提高模拟精度为止。本研究中分析的 4 个案例中均体现了这种权衡和考虑。

表 7-2 列举了 RSIM 输入需要的热化学参数、推进剂密度、特征速度和喷喉面积。

表 7-2 案例 2-RSIM 的输入参数

案例 2	a/(m/s)	n	ρ_p/(kg/m^3)	c^*/(m/s)	A_{th}/m^2
RSIM	0.0018	0.275	1713	1550	0.030

燃烧室压力与时间的关系曲线如图 7-15 所示。从图 7-15 中可以看出,主要燃烧过程大约在 60s 内结束,之后压力急剧下降。然后将采用 RSIM 计算的燃烧室压力结果与之前程序的计算结果、数据库及与外形轮廓无圆顶(纯圆柱形状)的装药计算结果进行对比,结果如图 7-15 所示。

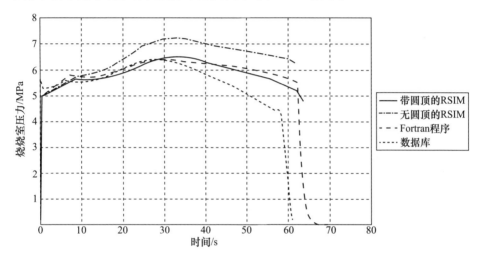

图 7-15 案例 2-燃烧室压力与时间的关系曲线

通过分析燃烧情况,可以获得非常有用的数据,如推进剂的剩余质量和火箭发动机的瞬时质量、燃烧完成后的曲线参数、传热区域和热量、因应力或几何原因形成的装药变形或断裂、每个燃烧步长的喷喉面积等,并可以据此分析侵蚀燃烧的特性。在 RSIM 计算中没有考虑装药的变形,尽管如此,结果与数据库显示出良好的一致性。未来 RSIM 计算工具的开发将考虑装药变形的因素。为处理计算区域的变形,大多数代码使用任意拉格朗日-欧拉(ALE)方法,但在星形或翼柱式装药燃烧消退、网格发生严重变形时会出现问题,最容易出现问题的变形发生在装药表面最初面向空气的凸出区域。在这些区域中,装药表面在有限时间内会形成尖锐的几何畸点。

在30s之前可以看到"带圆顶的RSIM"曲线接近"数据库"曲线,之后前者要高于后者,这主要是由于RSIM没有考虑推进剂和喷管的侵蚀,产生了性能计算误差。在发动机燃烧过程中,壳体和喷管材料的侵蚀是固体火箭推进系统的主要限制因素之一。研究人员基于数值模型对固体火箭发动机中的碳喷管侵蚀行为进行了预估,数值模型中考虑了喷管中 Navier – Stokes 方程的解析、喷管表面的非均相化学反应、多组分传输和热力学性质的变化及喷管材料中的热传导。另外也可以看到,无圆顶的 RSIM 曲线在整个燃烧时间内高于带圆顶的 RSIM 曲线,原因为前者可燃烧推进剂更多。

表7-3显示了RSIM和数据库之间的燃烧室压力对时间的积分对比情况,证实了对腔室压力的模拟值偏高。

表7-3 案例2-RSIM和数据库之间的燃烧室压力对时间的积分对比

RSIM	压强对时间的积分为368.1MPa·s
数据库	压强对时间的积分为334.3MPa·s
相差	10.1%

经过处理的用于 RSIM 计算的 VLS S-43 几何输入如图 7-16 所示。

图7-16 案例2-经过处理的用于RSIM计算的VLS S-43几何输入

在 RSIM 中经过几何离散后的局部放大图如图 7-17 所示。

整体结构的变化过程(透视)如图 7-18 所示。

整体结构的变化过程(侧视)如图 7-19 所示。

[案例3] 多孔推进剂装药

为了介绍一种新的模拟能力,第三个案例采用多孔推进剂装药(图7-20),有36个环形布置孔,在 RSIM 中经过几何离散化后的计算网格如图 7-21 所示。

燃烧表面积(S_b)与燃烧传播深度的相关性如图 7-22 所示。

可以看到,S_b 在 0.024m 之前突然增加,然后急剧减小,在 0.17m 之前又缓慢增加,即 SRM 燃面最初是渐进增加的,然后减少,最后趋于稳定。燃烧室压力与时间的关系曲线也体现了这一点,如图 7-23 所示。

图 7-17 案例 2-在 RSIM 中经过几何离散后的局部放大图

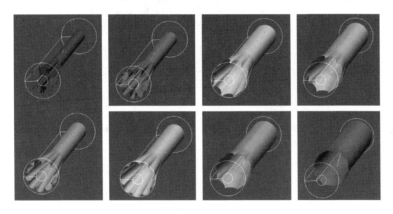

图 7-18 案例 2-整体结构的变化过程(透视)

图 7-19 案例 2-整体结构的变化过程(侧视)

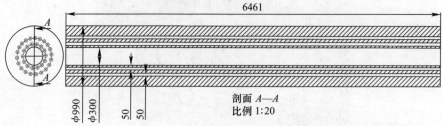

图7-20 案例3-用于RSIM计算的多孔发动机装药几何结构

图7-21 案例3-用于RSIM计算的几何离散后的多孔发动机装药

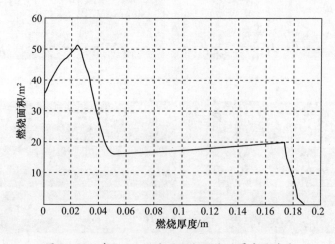

图7-22 案例3-燃烧面积与燃烧层厚度的关系

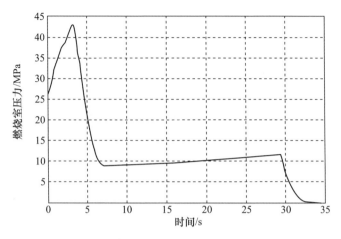

图7-23 案例3-燃烧室压力与时间的关系

装药几何结构的变化过程(透视)如图7-24所示。

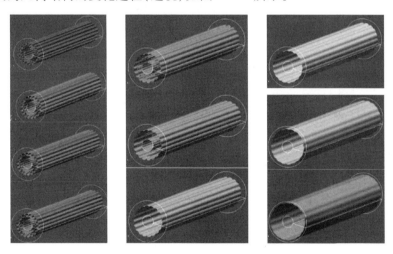

图7-24 案例3-装药几何结构的变化过程(透视)

[案例4] NAWC SRM n.6

NAWC SRM n.6采用C++代码编写的RSIM进行分析,图7-25所示为推进剂装药的几何结构。

在网格构建和水平集计算中利用了圆柱对称和镜像对称,几何体采用CAD工具创建,为便于RSIM输入进行了适当的曲线离散化。

燃烧室压力与时间的仿真关系曲线如图7-26所示。从7-26中可以看到,5s前为渐进燃烧,然后压力急剧下降,压力与时间的积分为27.50MPa·s。

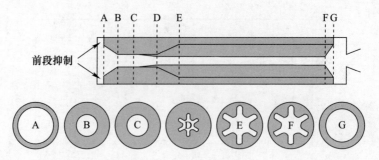

图 7-25 NAWC SRM n.6-推进剂药柱(Cavallini, Favini, Di Giacinto, Serraglia, 2009)

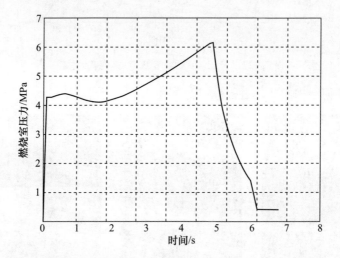

图 7-26 NAWC SRM n.6-燃烧室压力与时间的仿真关系曲线

7.8 结 论

本章基于水平集方法建立三维传播的固体火箭发动机燃烧模拟软件 RSIM，并通过简化的研究案例对此前项目进行验证。当用于计算的几何参数和热力学数据输入相同时，腔室压力随时间变化的结果与实际相同。

此外，本章也对翼柱式和多孔推进剂装药的两种案例进行了分析，结果表明，RSIM 程序能够处理复杂的装药和几何形状，也能够用于固体火箭发动机设计，可以结合热化学模型、瞬态动力学和侵蚀动力学进一步开发。

RSIM 程序可以处理复杂的装药几何结构。基于水平集方法创建的具有 3D 传播模拟功能的 RSIM 验证了一些简单案例，在几何和热力学数据输入相同时，得到了等效的燃烧室压力与时间的关系曲线。

RSIM 仍具有进一步开发的潜力，如可以增加瞬态动力学和侵蚀动力学模型、热化学模型、GUI(图形用户界面)等。

参 考 文 献

AEB. (2017, April 03). *Veiculos Lancadores*, *Brasilia*. Retrieved from http：//www. aeb. gov. br/programaespacial/veiculos – lancadores/.

All3DP. (2016, November 30). *STL File Format for 3D Printing – Explained in Simple Terms*. Retrieved from ttps://all3dp. com/what – is – stl – file – format – extension – 3d – printing/.

Attili, A. (2008). *Numerical simulation of internal ballistic of solid rocket motors* [PhD thesis]. Universita degli Studi di Roma, Rome.

Beckstead, M. W. (2000). Overview of combustion mechanisms and flames structures for advanced solid propellant. In V. Yang, T. B. Brill, & W. Z. Ren (Eds.), *Solid Propellant Chemistry, Combustion, and Motor Interior Ballistics*(pp. 267 – 285). New York, USA：Progress in Astronautics and Aeronautics, AIAA. doi：10. 2514/6. 2000 – 3325.

Beckstead, M. W. , Puduppakkam, K. , Thakre, P. , & Yang, V. (2007). Modeling of combustion and ignition of solid – propellant ingredients. *Progress in Energy and Combustion Science*, 33(6), 497 – 551. doi：10. 1016/j. pecs. 2007. 02. 003.

Bianchi, D. , Nasuti, F. , Onofri, M. , & Martelli, E. (2009). Thermochemical erosion analysis of Carbon – Carbon nozzles in solid – propellant rocket motors. In *Proceedings of the 45th AIAA/ASME/SAE/ASEE Joint Propulsion Conference & Exhibit*, Denver, Colorado, USA. AIAA.

Braeunig, R. A. (2014, June 14). *Rocket and Space Technology*, 2012. Retrieved from http：//braeunig. us/space/index. htm.

Cavallini, E. , Favini, B. , Di Giacinto, M. , & Serraglia, F. (2009). SRM internal ballistic numerical simulation by SPINBALL model. In *Proceedings of the 45th AIAA/ASME/SAE/ASEE Joint Propulsion Conference & Exhibit*, Denver, Colorado, USA. AIAA. doi：10. 2514/6. 2009 – 5512.

Chankapoe, S. , Winya, N. , & Pittayaprasertkul, N. (2013). Performance Investigation of Solid – Rocket Motor with Nozzle Throat Erosion. *International Journal of Mechanical, Aerospace, Industrial and Mechatronics Engineering*, 7(9).

Chaturvedi, S. , & Dave, P. N. (2015). Solid propellants：AP/HTPB composite propellants. *Arabian Journal of Chemistry*.

Chorin, A. (1985). Curvature and Solidification. *Journal of Computational Physics*, 57(3), 472 – 490. doi：10. 1016/0021 – 9991(85)90191 – 3.

Dauch, F. , & Ribereau, D. (2002). A software for SRM grain design and internal ballistics evaluation, PIBAL. In *Proceedings of the 38th AIAA/ASME/SAE/ASEE Joint Propulsion Conference & Exhibit*, Indianapolis, Indiana, USA. AIAA. doi：10. 2514/6. 2002 – 4299.

Gueyffier, D. , Roux, F. X. , Fabignon, Y. , & Chaineray, G. (2014). High – order computation of burning propellant surface and simulation of fluid flow in solid rocket chamber. In *Proceedings of the 50th AIAA/ASME/SAE/ASEE Joint Propulsion Conference & Exhibit*, Cleveland, USA. AIAA. doi：10. 2514/6. 2014 – 3612.

Hertfield, R., Jenkins, P., Burkhalter, J., & Foster, W. (2004). Analytical methods for predicting grain regression in tactical solid-rocket motors. *Journal of Spacecraft and Rockets*, 41(4), 689-693. doi: 10.2514/1.3177.

Koomey, J., Berard, S., Sanches, M., & Wong, H. (2011). Implications of Historical Trends in the Electrical Efficiency of Computing. *IEEE Annals of the History of Computing*, 33(3), 46-54. doi: 10.1109/MAHC.2010.28.

Liau, Y. C., & Yang, V. (1995). Analysis of RDX monopropellant combustion with two-phase subsurface reactions. *Journal of Propulsion and Power*, 11(4), 729-739. doi: 10.2514/3.23898.

Marmureanu, M. I. (2014). Solid rocket motor internal ballistics simulation using different burning rate models. *U. P. B. Sci. Bull.*, 76, 49-56.

Milos, F., & Rasky, D. (1994). Review of Numerical Procedures for Computational Surface Thermochemistry. *J. Thermophys. Heat Transfer*, 8, 24-34.

NASA. (1971). *Solid rocket motor performances analysis and prediction* (NASA SP-8039). Cleveland, Ohio, USA: NASA.

Osher, S., & Sethian, J. A. (1988). Fronts propagating with curvature-dependent speed: Algorithms based on Hamilton-Jacobi formulations. *Journal of Computational Physics*, 79(1), 12-49. doi: 10.1016/0021-9991(88)90002-2.

Qin, F., Guoqing, H., Peijin, L., & Jiang, L. (2006). Algorithm study on burning surface calculation of solid rocket motor with complicated grain based on level set methods. In *Proceedings of the 42th IAA/ASME/SAE/SEE Joint Propulsion Conference & Exhibit*, Sacramento, CA. doi: 10.2514/6.2006-4774.

Ritchie, D. (1993). The Development of the C Language. In *Proceedings of the Second History of Programming Languages conference*. Cambridge, Mass.

Rypl, D., & Bittnar, Z. (2006). Generation of computational surface meshes of STL models. *Journal of Computational and Applied Mathematics*, 192(1), 148-151. doi: 10.1016/j.cam.2005.04.054.

Sethian, J. A. (1985). Curvature and the Evolution of Fronts. *Communications in Mathematical Physics*, 101(4), 487-499. doi: 10.1007/BF01210742.

Sethian, J. A. (1994). Level Set Techniques for Tracking Interfaces, Fast Algorithms, Multiple Regions, Grid Generation, and Shape/Character Recognition. In *Proceedings of the International Conference on Curvature Flows and Related Topics*, Trento, Italy (pp. 215-231).

Stroustrup, B. (1994). *A History of C++: 1979-1991*. New Jersey: AT&T Bell Laboratories.

Wiedemanna, C., Homeistera, M., Oswalda, M., Stabrotha, S., Klinkradb, H., & Vörsmanna, P. (2009). Additional historical solid rocket motor burns. *Acta Astronautica*, 64(11-12), 1276-1285. doi: 10.1016/j.actaastro.2009.01.011.

Willcox, M., Brewster, M., Tang, K., Steward, D., & Kuznetsov, I. (2007). Solid rocket motor internal ballistic simulation using three-dimensional grain burnback. *Journal of Propulsion and Power*, 23(3), 575-584. doi: 10.2514/1.22971.

Yildirim, C., & Aksel, M. (2005). Numerical simulation of the grain burnback in solid propellant rocket motor. In *Proceedings of the 41th AIAA/ASME/SAE/SEE Joint Propulsion Conference & Exhibit*, Tucson, Arizona, USA. AIAA. doi: 10.2514/6.2005-4160.

第 8 章　绿色推进剂

Gilson da Silva

（巴西国家工业产权局，巴西）

摘要：许多应用行业正在寻找环保或绿色的组分，如肥料、建筑材料和产能等行业。对化合物进行完全的毒性研究之后，就可以对其进行绿色分类。目前，对环境低毒性及零损害的研究已经刺激了许多领域内详细研究分支的发展。不可避免地，推进剂组分的安全性、感度及重要的比冲标准的重要性仍然高于环保要求。然而，如今用于航天和军事用途的固体或液体推进剂中，已有一部分开始考虑效率和环保性能。因此，本章将对含能材料领域进行综述，并介绍最有可能用于绿色推进体系的氧化剂和燃料。

8.1　引　言

许多应用领域都需要环保或绿色的产品，如农用化学品、家用电器（节能或不使用有毒气体）、汽车发动机等，这一市场方向十分有潜力。在一些领域，只有对化合物和组分进行毒性研究，确认其对人类或环境的风险较低时，才能归为"绿色"一类。

绿色含能材料（GEM）指具有绿色性能的含能材料，因此应具有高氧平衡、不含卤素和金属的特性。

在常见使用液氧（LOX）和液氢（LH）混合物的液体推进剂体系中，反应的主要产物是水，因此非常环保。但是这些反应物较为危险，且为不稳定物质，在储存和控制上面临更高的复杂性和风险。

还有一种用于特殊用途（发射或定位）的化学推进剂（单基推进剂或双基推进剂），有固态、液态和气态3种。

目前，尽管肼具有高毒性、易挥发性及致癌性，且需要极端的处理和预防措施，增加了操作复杂性，但它是唯一广泛用于热气产生的液体单基推进剂（Gronland等，2006）。

LOX/LH推进剂体系是双基推进体系的典型案例之一，其氧化剂和液体燃料在燃烧舱的第一区域注入、雾化和混合（Silva,Rufino,Iha,2013）。另一个使用肼的例子为自燃双基推进剂,该体系中肼液滴和在液体中的氮四氧化物自发进行反应（Hawkins,Schneider,Drake,Vaghjiani,Chambreau,2011）。

在具有黏结剂 HTPB 或 GAP、Al 粉（燃料）和高氯酸铵（AP,氧化剂）的固体火箭推进火箭体系（均相推进剂）中,毒性不仅存在于氢氯化、Al 氧化及氯化过程（会燃烧周围植被,从而影响火箭发射场地周围环境）,而且存在于异氰酸酯基材料中（Sciamareli,2010）。这里,异氰酸酯用于固化黏结剂,以获得热固性混合燃料网络。这种毒性是致癌的,并且具有抑制再生作用,存在于高氯酸盐离子,可能致畸并影响甲状腺功能（Ilyushin,Tselinsky,Shugalei,2012）。

尽管液体双基推进剂（如 LOX/LH）比液体单基推进剂具有更高的比冲,但是由于需要额外硬件（如阀门、真空管、水箱和接头等）来保证恰当剂量的燃料与氧化剂混合,因此双基推进剂体系变得更加复杂。

不同于液体推进剂在点火瞬间从额外水箱将液体推进剂注入燃烧舱,固体推进剂直接放置于燃烧舱内。根据巴西国防部 2010 年的接口标准,固体推进剂体系一般需要爆破装药来引发燃烧,但是这些装药易被电磁辐射或累积电荷点燃,增加了固体火箭发动机发生事故的风险。

对于部分推进剂体系如固体火箭发动机,用于点燃和摧毁传输线的安全系统可使用一定量的,以及对温度、撞击、摩擦和火焰较为敏感的炸药,如叠氮化铅、斯蒂芬酸铅和雷酸汞（起爆药）。但是,汞及其化合物对生物系统是有害的,会与蛋白质反应而抑制酶的产生,且对神经系统存在危害；铅会引起造血问题（闭经）,损害中枢神经系统,并且替代钙盐沉积在骨骼中,扰乱新陈代谢过程（Ilyushin,Tselinsky,Shugalei,2012）。

为了减轻以上危害,Ilyushin、Tselinsky 和 Shugalei（2012）建议用环保含能材料替代这些金属起爆药。替代物必须符合以下基本的"绿色"标准：对湿度和光不敏感；对起爆敏感,但不过于敏感而无法处理和运输；至少在 200℃ 时保持热稳定；长期保持化学稳定；不含铅、汞等其他有毒金属,并且不含可能致畸且影响甲状腺功能的高氯酸盐。

总而言之,任何满足上述标准的起爆药均可以作为替代物,包括有机化合物、无机盐、配位化合物和亚稳态填隙复合材料等。

科学家对纳米铝和纳米金属氧化物（纳米尺度铝热剂）进行了研究,因为它们在同类炸药中体现出较好的燃烧速率。但是,铝纳米颗粒在空气中的氧化及制备风险导致它们被排除在外。

并四苯不具备所需的稳定性,但是在酸性水介质中,并四苯和亚硝酸钠的一个反应产物,5 - 四唑并偶氮 - 1′ - 四唑 - 5′ - 胺,表现了显著的敏感性及热稳定性,可以作为绿色起爆药使用。

其他相关化合物(Ilyushin,Tselinsky,Shugalei,2012)都存在不同的问题:2 - 重氮 - 4,6 - 二硝基 - 1 - 酚盐暴露在光下时不稳定,并会引起不当的免疫系统反应,从而进一步引起过敏综合征;三聚氰三嗪(1,3,5 - 叠氮并 - 2,4,6 - 三嗪)是一种挥发性的有机化合物,在30℃以上升华。

在无机盐中,4,6 - 二硝基 - 7 - H - 7 - 羟基苯并氧化呋喃酸钾盐的热稳定性较低,但是另一个与其极其相似的盐——4,6 - 二硝基 - 7 - H - 7 - 羟基苯并氧化呋喃,具有较好的热稳定性,且操作安全系数高,在美国已被用于武器中。

AP/Al 固体火箭发动机在军事应用中的另一项工艺问题是产烟,因为可以观察到其在高空气湿度下的燃烧产物(Langlet,Ostmark,Wingborg,1999)。

越来越多的 GEM 正被用于防卫和空间应用,其重要性也在不断增加。值得强调的是,ADN 和 HNF 正在渐渐替代 AP。

8.2 绿色化合物

8.2.1 ADN

根据 Nagamachi、Oliveira、Kawamoto 和 Dutra(2009)研究指出,自从在苏联研制出 ADN 后,现已有很多种制备 ADN 的方式,但是唯一可大规模量产的有效方法是使用氨基磺酸盐制备。

Langlet 等(1999)提出了制备(二硝酸及其盐类)的方法,根据他们的论文,其酸和盐,分子式为 $M^{+n}(N(NO_2)_2)_n$,其中 M 为金属阳离子或含氮正离子,n 为 1 ~ 3,通过选自一组由 NH_2NO_2、$NH_4NH_2CO_2$、NH_2SO_3H、$NH(SO_3H)_2$、$N(SO_3H)_3$,以及其含有金属阳离子或有机正离子的盐如 $NH(SO_3NH_4)_2$ 中的一种化合物硝化制备。在硝化酸条件下(如硝酸/硫酸或硝酸/乙酸酐),当氨与三氧化硫反应时会形成其他产物。他们甚至提到了一种制备二硝酸盐的方法,需要一个中和的二硝酸和一个中和的试剂(氨)。将水溶液通过含吸收试剂的圆柱来实现从混合物中分离出盐,吸收剂可以是活性炭、硅胶或沸石,用来吸附盐。

另一种方法是在 -20 ~ -120℃ 之间,通过氨与含氮化合物(如铵盐或含硝基的共价化合物)的反应制得 ADN。建议在进入反应舱或在反应舱中形成之前,将含氮化合物形成、溶解、分散或混入之前的液体中(Schmitt,Bottaro,Penwell,Bomberger,1994)。

在一种可取的方式中,第一步是在非反应性的惰性质子液体或溶剂中使含氮化合物的溶液分散或混合,以促进溶解在惰性质子溶剂中的氨反应物和固体含氮化合物间作用,惰性质子溶液不参与反应,包括二氯甲烷(CH_2Cl_2)、氯仿($CHCl_3$)、四氯化碳(CCl_4)、甲醚((CH_3)$_2$O),任何氟利昂气体(包括碳氟化合物和含氯氟烃)、乙腈、乙酸乙酯、乙烯、四氢呋喃、环丁砜或以上溶剂混合物(Schmitt, Bottaro, Penwell, Bomberger, 1994)。

在应该为无水条件处理的最后,制备的盐可能会析出或通过溶剂萃取而从产物中分离出来,使用的溶剂包括:丙酮、异丙醇、叔丁醇、乙酸乙酯、四氢呋喃及$CH_3(CH_2)_n OH$(n 为 0~7),或者上述溶剂的混合物。二硝酸铵盐可以在含氯代烃溶剂(如 CH_2Cl_2、$CHCl_3$、CCl_4)及乙酸乙酯和正丁醇的混合物中通过氨溶液萃取(Schmitt, Bottaro, Penwell, Bomberger, 1994)。

Oliveira(2014)调整了 Langletet 等(1999)和 Vorde 与 Skifs(2005)指导的方法,研究了制备 ADN 的不同方法。根据 Oliveira 的研究(2014),最有应用前景的方法是在硝酸/硫酸混合物中将氨基磺酸氨硝化。硝酸铵中反应产物很多,为了分离出 ADN,需要丙酮净化,再过滤得到 ADN。Oliveira 的研究还表明了分析路线中温度和时间的影响,以及提高反应产物分离过程的方法。

8.2.2 ADN 基推进剂

Anflo 和 Wingborg(2002)报道了一种基于 ADN 的单基推进剂,他们认为该推进剂适合火箭推进、车辆推进或产气,更具体地说,这种推进剂可用于空间飞行器。他们研究的推进剂包括 ADN 溶液、燃料和稳定剂。

根据 Anflo 和 Wingborg 报道,在该单基推进剂中,为防止溶解的 ADN 的离子交换,要使用燃烧稳定剂。他们特别强调乌洛托品和尿素是适合的稳定剂,而甲醇是最适合该推进剂的燃料。

Anflo 和 Wingborg(2002)研究的推进剂包括混合溶剂中(水和燃料)燃料质量分数为 15%~55% 的情况,其中添加的稳定剂的质量分数为其他组分总质量的 0.1%~5%。

当甲醇为燃料时,组分包括了质量分数 64.3% 的 ADN、24.3% 的水及 11.4% 的甲醇,稳定剂含量同上。

与其他没有稳定剂的推进剂进行的燃烧测试相比,Anflo 和 Wingborg 进行的燃烧测试中燃烧舱压力极其稳定,整个体系的燃烧效率上升。

另一项研究中,Thormählen 和 Anflo(2012)指出了 Anflo 和 Wingborg(2002)建议使用的推进剂组分的不足。他们发现,对于溶解的 ADN,这种组分趋向于饱和,当单组元推进剂的温度降低到约 −7℃ 时,ADN 在液体溶剂混合物中形成固体晶体。然而,推进剂用于轨道操作、卫星数量控制、其他太空交通工具等用途时,火箭发动机或推进器中,液体应当在 −7℃ 下保持均相溶液,甚至在 −30℃

也是如此。因此,他们对该推进剂进行了改进,使其包含质量分数为 55% ~ 62% 的 ADN、10% ~ 18% 的甲醇、4% ~ 10% 的氨及平衡水(用于使溶液在温度 -25℃ 以下,甚至更低时保持均相)。在实际应用中,制备单基推进剂时使用含氨为 25% 的水溶液。

Thormählen 和 Anflo(2012)研究指出,由 62% 的 ADN、13.1% 的甲醇、6.2% 的氨及 18.7% 的水组成的单基推进剂混合物已呈现出无晶体化,至少在温度低于 -30℃ 时可以储存。

Anflo 和 Bergman(2014)在最近发表的文章中介绍了一种双模式、使用耐储藏低危液体推进剂的化学火箭发动机,该推进剂由富燃料单基推进剂和过氧化氢组成,两者分别用于包含一级和二级反应舱的火箭发动机。化学火箭发动机具有一个用于过氧化氢的一级反应舱,然后再与二级反应舱相连,二级反应舱用于注入富燃料单基推进剂。

在单基模式操作中,发动机使用过氧化氢,其在一级反应舱中催化分解并且不需要对一级反应舱进行预加热。

在双基推进剂模式中,在一级反应舱中,过氧化氢的催化燃烧可以用作提供氧化剂,以及加热引发注入二级反应舱的液体 ADN 或 HAN 基双基推进剂的热分解。选择的富燃料推进剂正是 Thormählen 和 Anflo(2012)建议使用的。图 8-1 所示为他们提出的发动机模型。

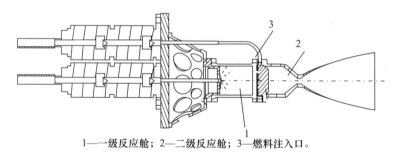

1—一级反应舱;2—二级反应舱;3—燃料注入口。

图 8-1 双模式推进系统的火箭发动机

过氧化氢的分解发生在一级反应舱 1,其包含了用于分解的催化床。该第一反应舱与二级反应舱 2 连接,这意味着燃料注入口 3 用于注入富燃料单基推进剂。富燃料由发动机的二级反应舱外部注入。

当催化剂暴露在分解和燃烧组分中,在高温下时,一级反应舱中催化剂的寿命限制了推进剂的寿命。而二级反应舱的温度显著增加,一级反应舱中的温度不受影响。仅仅通过注入过氧化氢,在单基推进剂模式下操作,也可使用该火箭发动机(提供较小的推力和少量脉冲)。

8.2.3 HAN

HAN 是一种用在液体发射药、混合火箭发动机、液体推进剂和作为药类化合物中的含能氧化盐。HAN 的制备存在一些问题,如收益低、存在杂质、难以准确控制目标盐浓度等。某些 HAV 的加工生产方法会生成对环境有不良影响的水银。

Fuchs、Ritz、Thomas 和 Weiss(1988)发明了一种方法,通过在铂上面结合一氧化氮气体和氢气制备 HAN。在另一种催化方法中,Fuchs 等(1988)在高温下,在一种无机酸稀释水溶液和一种固载铂催化剂(悬浮)的作用下,使用氢气对一氧化氮催化还原制备 HAN。还有一种制备 HAN 的方法是,让一氧化二氮和硝酸在铂(催化剂)存在的条件下被氢化,其会用到有爆炸或健康风险的氢气或一氧化氮化合物。

Levinthal、Willer、Park 和 Bridges(1993)报道了一种制备无甲醇 HAN 水溶液的方法,包括在水媒介中制备不含甲醇的羟胺硫酸盐,将羟胺硫酸盐与无机碱(选自碱金属氧化物、碱金属氢氧化物、碱土金属氧化物及碱土金属氢氧化物组成的库)结合,进行简单的中和反应,以获得羟胺溶液,并在减压、低于 65℃ 条件下进行蒸馏,使用硝酸进行中和,在 -50℃ 以上、羟胺完全分解的温度以下蒸馏 HAN 溶液,硝酸的质量分数上升至 70% 以上。

8.2.4 HAN 基推进剂

混合发动机可看作固体和液体燃料发动机的交叉,大多数使用的是液体氧化剂和固体燃料,但是其中有部分混合发动机使用的是液体燃料和固体氧化剂。由于部分燃料或氧化剂应该被嵌入反应舱,应通过液体组分的流量管理来调整或阻止推力。Loehr(2009)已经提出了一种羟胺基分节燃烧混合火箭发动机。

Loehr(2009)建议的体系中,液体氧化剂和气体氧化剂都可能用到。如图 8-2 所示,这就是火箭发动机,至少有两部分,第一端部,然后为喷嘴,相反方向的第二端部,可能会使用分离器分隔。第一端部为燃烧舱的第一反应舱,其储存用于燃烧固体燃烧材料,固体燃烧材料为 Mg/HTPB 或其他(如有机玻璃(PMMA)、高密度聚乙烯(HDPE)、双基、GAP、产气燃料和黑火药)。第二端部为二级反应舱,包括一个箱,用来储存氧化剂,对液体增压。燃气发生器与氧化剂箱相连,放在火箭发动机外壳的第二端部,并可能用来对氧化剂箱增压。第一和第二反应舱可能在流体窄槽中通过流动控制方法实现其连接,阀门用于两个反应舱之间材料的流动控制。在燃气发生器的相反方向,箱上面的开口使得箱中的氧化剂可以流出。然后流出箱的氧化剂与可以催化氧化剂分解的催化剂作用。

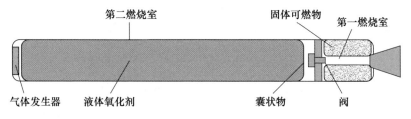

图 8-2 Loehr 的混合火箭发动机

氧化剂分解产生的反应产物通过阀门流量会注入到第一反应舱。在 HAN 使用中,反应产物包括许多热气(水蒸气、二氧化碳及氮气)。燃气发生器产生的富氧气体输入到装燃料颗粒的反应舱中,可能会超过 HTPB 的自动点火温度,以及可能免除点火颗粒的供热,象征性地与 HTPB 混合火箭发动机相连。

该系统有若干优势,如液体氧化剂既没有高度腐蚀性,也不需要冷冻条件来保证以液态存在,同时危险分类较低,相对较为稳定,可长期储存。

根据 Fujiwara 等(2012)报道,由于 HAN 基推进剂的高抗爆性,其反应控制较为困难。这时,在 HAN 中添加水,可以控制反应,但比冲降低了。为解决这个问题,Fujiwara 等(2012)提出了一种 HAN 和 AN 混合的方法,其中 AN 的质量分数小于 HAN + AN、水和甲醇的总质量的 10%。组分中含有质量分数为 60% ~ 76% 的 HAN + AN、16% ~ 32% 的甲醇和 5% ~ 24% 的水。该组分相对于肼毒性较低并且易处理。

先前看到的 Anflo 和 Bergman(2014)提出的双基火箭发动机,可以使用同样的方式用 HAN 替代 ADN。

8.2.5 HNF

Silva 等(2013)报道,HNF 是一种用于固体推进剂配方的氧化剂,能量还是性能的效果都令人满意。不幸的是,应用在固体推进剂中的大多是胶黏剂,与 HNF 相容性较差,因为 HNF 会攻击 HTPB 主链,破坏其聚合物链,所以 HNF 不能与 HTPB 同时使用。根据 Low 和 Haury(1972)报道,当使用含有双键的胶黏剂时,在 20 ~ 30℃ 温度下,HNF 的储存寿命为 2 ~ 15 天。

自从 Thornton(1967)报道后,使用肼盐合成硝仿的方法为人所熟知,该方法提供了一种可以长期存在,且在硝仿分解温度以上稳定存在的硝仿盐。依据 Thornton 的方法,可以制备一种由硝仿和肼组成的硝仿盐。硝仿制备首先通过硝仿组分溶解在短链醇(在该方法中调整使用含 2 ~ 6 个碳原子的醇)当中,然后缓慢添加肼或肼衍生物使硝仿盐沉淀。这时,通过从上层的醇溶液中过滤分离而重新获得硝仿-肼盐或者硝仿-肼衍生物盐产品。

后来,Zee、Mul 和 Hordijk(1994)改善了制备 HNF 的工艺条件。他们的方法是在用于溶解硝仿的溶剂中进行制备,但同时也制备了用于 HNF 的非溶剂。有机溶剂较为合适,如二氯乙烷(DCE)和二氯甲烷(DCM),DCE 最为合适。硝仿和溶剂的恰当比例为 3:1~1:9。需要足够的溶剂,来驱散反应的产热;需要少量水以混合硝仿,然后加入溶剂或 C1~C6 醇。混合物冷却后逐滴加入肼,反应体系的反应温度应该保持在 5℃ 以下。搅拌后,从反应媒介(倒出上层液并烘干湿产物)中过滤出粗 HNF。使用短链醇溶液重结晶便可完成。

8.2.6 HNF 基推进剂

Louwers 和 Heijden(2003)报道了一种制备某种晶型 HNF 的方法,这种 HNF 将用作固体推进剂组分。根据他们的报道,用于固体推进剂的 HNF 需要具备固体材料的高负载(约 80% 及以上)。这时,通常需要对合成后的 HNF 进行重结晶,以满足纯度及平均粒子尺寸的要求。产品的冲击和(或)摩擦感度是使用 HNF 的另一个重要参数,其可以通过冲击和(或)摩擦作用快速分解,在高填充度情况下,合适的 HNF 晶型有助于其加工成固体推进剂,但也可能会增加冲击和(或)摩擦感度。

Louwers 和 Heijden(2003)指出的制备方法中,可能获得长径比约 2.5、摩擦感度为 20N,且冲击感度为 2J 的 HNF 晶体。通过压缩长径比至少为 3 的 HNF 晶体至特定压力下,可获得长径比为 2.5 的 HNF 晶体,从而获得一种晶体材料,在力学处理后仍可自由流动,或者容易在处理后有自由流动的能力。因此,这种制备方法获得的不是 HNF 的固体团块,而是一种松散的、黏在一起的整块,其实质上保持着原始尺寸,但长径比大幅度减小。产物可做成数均粒子尺寸为 1~1000μm 的多重碎片粒子。

在另外一篇论文中,Louwers、Heijden 和 Elands(2005)描述了一种固体推进剂混合物,通过将固体氧化剂(如 AP 或 HNF)和前驱液混合,形成黏结材料,再将胶黏剂硫化后获得固体推进剂。由于 HNF 和 HTPB 不相容,在未反应形式下,HTPB 的使用应基于不大量使用无肼或硝仿的基础之上。也就是说,应该通过 Zee 等(1994)指出的加工方法制备 HNF。在 H_3O^+ 离子作用下,使用 pH≥4、质量分数为 10% 的 HNF 水溶液,通过该方法获得的重结晶 HNF 纯度为 98.8~100.3。另外,不同推进剂组分中的水含量,尤其是胶黏剂中的水含量影响稳定性,应优先选择水的质量分数小于 0.01% 的胶黏剂。此外,还应加入稳定剂来延长其保存期限。

根据 Louwers 等(2005)的研究,固体推进剂中最多包含质量分数为 80% ~ 90% 的 HNF,此外包含质量分数为 10% ~ 20% 的 HTPB,及其他符合规格的胶黏剂组分(如硫化剂、增塑剂、交联剂、扩链剂及抗氧化剂)。可以添加质量分数为 HNF 量 10% ~ 20% 的 Al 粉。

8.2.7 双氧水

根据 Anflo 和 Bergman(2014)的研究,双氧水(H_2O_2)可能是全世界范围内研究最多的单基推进剂。双氧水比冲相对较低(1600 ~ 1800N·s/kg),其比冲取决于密度。另外,双氧水可以用作双基推进剂的氧化剂。双氧水即时储存在自身最稳定的形态时,也具有反应性,并且可以随着时间缓慢分解。由于人们对当前工艺水平的推进剂有毒物质和致癌方面的担忧,对双氧水的研究兴趣再次升高。

Schneider、Hawkins、Ahmed 和 Rosander(2014)认为双氧水作为唯一知名的、储存性能较好的氧化剂,可以认可其环保性。双氧水是最流行的绿色推进剂,可以在合适的催化剂作用下放热分解,产生水蒸气和氧气。在使用双氧水推进的(单基推进器)常见推进器上,需要银催化双氧水分解。但是,银基催化剂容易在高温下失活,使得在高浓度的双氧水(>80%)中,常见银基催化剂不适合长期使用。Wynn 和 Musker(2015)推荐了一种在载体上包含活性层的催化剂,载体包含 γ 相氧化铝以增加催化阻力。

在他们使用的催化剂中,载体可以进一步包含铝粉,并将 γ 相氧化铝置于铝表面作为钝化层,其中活性层可以加入铂。

Wynn 和 Musker(2015)提出了一项具体建议,即可以将催化剂用于双基推进剂的推进器,推进器包含一个具有燃料入口的分解舱,入口用来接收来自燃料箱的燃料,这样一来,燃料就可以与双氧水分解产生的氧气反应。混合推进器也可使用固体燃料,让燃料与双氧水分解产生的氧气反应。

在自燃双基推进剂中,当推进剂的两组分相互接触时,需要它们有自发点燃的能力。因此,自燃双基推进剂由不相容的燃料和氧化剂组成(Mayer,Nardini,2014)。

Mayer 和 Nardini(2014)发现了一种可以与双氧水一起使用的燃料组分,得到了自燃双基推进剂。该推进剂组分包含醇、金属离子催化剂、阴离子(硝酸盐)及酰胺(N,N - 二甲基甲酰胺(DMF))。在该体系中,在燃料组分上,双氧水通过金属离子催化剂催化分解为氧气和水。该反应产生的热量引发了 N,N - 二甲基甲酰胺和阴离子的反应,该反应又促进了氧气和/或双氧水对醇的氧化。

燃料组分需要的金属阳离子为过渡态金属阳离子。银、铁、钴、铜和锰的效果较好。醇从甲醇、乙醇、丙醇、丁醇和戊醇中选择,乙醇最为合适。

不仅火箭推进器需要双氧水,炸药组分也需要。组分包含双氧水和敏化剂(可压缩材料和/或气泡)。据 Araos 报道(2013),敏化剂可以是锰盐、碘盐、氮基化合物(如亚硝酸钠)、硝铵(如 N,N′-二硝基异戊烷基甲基六甲基四胺)、硼基化合物(如硼氢化钠)、碳酸盐(如碳酸钠)、玻璃微珠和树脂材料等。另外,Kwon、Lee 和 Jang(2013)认为,乙醇和双氧水的混合物可以用于飞行器的紧急推进剂系统。

从相关文献可以看到,如今双氧水已经成为用于单基或双基推进剂体系的一个有趣的多功能成分。

8.2.8 一氧化二氮

一氧化二氮比传统的低温氧化剂 LOX 温度要高,与 LOX 在 -147℃下冷凝相比,一氧化二氮在 -37.8~-10℃冷凝,并且当泵的气体发生器启动时,其可以通过分解单基推进剂的一氧化二氮提供动力。一氧化二氮的分解是自保持的。一氧化二氮没有腐蚀性,也可以与通用的结构材料一起使用,在常温下稳定。与臭氧、氢气、卤气和碱金属相比,一氧化二氮是不反应的(Sarigul-Klijn,2007)。

Cai 等(2011)报道了一种一氧化二氮单基推进剂。该推进器包含一个电磁阀、推进剂前导管、分解舱及喷雾管。由于一氧化二氮无毒、无污染且无腐蚀,因此被选用。此外,一氧化二氮在室温下具有较高的稳定性和较高的饱和蒸气压。当一氧化二氮用作推进液化气体时,其密度高于低温气体推进剂(如氮气);当一氧化二氮加热到520℃以上,会放热且分解成氮气和氧气,并且氧气和氮气与空气组分相近,一氧化二氮的最高分解反应温度为1640℃。分解产生的高温气体可以用作飞行器的热源或动力源,需要的能量较低。高温气体甚至可用作生命维持系统需要的气体源。而且一氧化二氮单基推进剂推进器的运输系统在结构上较简单。

根据 Kawaguchi、Tokudome、Habu、Yagishita 和 Hotta(2009)报道,当一氧化二氮用作单基推进剂推进器中的唯一推进剂,且催化分解的气体从一氧化二氮催化分解获得时,用于推进器的推进剂大体上无毒。在双基推进剂推进器中,醇和 LPG 可与一氧化二氮结合使用,一氧化二氮可以作为氧化剂,从而可以降低双基推进剂的毒性。在这种情况下,应充分利用一氧化二氮的优势;不同于传统双基推进剂推进器中的四氧化二氮/肼基推进剂,一氧化二氮在室温下不能自发点火,但是作为含能材料时(分解温度为1600℃),一氧化二氮催化分解的能量可以用作点火能。

一氧化二氮的冰点足够低,为-91℃,可将其应用于在低温环境为-50℃的空间探索任务中,这时无须为推进器的推进剂供应系统再提供一个防冻加热器。另外,使用一氧化二氮和乙醇(冰点:-114℃)的双基推进剂体系也能在没有加热器,甚至低温环境下使用。

一氧化二氮的饱和蒸气压相对较高(-50℃时大约6.4atm),这时它可以用作自身(一氧化二氮气体)的推进物。当一氧化二氮的饱和蒸气压还未过高时,可用作燃料的推进物,通过使用一氧化二氮的蒸气压供应燃料。

Kawaguchi 等(2009)指出,通过使用分解催化剂,推进器中的一氧化二氮可几乎完全分解为氧气和氮气。因此,一氧化二氮也可用作维持生命的氧气源或者封闭系统(如宇宙飞船或空间站)的热源。此外,从一氧化二氮催化分解获得的氧气可以与燃料(氢气或甲醇)反应,或者用于燃料电池。合适的催化剂有载体携带铝、镁和铑催化剂,或者二氧化硅或硅铝载体携带的贵金属催化剂(铑、钌和钯),氧化铝、堇青石或碳化硅为载体的铑催化剂最合适。

在单基推进剂模式中,推进器通过在超过1000℃的高温直接燃烧氧气-氮气混合气体产生推力,混合气体通过在推进器外部催化分解的一氧化氮气体获得。由于碳化硅具有高抗氧化性并且耐热温度高达1600℃,可以将碳化硅结构用作一氧化二氮催化分解加热器的载体。

通常,液体燃料火箭要比固体火箭比冲高。由于存在燃料和氧化剂供应控制的可能性,可以关闭和重启液体推进器。

通过使用超过反应活化能的恰当催化剂、高能火花或局部体积上升,可实现单基推进剂的点火。化学反应(热分解和/或燃烧)释放能量。通常,点火装置合并在燃烧舱临近的喷嘴头,用于燃烧舱的推进剂喷嘴头的设计和加工对火箭推进器获取有效和安全操作十分重要。如果设计不当,火焰会回流通过推进剂喷嘴头,并进入推进剂储存箱,从而引起爆炸。因此,喷嘴结构中应包含一个火焰屏障。在 Mungas、Fisher 和 Mungas(2012)建议的结构中,火焰屏障应包含一个直径小于10μm的流体通道,电极装置包含一个具有绝缘管的接口鞘,接口鞘包裹电极;燃料进口管放置于外壳内,并通入冷却舱。燃烧系统由以下材料构成:接口鞘和燃烧屏障包含无应变的钢合金、纯镍、镍合金、铌、钌、钼、钽、钽合金、烧结陶瓷或层状结构。

与 LOX 相比,使用一氧化二氮的混合发动机比冲较低-使用一氧化二氮时可以达到270s,而使用 LOX 可以达到300s。但是,使用比冲作为比较火箭性能的度量标准会导致一个问题-该标准没有考虑推进剂的质量分数,即推进剂相对于发动机的整个火箭的质量。最重要的是,应考虑火箭推进系统将整个运载火箭加速到最高速度的能力。

在当前观念下，Sarigul-Klijn(2007)报道了一种使用一氧化二氮的混合推进器，该推进器性能与固体发动机或液体燃料发动机性能相当。该发动机的主要设计思路为：在维持比冲的前提下，增加推进剂的质量分数，以提高混合发动机的性能。采用的工艺包括高推进剂密度、高氧化剂与燃料比，以及组合推进剂的应用，从而实现在宽范围的氧化剂/燃料比下具有恒定的比冲，并利用泵将氧化剂注入发动机。

高密度的推进剂减少了燃料箱体积，从而降低了运载火箭必须用于燃料箱和发动机部分的质量分数。致密推进剂还减少了流动通道的尺寸和重量、泵的尺寸及泵送推进剂的气体量。

虽然双基液体燃料发动机需要将两种单独的液体用于气体发生器、重高压氮气瓶或单独热交换器，来蒸发液体，使燃料箱增压(惰性气体的重量)，一氧化二氮是一种理想的氧化剂和气体发生器推进剂，也可用于燃料箱增压。

8.3 结　　论

目前，对用于化学推进的、危险性较低且效率较高的化合物的研究已有前景较好的成果。在低腐蚀性(绿色的)化合物替代物方面，以及在改变设备和系统设置方面，对推进体系进行改善，并可代替现有的腐蚀性低但能量较低的化合物，让它们得到有效使用。

参 考 文 献

Anflo, K. , & Bergman, G. (2014). Dual mode chemical rocket engine, and dual mode propulsion system comprising the rocket engine. *World Intellectual Property Organization*, WO2014193300, A1.

Anflo, K. , & Wingborg, N. (2002). Ammonium dinitramide based liquid monopropellants exhibiting improved combustion stability and storage life. *World Intellectual Property Organization*, WO02096832, A1.

Araos, M. (2013). *Composition explosive amelioree*. CA：Office de la Propriété Intellectuelle du Canada.

Cai, G. , Sun, W. , Fang, J. , Mao, L. , Han, L. , & Wu, J. (2011). Nitrous oxide monopropellant thruster and design method thereof. *State Intellectual Property Office of P. R.*

Department of Defense Interface Standard. (2010). *Eletromagnetic Environmental Effects requirements for Systems*, MIL-STD-464. Philadelphia：Author.

Fuchs, H. , Ritz, J. , Thomas, E. , & Weiss, F. J. (1988). Verfahren zur Herstellung von Hydroxylammoniumsalzen. European Patent Office, EP0287952 A2.

Fujiwara, S. , Shibamoto, H. , Nakamura, T. , Furukawa, K. , Matsuo, T. , Hori, K. , . Katsumi, T. (2012). Propellant for thruster. Japan Patent Office, JP2012046390 A.

Gronland, T. A. , Westerberg, B. , Bergman, G. , Anflo, K. , Brandt, J. , & Lyckfeldt, O. Wingborg, N. (2006). *Reactor for decomposition of ammonium dinitramide – based liquid monopropellant and process for the decomposition.* U. S. Patents 7,137,244 B2.

Hawkins, T. W. , Schneider, S. , Drake, G. W. , Vaghjiani, G. , & Chambreau, S. (2011). *Hypergolic fuels.* U. S. Patents 8,034,202 B1.

Ilyushin, M. A. , Tselinsky, I. V. , & Shugalei, I. V. (2012). Environmentally Friendly Energetic Materials for Initiation Devices. *Central European Journal of Energetic Materials*, 9(4), 292 – 327.

Kartte, K. , Fuchs, H. , Jockers, K. , Kurt, K. , & Meier, H. (1972). *Procédé de preparation de nitrate d'hydroxylammonium* (p. 2121005). FR: Institut Nacional de la Propriété Industrielle.

Kawaguchi, J. , Tokudome, S. , Habu, H. , Yagishita, T. , & Hotta, M. (2009). *Thruster using nitrous oxide.* U. S. Patents, US20090007541 A1.

Kwon, S. J. , Lee, J. S. , Jang, D. W. (2013). *Environmental hydrogen peroxide monopropellant.* Korean Intellectual Property Office, KR20130064931.

Langlet, A. , östmark, H. , & Wingborg, N. (1999). *Method of preparing dinitramide acid and salts thereof.* U. S. Patents 5,976,483 A.

Levinthal, M. L. , Willer, R. L. , Park, D. J. , & Bridges, R. (1993). *Process for making high purity hydroxylammonium nitrate.* U. S. Patents, US5,266,290 A.

Loehr, R. D. (2009). *Hydroxyl amine based staged combustion hybrid rocket motor.* U. S. Patents, US20090211227 A1.

Louwers, J. , & Heijden, A. E. D. M. (2003). *Hydrazinum nitroformate.* U. S. Patents, US6,572,717 B1.

Louwers, J. , Heijden, A. E. D. M. , & Elands, P. J. M. (2005). *Hydrazinum nitroformate based high performance solid propellants.* U. S. Patents, US6,916,388 B1.

Low, G. M. , & Haury, V. E. (1972). *Hydrazinum nitroformate propellant stabilized with nitroguanidine.* U. S. Patents, US3,658,608.

Mayer, A. E. H. J. , & Nardini, F. T. (2014). Fuel composition for hypergolic bipropellant. *World Intellectual Property Organization*, WO2014193235, A1.

Mungas, G. S. , Fisher, D. J. , & Mungas, C. (2012). *Nitrous oxide flame barrier.* U. S. Patents, US20120279197 A1.

Nagamachi, M. Y. , Oliveira, J. I. S. , Kawamoto, A. M. , & Dutra, R. C. L. (2009). ADN – The new oxidizer around the corner for an environmentally friendly smokeless propellant. *Journal of AerospaceTechnology and Management*, 1(2), 153 – 160. doi:10. 5028/jatm. 2009. 0102153160.

Oliveira, J. I. S. (2014). *Síntese e caracterizacão do oxidante ADN (dinitramida de amônio), usado empropelentes para aplicacão aeroespacial.* Unpublished doctoral dissertation, Instituto Tecnológico de Aeronáutica, São José dos Campos, Brazil.

Rahn, M. (2010). *Green Propellants.* (Unpublished doctoral dissertation). Royal Institute of Technology, Stockholm, Sweden.

Sarigul – Klijn, M. M. , & Sarigul – Klijn, N. (2007). *High propellant mass fraction hybrid rocket propulsion.* U. S. Patents, US20070144140 A1.

Schmitt, R. J. , Bottaro, J. C. , Penwell, P. E. , & Bomberger, D. (1994). *Process for forming ammonium dinitramide salt by reaction between ammonia and a nitronium – containing compound.* U. S. Patents US5,316,749 A.

Schneider, S. , Hawkins, T. W. , Ahmed, Y. , & Rosander, M. (2014). *Catalytic hypergolic bipropellants*. U. S. Patents, US8,758,531 B1.

Sciamareli, J(2012). *Síntese, caracterizacão e aplicacão do polímero metil azoteto de glicidila (GAP) no desenvolvimento de novos propelentes para o programa aeroespacial brasileiro*. (Unpublished doctoral dissertation). Instituto Tecnológico de Aeronáutica, São José dos Campos, Brazil.

Silva, G. , Rufino, S. C. , & Iha, K. (2013). Green Propellants: Oxidizers. *Journal of Aerospace Technology and Management*, 5(2), 139-144. doi:10.5028/jatm.v5i2.229.

Thormählen, P. , & Anflo, K. (2012). Low-temperature operational and storable ammonium dinitramide based liquid monopropellant blends. *World Intellectual Property Organization*, WO2012166046, A2.

Thornton, J. R. (1967). Salts of nitroform with hydrazines. U. S. Patents, US3,297,747.

Vörde, C. , & Skifs, H. (2005). Method of producing salts of dinitramidic acid. *World Intellectual Property Organization*, WO2005070823, A1.

Wynn, J. T. W. , & Musker, A. J. (2015). Hydrogen peroxide catalyst. *World Intellectual Property Organization*, WO2015033165, A1.

Zee, F. W. M. , Mul, J. M. , & Hordijk, A. C. (1994). *Method of preparing hydrazine nitroform*. World Intellectual Property Organization.

第9章 评估混合火箭发动机离心喷注特性的实验室设计与测试

Susane R. Gomes

(巴西航空技术学院,巴西)

Leopoldo J. Rocco

(Flowtest 航空研究所,巴西)

摘要:本项研究旨在为实验室级混合燃烧火箭发动机项目提供一种途径,采用 Flynn、Wall 和 Ozawa 方法对燃料装药进行热分析研究,得到模拟仿真的输入数据,以计算发动机的最优性能,仿真计算中也采用了化学平衡比冲编码。在最佳的氧化剂与燃料配比基础上,参考相关文献计算发动机几何参数,工作条件则根据仿真结果确定。最后,通过点火测试验证方法的可靠性,对采用两种旋流喷射器和一种轴流喷射器的案例进行了点火测试。测试结果表明,工作压力越高,本研究开发的方法在混合燃烧火箭发动机中的应用效果越好,旋流喷射器的工作效率越高。

9.1 引 言

相比于化学推进剂,采用混合燃烧方式的火箭发动机安全性更好,开发成本更低;相比于固体推进剂,其比冲更高,化学过程更简单;相比于液体推进剂,其燃料密度高,需要的机械系统更简单,但较低的燃烧效率和燃速制约了该项技术的广泛应用。

混合燃烧的宏观表现为扩散火焰,火焰区域位于燃料层内。燃速很大程度上取决于从火焰到燃料表面的对流传热。为开发提高燃烧效率的检测技术,科学界对氧化剂注射方法进行了更多研究,入口条件对燃烧模式和整个燃烧过程的重要影响已得到验证。

之前章节的研究对旋流喷射器和轴流喷射器的性能进行了比较,本章将深入探讨其性能差异,同时对实验室级发动机项目研究中采用的方法进行阐述。

本章从多方面分析和比较了氧化剂喷射对燃烧效率和燃料消耗的影响,证实旋流方式能够增加整个装药的燃烧传播速度,特别是在接触区域,对流热通量的增加使燃烧传播速度明显增加。

9.2 方 法

本节概述了原型项目中采取的步骤:材料的选择、装药的热分析、燃烧模拟和几何设计。

9.2.1 材料的选择

氧化剂物理状态可以根据其工作环境复杂程度进行选择。当氧化剂是气态时,需要避免旋流的两相流动,这意味着无须采用在低温条件使用的、更加精确、更耐侵蚀的液压阀,因此可以降低成本和发动机的重量,简化系统设计。

气态氧具有良好的性能,操作方便,成本较低。燃料则必须具有较低的燃速,以捕捉燃速的微小变化,这样可以让结果的对比更为简单和明显。大多数聚合物具有高黏度和高表面张力,满足使用要求。聚乙烯具有较好的实用性,不仅便宜,易于购买,同时能根据实际情况进一步处理。

测试中采用了两种聚乙烯作为燃料,分别为超高分子量(UHMW)聚乙烯和高密度聚乙烯(HDPE)。第一次测试证明,UHMW 具有更好的燃烧性能和稳定性,不会产生过多的炭黑,如图 9-1(a)所示;而测试后的 HDPE 表面上沉积了高浓度的炭黑,如图 9-1(b)所示。

第一个使用的喷管由不锈钢制成,在喷管没有受到实质性烧蚀前,仍没有通过 15s 测试,如图 9-2 所示。将喷管材料换成石墨(颗粒长度 $20\mu m$)后通过了各项测试,喉部最大扩张 0.5mm,如图 9-3 所示。

工作时长测试是为了验证高温条件下喷管的耐久性,在石墨喷管测试中出现明显问题时,不锈钢喷管周围则已经熔化,证明石墨材料的质量更好。

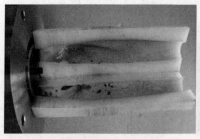 

(a) 测试后的超高分子量燃料层　　(b) 测试后的高密度聚乙烯燃料层

图 9-1　测试后的超高分子量燃料层和高密度聚乙烯燃料层

图 9-2　不锈钢喷管测试(15s 后)

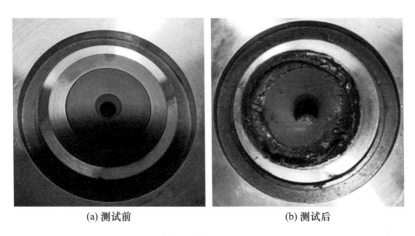

(a) 测试前　　　　　　　　　(b) 测试后

图 9-3　石墨喷管(喷管被不锈钢包裹,60s 测试)

9.2.2　装药的热分析

热分析提供了超高分子量聚乙烯的生成热及关于其热分解的相关论点。一些研究人员认为,聚乙烯材料分解时产生多种烷烃和烯烃。另外,聚乙烯支化现象表明,分子内氢转移的增加会导致热稳定性降低,没有气化的分子变化则主要由并入主链中的杂质弱链引起。

在较高温度下,引发反应随着碳键的断裂而发生,通常为三级反应,产物一般为丙烷、乙烷、丁烷、己烷-1 和丁烷-1(Grassie,Scott,1985),但丙烯和 1-己烯最多。Grassie 和 Scott 认为,如果过渡态形成六元环,第五个碳上的自由基与氢之间的反应更容易发生。主链有两种分解路径:路线 A,产生丙烯;路线 B,产生 1-己烯,如图 9-4 所示。

在动态合成空气气氛下(约 50mL/min),采用岛津 DSC-50 进行了表征,DSC 系统用铟和锌进行校准,温度范围为 298~1000K,样品质量约为 20mg,每个样品在密封铝盘中加热,采用 4 种不同的升温速率:20K/min、30K/min、35K/min、40K/min,TG 测试的升温速率分别为 20K/min、30K/min、40K/min、50K/min、60K/min。

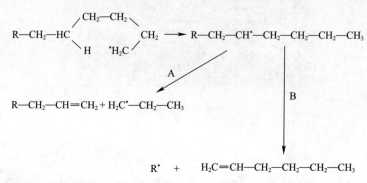

图 9-4 PE 分解机理(McGrattan,1994)

燃料的热分解活化能约为 200kJ/mol,约 430℃开始分解。研究采用的燃料化学性质如表 9-1 所列。

表 9-1 氧化剂和燃料的化学特性

燃料	GO_2	UHMWPE
分子式	O_2	C_2H_4
密度/(g/cm^3)	0.0014	0.9
生成焓/(cal/g)	0	-1270

9.2.3 燃烧模拟

模拟基于美国空军的化学平衡比冲代码(ISP 代码)进行,该代码执行所需的热力学计算以预估各种压力和不同氧化剂与燃料比的理论比冲。

假定能量和动量符合连续性的一维方程,燃烧室入口速度为零,燃烧完全并为绝热燃烧,在喷管中为等熵膨胀,混合均匀,符合理想气体定律,冷却后温度为零,固相和气相间存在速度滞后效应。

性能评估主要根据化学平衡、等熵膨胀和统计计算进行,主要评估性能为发动机推力和比冲。如果确定了气体产物的比热、温度和分子量,子程序可以计算喷管性能参数(如推力系数、特征排气速度和质量流量)。子程序采用了冻结等熵膨胀的一维方程。

无反应速率的流动被定义为冻结流动,与平衡流动相反,后者为无限快速反应。最后,通过统计抽样结合实际过程对性能进行校正,并指出推力和比冲的不确定性。

可以用两种不同的方法计算通过喷管的流量,一种方法为标准分析:假定流动处于静止平衡状态,即在沿喷管向外流动的任何特定位置处于平衡状态,温度和压力随着膨胀过程发生变化。这种方法对比冲的计算偏高,由于流动速度很快,通常无法达到平衡态。

另一种方法则采用冻结流动法则,假定膨胀过程中的化学组分恒定,气体在入口、喷喉或喷管出口为冻结状态。结果之间的区别很小,但设置冻结状态时需要在代码中输入扩张比。

化学计量比根据完全燃烧状态下燃料组分与燃烧产物平衡来计算。

$$C_2H_4 + 3O_2 \longrightarrow 2CO_2 + 2H_2O$$

所以

$$O/F_{mass} = \frac{3 \times 32}{28} = 3.43$$

9.2.4 几何设计

原型设计的假定条件如下。

(1) 燃烧只发生在装药的圆柱表面。
(2) 氧化剂质量流量恒定,可以设定为一定值。
(3) 整个燃烧过程中,燃速不变。
(4) 忽略喷喉侵蚀。
(5) 忽略燃料层的质量堆积。

采用推进剂1的混合发动机在数个实验中效率达0.93~0.97,本研究中效率值设定为0.93。假定燃烧室内为等熵流动,根据相关文献设定流动马赫数为0.2,据此计算喷喉面积。

为简化计算,采用锥形喷管。增大扩散角度可以增加径向速度分量,减小推力,但达到特定的膨胀速度时,喷管可以相对缩短。

通常,圆锥扩张半角的范围为12°~18°,一般为15°。Bell喷管由于采用了复杂流体计算动力学,性能优于相同长度的15°半角锥形喷管。

喷管采用高密度石墨制成,收敛半角为30°,扩张半角为15°。喷喉直径随氧化剂流量而变化,以保证每个腔室压力下具有恒定膨胀速度;为了尽量减少喷喉的烧蚀,使喷管重复利用,其长度为5mm。燃烧时间设定为20s,预燃室和后燃室的长度范围通常为0.5~1倍的燃烧室内径,预燃室的长度为1倍内径,后燃室长度为内径的1/2,也可对相反配置进行测试,只需改变燃烧室的位置。

为确保发动机运行期间的安全,需要对其结构进行检查,主要考量其轴向张力和横向张力,以此制定预防措施,提供较高的安全冗余。

9.3 理论分析结果

9.3.1 模拟

工作压力范围为10~30atm,外部压力设定为1atm。比冲和真空比冲与氧燃比的函数曲线如图9-5和图9-6所示,通过拟合曲线可以得到比冲I_s的最大值,进而得到最佳的氧燃比O/F_{mass},用于下一步设计。

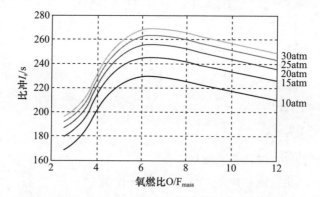

图9-5 不同压强下比冲与氧燃比关系的比较

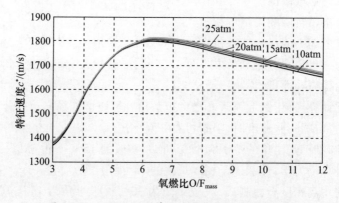

图9-6 不同压强下特征速度与氧燃比关系比较

由上面得到的每种压力的最佳氧燃比,最佳性能参数如表 9-2 所列。

表 9-2　UHMW 聚乙烯和 GOX 燃烧的优化性能

P/atm	10	15	20	25	30
O/F_{mass}	6.34	6.54	6.58	6.60	6.61
I_s/s	229	245	256	263	269
I_s(真空)/s	269	280	287	293	297
C^*/(m/s)	1801	1807	1812	1815	1818

9.3.2　实验室级发动机结构设计

Gany 教授的研究表明,将实验结果扩展应用至不同规模的系统中时,必须保持主体火箭发动机的运行条件。例如,结构相似性,相同的燃料和氧化剂配比,氧化剂流量需要根据长度按比例调整,甚至包括相关区域的雷诺系数的调整。

另外,固体燃料燃速受燃料层端口几何结构、氧化剂喷射器结构及氧化剂在燃料层端口的相关流动结构、固体燃料添加剂、燃料边界层流体特性变化的影响。

尺寸放大是大混合燃烧推进系统发展需要考虑的重要因素,特别是当大尺寸模型系基于小型或实验室级的实验数据设计时。本项研究的目的还在于设计不同长径比、端口直径和旋流喷射器特性,以获得实验数据,来研究发动机性能与引用的几何结构参数的相关性。

两个辅助燃烧室分别位于装药的前部和后部,预燃室提供一个统一的入口,以提高整体燃速,后燃烧室使气化的推进剂混合更均匀。

单个 UHMWPE 圆柱形装药端口的燃烧耐受时间设定为 20s,主要折中考虑了没有冷却的情况下喷管的实用性和记录稳态平衡所需的时间。

根据性能评估结果,编写了一个简单的 Matlab 程序,用于制定最终的几何结构。

9.3.3　实验装置

出于简单性和灵活性的考虑,基准发动机采用模块化设计,可以在几分钟内组装和拆卸,每个环节可进行多次测试。

发动机外壳和法兰由不锈钢制成,外壳与两个法兰匹配,喷管固定于后法兰上,以防止脱落,推力测试采用了液压系统。图 9-7 所示为测试系统原理图,图 9-8 所示为连接到测试台的发动机。氧气供给管路采用压缩阀,点火方式为烟火法。

腔室长度为 215mm,内径为 68.3mm,装药长为 195mm,后腔室长度为 15mm,前腔室长度为 5mm。

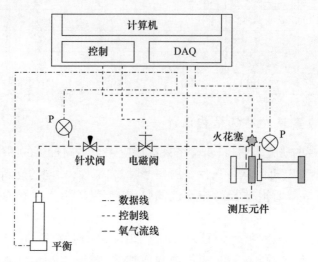

图 9-7 实验装置流程简图

图 9-8 混合火箭发动机布局图

9.3.4 喷射器几何结构

喷射器制备了 3 个:一个轴流喷射器和两个旋流喷射器。两个旋流喷射器大小不同,喷射器可以单独或组合使用。表 9-3 列出了多个喷射器的基本参数。

表 9-3　单一喷射器及组合喷射器的基本参数

序号	喷射方法	喷射口数量/个	出口直径/mm	出口数量/个	出口面积/mm^2
1	轴流喷射	1	3	1	7.07
2	小型旋流喷射	1	1.5	4	7.07
3	大型旋流喷射	4	1.5	4	7.07
4	轴流+小型旋流喷射	2	—	5	14.14
5	轴流+大型旋流喷射	5	—	5	14.14

连接到轴流喷射器和小尺寸旋流喷射器的氧气供应管路是独立的,可以进行相同设置,如图 9-9 所示。得益于该套"零故障"实验装置的模块化设计,安装在头部法兰的喷射器能够便捷地互换,供氧管路安装了压缩自适应阀门,便于调节。图 9-10 和图 9-11 所示均为连接到测试台的头部法兰中的喷射器图,图 9-12 所示为大旋流喷射器的侧视图。

所有喷射器的入口和出口都是相同的,以保证均匀流动且沿着端口正常燃烧。大尺寸的喷射器出口区域类似于一个附加的预燃室,可以提高流动均匀性。

图 9-9　具有两个氧化剂供应入口的小型旋流和轴流组合喷射器的侧视图

图 9-10　安装在测试台上的喷射器

图9-11 装有四个大旋流氧化剂注入口的喷射器前视图

图9-12 未连接管路的氧化剂旋流入口侧视图

9.4 实验结果

9.4.1 燃速分析

有研究人员提出了在燃烧表面形成熔化层的燃烧机理,其特征是燃烧区中的液滴燃料夹杂着气化燃料,可以根据其表面张力和熔体层黏度推断夹带过程。

燃速为

$$\dot{r} = aG^n x^m \tag{9-1}$$

沿着端口存在两种竞争效应,影响燃料层燃烧均匀性。燃料层厚度(x^m)增加,热通量会减小,燃料气化则促使总质量流量增加。因此,燃速采用平均值:

$$\dot{r}_{avg} = aG_{avg}^n L_p^m \tag{9-2}$$

由于弹道参数取决于质量流量,在一定的发动机长度和恒定的质量流量条件下,可以采用一种更适合、精度更高的简化燃烧表达式:

$$\dot{r}_{avg} = a_o \overline{G}_{ox}^n \tag{9-3}$$

9.4.2 数据整理

进行燃速分析的关键目的是要找到燃速与简单可控参数和实验导出的常量的相关性,通过制作散点图和根据点火测试提供的数据集来确定。

平均燃速根据以下公式计算:

$$\overline{\dot{\gamma}} = \frac{\overline{\dot{m}}_f}{\pi \left(\dfrac{D_i + D_f}{2}\right) L_p \rho_f} \tag{9-4}$$

平均氧气质量流量方程基于燃室平均直径计算:

$$\overline{G}_{ox} = \frac{4\overline{\dot{m}}_{ox}}{\pi \left(\dfrac{D_i + D_f}{2}\right)^2} \tag{9-5}$$

推进剂的质量流量基于燃料的质量和使用的氧气的质量计算:

$$\overline{\dot{m}} = \overline{\dot{m}}_f + \overline{\dot{m}}_{ox} \tag{9-6}$$

I_s 根据测试中收集的推力数据计算:

$$I_s = \frac{F}{\overline{\dot{m}} g_o} \tag{9-7}$$

9.4.3 采用不同喷射方法的性能参数比较

表9-4列出了采用3种喷射器测试的4组结果,图9-13所示为相关曲线图。

表9-4 采用3种喷射器测试的4组结果

喷射器类型	燃速/(mm/s)	氧化剂质量流量/(kg/(m²·s))	燃速/(mm/s)	氧化剂质量流量/(kg/(m²·s))	燃速/(mm/s)	氧化剂质量流量/(kg/(m²·s))	燃速/(mm/s)	氧化剂质量流量/(kg/(m²·s))
轴流喷射器	0.39	53.6	0.38	53	0.37	42.0	0.27	16.2
大型旋流喷射器	0.55	40.3	0.52	34.1	0.32	11.4	0.21	4.5
小型旋流喷射器	0.45	45.1	0.41	50.4	0.22	19.6	0.17	6.11

扩散控制模型假定反应速率比扩散速率快,在燃料边界层比燃烧区表现更为明显。在恒定压力下,当质量流量减少时,燃速似乎会发生变化,并取决于辐

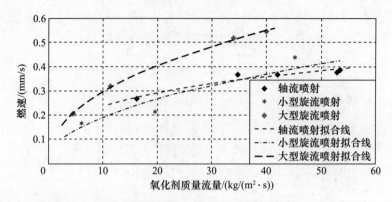

图 9-13 各种喷射方法中燃速与氧化剂质量流量的关系

射环境,变得高于外推值;在高质量流量或低压下,湍流扩散速度可以主导燃速,从受压力影响改变为由湍流扩散速度决定,因此,燃速低于外推值,如图 9-14 所示。

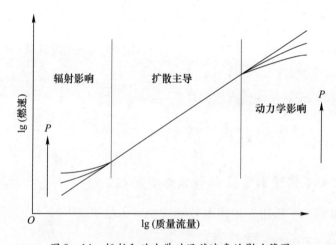

图 9-14 辐射和动力学对退移速率的影响简图

图 9-15 对散点数据进行了平滑处理。采用大型旋流喷射器的曲线类似于图 9-14 的中间曲线,湍流扩散占主导地位,获得的常数 n 的数值佐证了这个结论。

图 9-15 描述了燃烧过程和燃速受到上述效应的影响情况。在采用小型旋流喷射器时的曲线的左端,数值高于预期,可能是由于进入的氧化剂流量较少,引起烟尘所致,在这种情况下,辐射传热非常重要,能够提高整体燃烧效率,而采用轴流喷射器时的燃速曲线左端低于预期,因此针对该现象开展了相应的研究工作。

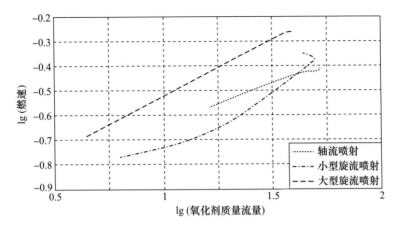

图9-15 散点数据拟合的平滑线

切向速度可以压缩燃料边界层和火焰区,氧化剂质量流量随着燃料边界层的增加而增加(直至燃烧过程更依赖于压力),反而会降低反应速率(直至反应速度小于扩散速度)。这与扩散占优理论相冲突,所以燃速方程不适用,比预期值小。因此,切向速度有助于提高燃烧效率并保持扩散主导,采用轴流喷射器获得的性能弱于采用旋流喷射器获得的性能。

表9-5列出了3种喷射器获得的燃速回归方程参数。

表9-5 3种喷射器获得的燃速回归方程参数

喷射器类型	A_0	n	R^2
轴流喷射器	0.121	0.30	0.936
小型旋流喷射器	0.065	0.47	0.961
大型旋流喷射器	0.107	0.45	0.999

表9-6列出了采用每种喷射器测试获得的最佳性能参数。与大、小型旋流喷射器组合相比,采用大型旋流喷射器获得的结果更好。从收集的数据中可以清楚地看出,在较高压力下,其工作稳定性和测试重复性都更好,压力越高,推力似乎更加平稳。

表9-6 采用每种喷射器测试获得的最佳性能参数

喷射器类型	$r/(mm/s)$	氧燃比	推力/N	I_s/s	$G_{ox}/(kg/m^2 \cdot s)$
轴流喷射器	0.39	4.63	55.1	134	53.6
大型旋转喷射器	0.55	2.50	75.0	195	40.3
小型旋转喷射器	0.40	3.60	73.9	187	45.1

9.4.4 装药分析

实验研究表明,燃烧过程中的控制因素是热量与固体表面的传导速率和固相燃料的分解热。质量流量可由液相流动速度调节,燃烧区内热量生成速率取决于质量流量,最终主导热传导和推力。

燃料表面氧化剂的流动增加了湍流扩散火焰的热传导,使燃速提高。旋流产生的混合效果更好地提高了燃烧效率和燃料消耗,意味着燃烧室中的燃烧效率决定了燃料质量流量和推进剂总质量流量。

点火后燃料层表面的螺旋痕迹非常清楚地揭示了其表面流动模式,在具有高角动量的区域,特别是在起始端,燃速很高。

来自旋流喷射器的氧化剂受离心力作用进入燃烧室,具有较高的流速,尤其是切向分量,因此燃料层表面附近的氧化剂密度较高,这些效果的累积加上较长的停留时间加速了燃料层的燃烧,燃速很高。

每组测试后的燃料层都表现出不同的燃烧特征。燃烧层表面出现螺旋痕迹,但两组旋流喷射器测试中燃速最高的区域不同,采用大型旋流喷射器测试的燃速最高区域在装药起始端,而采用小型旋流喷射器的测试则在起始端靠后。

图 9-16 所示为采用轴流喷射器的燃料层结构,主要特征为燃烧后沿纵轴的剖面不规则,燃速最大值出现在约 40% 装药长度的位置,然后速度持续下降,直到尾部区域。

图 9-16 轴向喷射实验后药柱的截面积

另一个现象是采用小型旋流喷射器测试的装药表面上观察到的流动特征,通过表面上螺旋曲线(图 9-17)可以得到旋流的入口参数。

图 9-17　采用小型旋流喷射器测试后的燃料层表面的螺旋曲线

燃料初始燃速最高,初始区域受到氧气旋转流动的强烈影响,通常称为冲击带,较高的角力矩增强了热交换,从而提高了燃料分解或热解的速度。然而,靠近头部的空腔中过量的炭黑残留意味着氧化剂在区域的停留时间不足,不能完全燃烧,如图 9-18 所示。

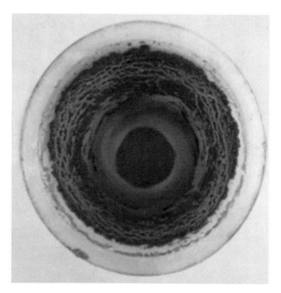

图 9-18　采用小型旋流喷射器测试后的燃料层俯视图

图 9-19 和图 9-20 所示分别为采用两种不同喷射器组合应用的测试结果。轴流喷射器与小型旋流喷射器平行布置。结果表明,两个半圆面燃烧特征存在差异,表面上炭黑的大量残留也表明燃烧非常不稳定。

图 9 – 21 和 9 – 22 中显示了采用大型旋流喷射器测试后的燃料层形状。

图 9 – 19　轴流与旋流组合喷射器测试后的燃料层剖面图

图 9 – 20　轴流与旋流组合喷射器测试后的燃料层俯视图（沿轴向出现螺旋痕迹）

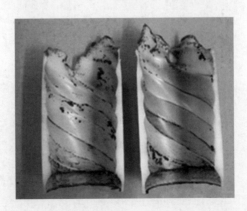

图 9 – 21　采用大型旋流喷射器测试后的燃料层剖面图

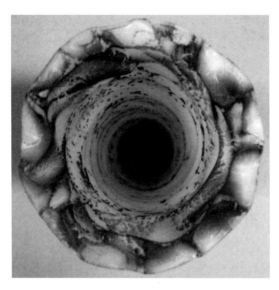

图9-22 采用大型旋流喷射器点火测试后的螺旋燃烧模式图

结果表明,大型旋流喷射器具有很高的优越性,这一点从收集的数据已得到证实,这种喷射器不仅在表面和喷管入口处具有最少的炭黑沉积,而且燃速也最高。

在所有测试中,燃料层后端的燃速低得多,前端区域的总质量流量较高,因此辐射传热更快。

图9-23所示为关于上述结论的图解说明,较高的切向速度意味着有较高的热量交换和更高的燃速。

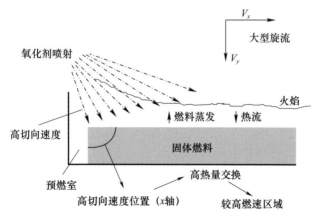

图9-23 采用小型旋流喷射器测试的最高燃速区域

相比于采用大型旋流喷射器,采用小型旋流喷射器测试获得的最高燃速区域向后偏移,如图 9 - 24 所示。这种效应可能是由较小的切向速度引起的。

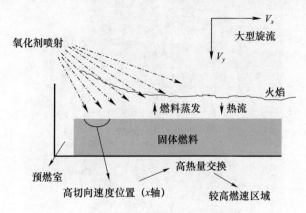

图 9 - 24　采用小型旋流喷射器测试的最高燃速区域

9.4.5　喷射器的尺寸

不同的切向速度也很大程度上受喷射器出口尺寸的影响,如图 9 - 25 所示。出口直径大时,头部区域的燃料消耗可能更大,而小燃烧室可能类似于轴流喷射器,使最高燃速区域向燃料层的尾部移动。

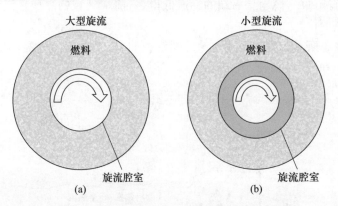

图 9 - 25　旋流的切向速度与流入的腔室尺寸的相关性

9.4.6　阻断效应

所有带有轴流喷射器的测试都会损害喷射器材料,如图 9 - 26 所示,因此必须集成一个较长的预燃室,对于旋流喷射器,气流在喷射器出口会形成一个再循环区域,阻碍热量从火焰传递到壳壁,因此采用旋流喷射器不需要隔热组件。

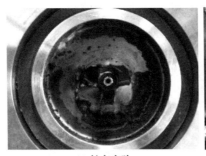

(a) 轴向实验　　　　　　　　(b) 大旋转实验

图 9-26　点火后喷射器截面积比较

9.4.7　理论与实验结果的比较

在使用轴流喷射器的测试中，工作压力没有达到模拟压力，之后则根据实验获得的压力开展模拟。模拟所需的输入参数还包括获得的氧化剂与燃料的配比。表 9-7 所列为采用轴流喷射器测试的数据对比情况。

表 9-7　轴向喷射器的理论数据和实验数据比较

压强/atm	O/F$_{mass}$	$C^*_{实验}$/(m/s)	$I_{s实验}$/s	$I_{s理论}$/s	$C^*_{理论}$/(m/s)	$I_{s相对}$，$I_{s实验}/I_{s理论}$	$C^*_{相对}$，$C^*_{实验}/C^*_{理论}$
3.06	3.80	660.58	37.41	153.00	1643.79	0.44	0.40
4.96	4.84	946.87	96.62	173.22	1584.78	0.56	0.60
7.60	4.63	1311.08	133.78	194.30	1605.99	0.69	0.82

理论数据和实验数据的比较表明，压强越高，差别越小，但记录数量有限，难以做出具体结论。

采用大、小两种类型旋流喷射器的测试达到了模拟压强，目前还不清楚采用轴流喷射器的测试未达到模拟压强的原因，有可能是该测试中的反应和燃速远低于其他实验的效果，无法获得足够高的压强。

表 9-8 和表 9-9 所列分别为两种旋流喷射器测试的数据比较。图 9-27 为燃烧室压强与相对比冲和相对特征速度的关系。

表 9-8　大型旋转喷射器的理论数据和实验数据比较

压强/atm	O/F$_{mass}$	$I_{s实验}$/s	$I_{s理论}$/s	$I_{s相对}$
10.0	2.69	128	168	0.76
11.0	3.21	185	217	0.85

表9-9 小型旋转喷射器的理论数据和实验数据比较

压强/atm	O/F$_{mass}$	$I_{s实验}$/s	$I_{s理论}$/s	$I_{s相对}$
12.0	3.60	187	220	0.85
4.1	1.31	130	178	0.73

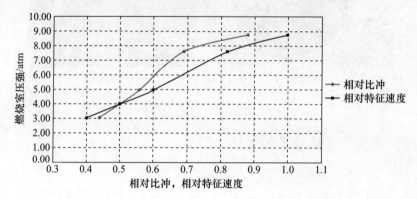

图9-27 燃烧室压强与相对比冲和相对特征速度的关系

9.5 结 论

本章提出了一种实验室级混合火箭发动机的设计方法,对理论数据与实验数据进行了比较,讨论了模型的准确性与实验压强的相关性。

本项研究的另一个目标是评估和比较使用3种不同的氧化剂注入方式时,聚乙烯的燃速。实验采用两种旋流喷射器和一种轴流喷射器进行了测试,对获得的数据和性能进行了比较:采用旋流喷射器比采用轴流喷射器获得了更好的结果,与相关文献(Carmicino,Russo Sorge,2003)报道的结果相符,同时大型旋流喷射器获得的燃速、推力和比冲数据更好。

燃料层燃烧后得到的不均匀剖面表明,燃速强烈依赖于进入的氧化剂流动模式,使氧化剂射流产生旋流效果,可以改善混合燃烧性能,与相关文献(Carmicino,Russo Sorge,2003;Knuth,Chiaverini,Gramer,Sauer,1998)中的建议相同。但是,未来的研究应该验证不同测试系统中的燃烧模式,这对基于实验室级混合火箭发动机的设计至关重要,目前开展的具体工作还无法提供有效的论点。

参 考 文 献

Altman,D. (2001). Rocket Motors,Hybrid. In D. Altman(Ed.),*The Encyclopedia of Physical Science and*

Technology.

Altman, D. , & Humble, R. (1995). Hybrid rocket propulsion systems. In R. Humble, G. Henry, & W. Larson (Eds.), *Space Propulsion Analysis and Design* (pp. 365 – 441). New York: McGraw – Hill.

Carmicino, C. , & Russo Sorge, A. (2003). Investigation of the Fuel Regression Rate dependence on Oxidizer Injection and Chamber Pressure in a Hybrid Rocket. In *Proceedings of the 39th AIAA/ASME/SAE/ASEE Joint Propulsion Conference and Exhibit*, Huntsville, Alabama. doi: 10. 2514/6. 2003 – 4591.

Gany, A. (2007). Similarity and Scaling Effects in Hybrid Rocket Motors. In M. J. Chiaverini, & K. K. Kuo (Eds.), *Progress in Astronautics and Aeronautics – Fundamentals of Hybrid Rocket Combustion and Propulsion* (Vol. 218). AIAA.

Gomes, S. R. , Rocco, L. J. , Rocco, J. A. , & Iha, K. (2010). Gaseous Oxygen Injection Effects in Hybrid Labscale Rocket Motor Operations. In *Proceedings of the 46th AIAA/ASME/SAE/ASEE Joint Propulsion Conference and Exhibit*, Nashville, Tennessee. doi: 10. 2514/6. 2010 – 6545.

Grassie, N. , & Scott, G. (1985). *Polymer Degradation and Stabilization.* Cambridge: Cambridge University Press.

Jones, C. C. , Myre, D. D. , & Cowart, J. S. (2009). Performance and Analysis of Vortex Oxidizer Injection in a Hybrid Rocket Motor. In *Proceedings of the 45th AIAA/ASME/SAE/ASEE Joint Propulsion Conference and Exhibit*, Denver, Colorado. doi: 10. 2514/6. 2009 – 4938.

Knuth, W. H. , Chiaverini, M. , Gramer, D. , & Sauer, J. (1998). Experimental investigation of a vortexdriven high – regression rate hybrid rocket engine. In *Proceedings of the 34th AIAA/ASME/SAE/ASEE Joint Propulsion Conference and Exhibit*, Cleveland, Ohio. doi: 10. 2514/6. 1998 – 3348.

Marxman, G. A. , & Gilbert, G. M. (1963). Turbulent boundary layer combustion in the hybrid rocket. In *Proceedings of the Ninth Symposium (Intern.) on Combustion* (pp. 371 – 383). doi: 10. 1016/B978 – 1 – 4832 – 2759 – 7. 50048 – 0.

McGrattan, B. J. (1994). Decomposition of Ethylene – Vinyl Acetate Copolymers Examined by Combined Thermogravimetry, Gas Chromatography, and Infrared Spectroscopy. In T. Provder, M. W. Urban, & H. G. Barth (Eds.), Hyphenated Techniques in Polymer Characterization (pp. 103 – 115). Washington, D. C. : Americal Chemical Society. doi: 10. 1021/bk – 1994 – 0581. ch008.

Peterson, J. D. , Vyazovkin, S. , & Wight, C. A. (2001). Kinetics of the Thermal and Thermo – Oxidative Degradation of Polystyrene, Polyethylene and Poly(propylene). *Macromolecular Chemistry and Physics*, 202(6), 775 – 784. doi: 10. 1002/1521 – 3935(20010301)202:6 <775:AID – MACP775 >3. 0. CO;2 – G.

Risha, G. A. , Evans, B. J. , Boyer, E. , & Kuo, K. K. (2007). Metals, Energetic Additives, and Special Binders Used in Solid Fuels for Hybrid Rockets. In M. J. Chiaverini, & K. K. Kuo (Eds.), Progress in Astronautics and Aeronautics – Fundamentals of Hybrid Rocket Combustion and Propulsion (pp. 423 – 442). AIAA.

Schlichting, H. (1995). *Boundary Layer Theory.* New York: McGraw – Hill Book Company Inc.

Yuasa, S. , Shimada, O. , Imamura, T. , Tamura, T. , & Yamamoto, K. (1999). A technique for Improving the performance of Hybrid Rocket Engines. In *Proceedings of the 35th AIAA/ASME/SAE/ASEE Joint Propulsion Conference and Exhibit*, Los Angeles, CA. doi: 10. 2514/6. 1999 – 2322.

第10章 含纳米和微米 Fe_2O_3 燃速催化剂的 HTPB/Al/AP 固体推进剂的热分解动力学研究

Luis Eduardo Nunes Almeida, Aureomar F. Martins,
Flavio A. L. Cunha Susane R. Gomes

(Avibras 航空航天公司,巴西)

(巴西航空技术学院,巴西)

摘要:本章采用热分析技术研究了高氯酸铵(AP)/端羟基聚丁二烯(HTPB)样品在动态氮气氛中,不同升温速率下,微纳米氧化铁催化剂的热分解动力学;用差示扫描量热法(DSC)研究了等温条件下的放热反应动力学;由 Flynn - Wall、Ozawa Kissinger 和 Stalink 方法获得了阿伦尼乌斯动力学参数;同时,用 TG - DTA 研究了推进剂样品的热分解过程,并制备了含有纳米和微米氧化铁的固体推进剂药柱。通过摩擦和冲击试验,考察了催化剂对推进剂燃速和起爆感度的影响;通过评估黏度和力学性能,评价了催化剂在推进剂胶黏剂反应中的作用;采用 SEM/EDS 技术评价了氧化铁的形貌,还用 3 个台架射击试验评价了火箭发动机的弹道参数。

10.1 引 言

复合固体推进剂被认为是一种多相混合物,其中固体颗粒嵌入聚合物基体(即胶黏剂)(Kubota,2007)。胶黏剂中使用的聚合物种类很多,最常用的是端羟基聚丁二烯,在固体颗粒中起粘接作用,并且在推进剂燃烧期间作为燃料。推进剂的固体颗粒由氧化剂(通常是高氯酸铵(AP))和金属燃料(通常是铝粉)组成,用于提高燃烧产物的温度(Prajakta, Krishnamurthy, Satyawati, 2006; Ma, Li, 2006; Li, Cheng, 2007; Sciamareli, Takahashi, Teixeira, 2002)。除基本组分之外,推进剂配方中还添加有增塑剂、键合剂和燃烧催化剂等成分。燃烧催化剂的作用是提高推进剂的燃烧速率(Prajakta, Krishnamurthy, Satyawati, 2006; Kubota, 2007; Li, Cheng, 2007)。用于加速 AP 基推进剂热分解的主要催化剂是过渡金属氧化物,如氧化铁(Ⅲ)(Fe_2O_3)、氧化钴(Ⅲ)(CO_2O_3)、氧化锰(MnO_2)、氧化铬(Ⅲ)(Cr_2O_3)和铜铬氧化物(Ⅱ)($CuCr_2O_4$)(Mar,Li,2006)。金属氧化物催化剂的特性,如粒径、比表面积和晶体结构缺陷等可能影响高氯酸铵基推进剂的燃烧行为(Engen,Johannessen,1990)。已有研究者提出了解释热分解的不同机制,但尚无完全令人满意的模型(Kishore,Verneker,Sunitha,1980;Cavalheira,Gadiot,Klerk,1995)。Pekel 等(Pekel,Pinardag,Türkan,1990)研究了两种不同比表面积的氧化铁对复合推进剂燃速的影响效果,发现推进剂燃速随着催化剂比表面积成比例增加。Burnside(1975)和 Engen、Johannessen(1990)在评价不同类型氧化铁的比表面积和粒度时,对复合推进剂燃速的影响得出了相同的结论(Burnside,1975;Engen,Johannessen,1990)。推进剂的燃速可用解析表达式表示,该表达式将燃速定义为给定温度下压强的函数。最常用于描述复合推进剂燃速的表达式是 Saint Robert 和 Vieille 的燃速定律:

$$r = ap_c^n$$

式中:r 为推进剂燃速;a 为燃速系数;p_c 为燃烧室压强;n 为压强指数。

大多数推进剂体系是为了满足燃速和特定的弹道性能要求而研制的,通常需要生产和优化胶黏剂体系,以具备特定应用所需的力学性能(Zyl,Keyser,1996)。与此相反,在配方设计方面,压强指数通常是一个不受重视的参数。多种因素对压强指数均有影响,并且已有许多不同的方法和途径来控制这一参数,包括氧化剂、金属类型、燃速和弹道添加剂、氧化剂包覆层和胶黏剂等。通常,推进剂的压强指数应尽可能较低,来实现设计更好的发动机。低压指数使发动机温度灵敏度低,可降低工作温度范围内压力和推力的变化,这又使性能窄化,并在各种条件下使性能更加均匀。由于测试压力范围减小,可使用较轻的发动机,可以降低惰性重量而增加推进剂的质量分数(Zyl,Keyser,1996),进而提高导弹的性能。高氯酸铵(AP)是应用最广泛的、用于制备火箭复合推进剂的氧化剂。AP 复合推进剂由细粒 AP 作为氧化剂,以聚合物烃作为燃料组分。为了获得较宽的燃速谱,研究者对 AP 复合推进剂的分解和燃烧进行了大量的实验和理论研究(Sutton,Biblarz,2017)。AP 复合推进剂的燃烧模型受 AP 颗粒的气相分解产物的扩散过程和在燃烧表面的周围碳氢聚合物控制,AP 颗粒分解产生高氯酸($HClO_4$),胶黏剂燃料分解产生烃碎片和氢(Sutton,Biblarz,2017),这些气体分解产物在燃烧表面反应产生热量。图 10-1 示出了 AP 颗粒和 HTPB 胶黏剂燃烧过程简图。

在燃烧表面发生吸热反应,包括胶黏剂热解形成气体燃烧产物,伴随 AP 粒子的解离升华和/或 AP 颗粒分解形成氨和高氯酸。氨和高氯酸分子发生放热反应,在每个 AP 粒子上方形成预混火焰。由于这些预混火焰的反应产物含有

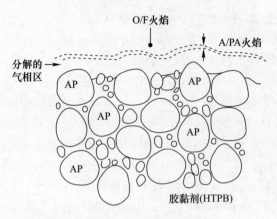

图 10-1 AP 颗粒与胶黏剂燃烧过程简图

大量的氧化剂碎片,这些碎片与由高分子胶黏剂分解产生的燃烧气体产物反应产生扩散火焰,因此 AP 复合推进剂的燃烧过程由两步反应组成(Sutt, Bibrarz, 2017)。凝聚相的温度通过燃烧表面的热反馈,从推进剂初始温度(T_0)增加到燃烧表面温度(T_s),然后,由于燃烧表面上发生放热反应,气相温度升高,最终达到燃烧温度(T_g)。由于 AP 复合推进剂的物理结构高度不均匀,温度时而波动,在不同位置也有所不同。图 10-2 所示的温度分布表明了 AP 复合推进剂燃烧波的反应过程。因此,AP 复合推进剂的燃速在很大程度上取决于 AP 的粒度、AP 的质量分数,以及所用胶黏剂的种类。

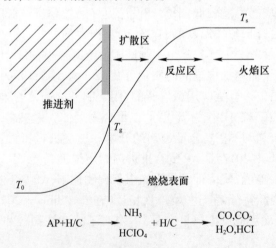

图 10-2 AP 复合推进剂燃烧波反应过程及温度分布图

推进剂燃速是火箭发动机设计的重要参数之一。AP 颗粒的气体分解产物与用作燃料组分的高分子胶黏剂之间的扩散混合过程决定了燃烧表面从气相到凝聚相的热反馈。这一过程是决定燃速的主要因素,并且正是由于这个原因,通过改变 AP 颗粒的尺寸来改变推进剂燃速,从气相到燃烧表面的热反馈也由气相中的化学反应速率决定。通过添加催化剂可改变气相中的反应速率,催化剂作用于凝聚相的分解反应或气体分解产物的气相反应。通过添加正催化剂,AP 复合推进剂的燃速增加,正催化剂起到加速推进剂中 AP 颗粒的分解反应和/或气相反应的作用(Sutton,Biblarz,2017)。由于催化剂作用在 AP 颗粒的表面,催化剂颗粒在固定浓度下的总表面积是获得高催化剂效率的重要因素。虽然使用非常细粒的氧化铁来提高 AP 复合推进剂的燃速,但由于有机铁化合物在分解过程中形成离散氧化铁分子,效率有所提高。差示扫描量热法(DSC)和热重分析(TG)等不同热分析技术在含能材料热分解研究中得到了广泛的应用。Andrade 等(2007)采用 DSC 和 TG 研究了复合固体少烟推进剂的热分解性能(Silva,Iha,Cardoso,Mattos,Dutra,2010),了解到含能材料的热行为对于保证其生产、储存和运输过程中的安全性至关重要。通常来说,研究固体材料热分解动力学的动力学模型原则上基于考虑材料质量随时间或样品转化率($d\alpha/dt$)变化的函数,也称为热刺激下的分解过程,可以用式(10-1)表示(Vyazovkin 等,2011)。在热分析领域中使用的多数动力学方法认为速率仅是两个变量的函数,即 t 和 α。

$$\frac{d\alpha}{dt} = k(t)f(\alpha) \quad (10-1)$$

反应速率对温度的依赖性用速率常数 $k(t)$ 表示,而反应模型 $f(\alpha)$ 表示对转化率的依赖性。目前的一项建议是,可靠的动力学方法必须能够检测和处理多步动力学。注意,即使某过程符合单步方程式(10-1),也不应判定该过程为单步骤机制。更有可能的是,该机制涉及多个步骤,但其中的一个决定整体动力学表现。例如,在某个具有两个连续反应的机制中,当第一反应明显慢于第二反应时,第一个过程将决定符合单步方程式(10-1)的整体动力学,但机制却包含两个步骤。通常,反应速率的温度依赖性可通过阿伦尼乌斯方程参数化:

$$k(t) = A\exp\left(\frac{-E}{RT}\right) \quad (10-2)$$

式中:A 和 E 分别为动力学参数中的指数前因子和活化能;R 为通用气体常数。结合式(10-1)和式(10-2)得到

$$\frac{d\alpha}{dt} = A\exp\left(\frac{-E}{RT}\right)f(\alpha) \quad (10-3)$$

所得方程为差分动力学方法提供了依据。在这种形式下,该方程适用于任

何温度程序,无论是等温还是非等温。它还允许用实际样品温度变化 $T(t)$ 代替 T,对于当样品温度明显偏离参考温度(即炉温)时非常有用。对于恒定加热速率的非等温条件,式(10-3)又被重新整理为

$$\beta \frac{د\alpha}{dT} = A\exp\left(\frac{-E}{RT}\right) f(\alpha) \quad (10-4)$$

引入加热速率的确切值降低了式(10-4)对于样品温度未明显偏离参考温度的过程的适用性,整合式(10-3)得

$$g(\alpha) = \int_0^\alpha \frac{d\alpha}{f(\alpha)} = A\int_0^t \exp\left(\frac{-E}{RT}\right) dt \quad (10-5)$$

式中:$g(\alpha)$ 为反应模型的积分形式。式(10-5)为多种积分方法奠定了基础。在这种形式中,式(10-5)适用于任何可以通过用 $T(t)$ 代替 T 而引入的温度程序。这也意味着,人们可以使用这个方程将实际样品温度变化 $T(t)$ 引入动力学计算中,有助于适用样品温度与参考温度存在显著偏差的情况。对于恒定的加热速率条件,时间积分通常被温度积分代替:

$$g(\alpha) = \frac{A}{\beta}\int_0^T \exp\left(\frac{-E}{RT}\right) dT \quad (10-6)$$

这种重排引入了式(10-6)中加热速率的确切值,这意味着方程的应用范围限于样品温度未明显偏离参考温度的情况(Vyazovkin 等,2011)。

所有等转化方法都源于等转化原理,即反应速率在恒定转化率下仅仅是温度的函数,这可以通过在 α 为常数时取反应速率的对数导数(式(10-1))来轻易地证明:

$$\left|\frac{\partial \ln(d\alpha/dt)}{\partial T^{-1}}\right|_\alpha = \left|\frac{\partial \ln k(T)}{\partial T^{-1}}\right|_\alpha + \left|\frac{\partial \ln f(\alpha)}{\partial T^{-1}}\right|_\alpha \quad (10-7)$$

式中:下标 α 表示等转化值,即与给定转化率有关的值。因为,$f(\alpha)$ 在 α 为常数时也是常数,而式(10-7)右边的第二项是零,因此:

$$\left|\frac{\partial \ln(d\alpha/dt)}{\partial T^{-1}}\right|_\alpha = -\frac{E_a}{R} \quad (10-8)$$

由式(10-8)可知,等转化率的温度依赖性可用于评价活化能 E_a 的等转化值,而不必假设或确定任何特定形式的反应模型。因此,等转化方法经常被称为"自由模型"方法。然而,我们不应从字面上理解这个词,虽然这些方法不需要识别反应模型,但它们确实假设转化率的依赖关系符合一些 $f(\alpha)$ 模型。为了从实验上获得等转化率的温度依赖性,必须进行一系列不同温度下的实验,通常是一系列(3~5次)在不同加热速率或不同恒定温度下进行的实验。建议以不大

于 0.05 的步长在 α 为 0.05～0.95 的范围内确定 E_a 值,并表征 E_a 对 α 的依赖性。E_a 依赖性对于检测和处理多步骤动力学具有重要意义。E_a 随 α 的显著变化表明这是一个复杂的动力学过程,即不能应用单步速率方程(式(10-1)和/或式(10-3))来描述这一过程在整个实验转化率和温度范围内的动力学表现。注意,多步过程的出现不会立即使等转化原理的应用失效,尽管后者严格适用于单步骤过程,该原理仍作为一个合理的近似情形有效,因为等转化方法通过使用多个单步动力学方程来描述过程动力学,每个单步方程都与一定程度的转化率和与该转化率相关的窄温度范围(ΔT)相关,如图 10-3 所示。事实上,通过等转化方法评估的 E_a 依赖性允许存在有意义的机理和动力学分析及可靠的动力学预测。等转化原理为大量的等转化计算方法奠定了基础,这些计算方法一般可以分为两类:微分和积分。

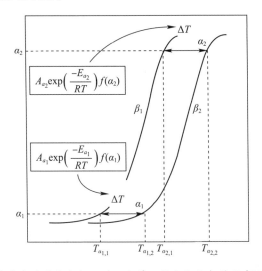

图 10-3 每个单步速率方程与 α 的一个单一值和与之相关的窄温度区域 δ_i 有关

积分等转化方法起源于等转化原理在积分方程(10-5)中的应用。式(10-5)中的积分对于任意温度程序没有分析解,但可以得到等温程序的分析解,即

$$g(\alpha) = A\exp\left(\frac{-E}{RT}\right)t \qquad (10-9)$$

采用等转换原理,进行一些简单的整理后,得

$$\ln t_{\alpha,i} = \ln\left[\frac{g(\alpha)}{A_\alpha}\right] + \frac{E_a}{RT_i} \qquad (10-10)$$

式中:t 为在不同温度 T_i 达到一定转化率的时间,用于等温条件积分等转化方法的方程。E_a 的值是由图的斜率 $\ln t_{\alpha,i}$ 与 $1/T_i$ 确定的。对于常用的恒定升温速率,式(10-5)转化为没有分析解的式(10-6),因此,式(10-6)中有许多不同于近似温度积分的积分转化方法,其中许多近似产生了普通形式的线性方程:

$$\ln\left(\frac{\beta_i}{T_{\alpha,i}^B}\right) = \text{Const} - C\left(\frac{E_a}{RT_\alpha}\right) \qquad (10-11)$$

式中:B 和 C 均为由近似温度积分的类型确定的参数。例如,Doyle 的非常粗略的近似得到 $B=0$ 和 $C=1.052$,因此,式(10-11)被称为 Ozawa-Flynn-Wall 方程。

$$\ln(\beta_i) = \text{Const} - 1.052\left(\frac{E_a}{RT_\alpha}\right) \qquad (10-12)$$

粗略的近似温度积分导致 E_a 值不准确。Murray 和 White 提出更精确的近似,得到 $B=2$ 和 $C=1$,并提出另一个常用方程,通常被称为 Kissinger – Akahira – Sunose 方程,即

$$\ln\left(\frac{\beta_i}{T_{\alpha,i}^2}\right) = \text{Const} - \frac{E_a}{RT_\alpha} \qquad (10-13)$$

与 Ozawa – Flynn – Wall 方程相比,Kissinger – Akahira – Sunose 方程在 E_a 值的准确性上有了显著的改进。如 Starink 所描述的:当设置 $B=1.92$ 和 $C=1.0008$ 时,可以完成更精确的 E_a 估计,使式(10-11)变为

$$\ln\left(\frac{\beta_i}{T_{\alpha,i}^{1.92}}\right) = \text{Const} - 1.0008\left(\frac{E_a}{RT_\alpha}\right) \qquad (10-14)$$

由于上述式(10-11)~式(10-14)通过应用线性回归分析同样容易求解,建议使用式(10-13)和式(10-14)等更精确的方程。式(10-12)非常不精确,不能对 E_a 值进行迭代校正。因此,我们强烈建议不要频繁采用基于同时使用一种以上形式的方程(式(10-11))来计算和报告动力学分析,同时使用两个或多个这样的方程只能揭示采用不同精确度方法计算的 E_a 值的细微差别。如此比较不会得到动力学信息,所以不应该同时使用式(10-11)~式(10-14),而应只使用一个更精确的方程。ASTM E698 方法使用与 ASTM E1641 方法相似的预测方程(ASTM E1641-07 热重分解动力学标准试验方法,2007)。E_a 值由 Kissinger – Akahira – Sunose 方程或 Ozawa – Flynn – Wall 方程确定[式(10-12)]。在后一种情况下,建议用峰温 T_p 代替式(10-12)中的 T_α。ASTM E698 方法进行的寿命预估又是基于一级动力学的假设,使用相同的假设来确定指前因子

(Vyazovkin 等,2011)。

$$A = \frac{\beta E}{RT_p^2}\exp\left(\frac{E}{RT_p}\right) \quad (10-15)$$

通过替代 Arrhenius 方程,得到动力学参数:

$$k = Ae^{-E_a/RT} \quad (10-16)$$

由于理解含能材料热行为的重要性,本研究旨在确定含纳米和微米氧化铁固体推进剂热分解反应的 Arrhenius 参数(活化能和指前因子),与不含燃速催化剂的固体推进剂进行了比较(Silva,Iha,Cardoso,Mattos,Dutra,2010;Lee,Hsu,Chang,2002)。在这些催化剂中,氧化铁的结构简单、稳定性高,易于合成且副反应少,是用于复合推进剂的一种高效、可再生的燃烧催化剂(Satyawati,Prajakta,Krishnamurthy,2008)。大多数聚氨酯配方都使用催化剂,这些体系的选择性是获得具有所需物理性能和加工特性的材料的基础。催化剂在异氰酸酯与醇之间的反应中的作用不仅提高了反应速率,而且影响反应产物的特性(Lima,2007)。用于异氰酸酯与含有活性氢(在实践中为醇、胺和水)的化合物之间反应的催化剂可分为两大类:胺和有机锡化合物。尽管存在许多组合,两个常见的例子是 DABCO(1,4-二氮杂双环-[2,2,2]-辛烷)和二月桂酸二丁基锡(Ⅳ),因此,这些化合物通常结合起来使用。其他基于铅、锌、钙和镁的有机金属化合物可用于催化异氰酸酯与含有活性氢的化合物之间的反应,但是均未达到胺和有机锡化合物在商业上的重要性。有机金属化合物通常比胺类化合物活性更高,并且对于催化异氰酸酯与醇之间的反应尤其有效。在大多数聚氨酯体系中,异氰酸酯与多元醇的羟基之间的反应是典型的聚合反应。随着这些反应的进行,聚合物的分子量如 Flory(Flory,1953;Wegener,Brandt,Duda,Wisbeck,2001;Lima,2007)所描述的那样一直增加至形成交联体系(通常是多功能单体),这种"凝胶点"的特点是物理性能和力学强度快速提升(Lima,2007;Flory,1953)。

10.2 实 验 部 分

研究选择了加工性能良好的推进剂配方,表 10-1 列出了常用的推进剂组成,使用 0.6% 的氧化铁制成推进剂配方,并与不含催化剂的相同推进剂进行比较。采用浆料浇铸技术制备含约 81% AP 和 17.6% 胶黏剂的推进剂样品。将端羟基聚丁二烯(HTPB)、增塑剂——己二酸二辛酯(DOA)、Tepanol 878、高氯酸铵(20μm、200μm 和 400μm)、铝粉和氧化铁(纳米和微米)混合在混合器中,并在外夹套中连续进行热水循环。在第一混合阶段后,异佛尔酮二异氰酸酯

（IPDI）以1∶1化学计量（NCO∶OH=1∶1）加入混合物中，推进剂在（62±2）℃下水浴烘箱中固化1周。

表10-1 推进剂配方　　　　　　　　　单位:%（质量分数）

组分	配方A	配方B	配方C
HTPB胶黏剂	17.60	17.60	17.60
Al	1.00	1.00	1.00
AP	80.80	80.80	81.40
燃速催化剂	0.60	0.60	0
氧化铁（供应商）	Lanxess	Mach I	

本章研究了3组推进剂样品，其中，第一组样品（FA）由Lanxess公司提供的工业氧化铁制备；第二组样品（FB）由Mach I提供的纳米氧化铁制备；第三组样品（FC）不含氧化铁。为尽量减少制备过程引起的推进剂性能差异，3种推进剂在相同的行星式捏合机中，使用相同的胶黏剂、燃料和氧化剂等原料制备，唯一的变量是配方中的氧化铁催化剂组分。采用DSC 7020 SII纳米技术公司的设备进行DSC分析，并且根据所使用的加热速率（即10℃/min、15℃/min、20℃/min、25℃/min和30℃/min），用锌和铟进行校准，样品的质量为1.0~2.0mg。实验分析在25~400℃、氮气流量为40mL/min的大气压下进行，即在DSC盘盖上打孔，以免限制样品。热重和差热分析（TG-DTA）数据通过TG/DTA 6200 SII纳米技术公司生产的仪器获得。利用扫描电子显微镜（SEM）和能量色散分析（SEM/EDS）技术评价了Lanxess和Mach I公司提供的氧化铁的形貌，研究了催化剂对胶黏剂反应的力学性能的影响和作用，在Kratos K-500型推进剂试验机上测定了在21℃下的推进剂力学性能，并用Jannaf C型试样进行了试验。用Brookfield黏度计测量了从混合过程结束到浇铸结束的推进剂黏度表现，分别用BAM摩擦试验机和BAM落锤式Reichel-Partner装置测定了推进剂的摩擦感度和冲击感度。根据Saint Robert定律和Vieille定律，为求得常数A和n，利用线性燃烧装置测得推进剂的燃速，用小型火箭发动机进行3个台架的点火试验，比较各配方的推进参数。

10.3 结果与讨论

FA、FB、FC 3种复合推进剂固化后，采用差示扫描量热法（DSC）测定了3组样品的热分解行为，即热释放性能和放热性能。在25~400℃的温度范围内，10℃/min、15℃/min、20℃/min、25℃/min和30℃/min的加热速率条件下，样品质量为 1～2mg,整个 DSC 运行过程保持在 50mL/min 的惰性氮流中。图 10-4、图 10-5 和图 10-6 分别示出了在氧化铁 FA-Lanxess(微米)、FB-MachⅠ(纳米)和 FC-空白(无氧化铁)下 HTPB 基复合推进剂的差示扫描量热结果。

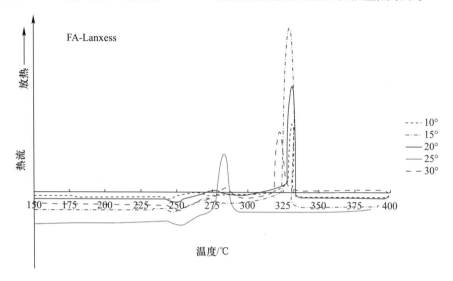

图 10-4 不同升温速率(10℃/min、15℃/min、20℃/min、25℃/min 和 30℃/min)下的复合 FA-Lanxess(DSC)

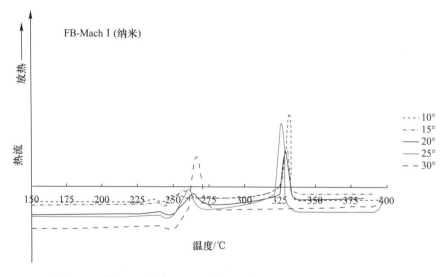

图 10-5 复合 FB(纳米 Fe_2O_3)在不同升温速率(10℃/min、15℃/min、20℃/min、25℃/min 和 30℃/min)下的 DSC

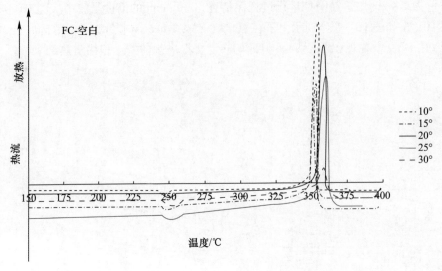

图 10-6 复合 FC(纳米 Fe_2O_3)在不同升温速率(10℃/min、15℃/min、20℃/min、25℃/min 和 30℃/min)下的 DSC

图 10-4~图 10-6 分别描述了 FA、FB 和 FC 配方在不同加热速率下的 DSC 结果。每条 DSC 曲线首先显示吸热,然后是放热阶段。对于这 3 种配方(FA、FB 和 FC),高氯酸铵均在 249℃左右出现吸热峰,表示其从正交晶型向立方晶型转变。对于 AP 的一些研究有两个放热峰,其中一个是在 320℃时,由于不完全燃烧,这与 AP 的部分分解和在 475℃的高温下形成中间体有关。FA 和 FB 配方都有两个高温放热峰,表明在 330℃左右完全分解;FC 配方的放热峰表现出不同的最高峰温(T_p),在 352.9℃、354.9℃、358.8℃、359.8℃和 363.1℃的加热速率下分别为 10℃/min、15℃/min、20℃/min、25℃/min 和 30℃/min。FWO、Kissinger 和 Starink 3 种方法下复合推进剂的 DSC 如表 10-2 所列。

表 10-2 复合推进剂的 DSC

推进剂	ASTM-E698-APDX 2（FWO 方法）动力学参数			ASTM-E698-APDX 3（Kissinger 方法）动力学参数			Starink 方法 动力学参数		
	E_{a0}/(kJ·mol^{-1})	A/min^{-1} (20℃)	k/s^{-1} (20℃)	E_{a0}/(kJ·mol^{-1})	A/min^{-1} (20℃)	k/s^{-1} (20℃)	E_{a0}/(kJ·mol^{-1})	A/min^{-1} (20℃)	k/s^{-1} (20℃)
配方 A (微米 Fe_2O_3)	114.5	7.39 ×10^{10}	1.53 ×10^{-2}	132.7	4.64 ×10^{12}	1.77 ×10^{-2}	132.4	4.33 ×10^{12}	1.77 ×10^{-2}

续表

推进剂	ASTM-E698-APDX 2（FWO方法）动力学参数			ASTM-E698-APDX 3（Kissinger方法）动力学参数			Starink方法动力学参数		
	E_{a_0}/(kJ·mol^{-1})	A/min^{-1} (20℃)	k/s^{-1} (20℃)	E_{a_0}/(kJ·mol^{-1})	A/min^{-1} (20℃)	k/s^{-1} (20℃)	E_{a_0}/(kJ·mol^{-1})	A/min^{-1} (20℃)	k/s^{-1} (20℃)
配方B（纳米Fe_2O_3）	182	9.62×10^{17}	2.56×10^{-2}	199.9	5.95×10^{19}	2.81×10^{-2}	199.7	5.68×10^{19}	2.81×10^{-2}
配方C（不含催化剂）	337	1.45×10^{28}	3.38×10^{-2}	358	8.39×10^{29}	3.59×10^{-2}	357.9	8.23×10^{29}	3.59×10^{-2}

催化剂在通过非均相反应加速AP的分解和促进燃料的氧化中起到双重作用(Prajakta,Krishnamurthy,Satyawati,2006；Inami,Rajaphase,Shaw,Wise,1971)。众所周知,在金属氧化物催化氧化中,晶格中的金属离子经历氧化还原循环,涉及碳氢化合物与其高价态的相互作用,然后由氧分子重新氧化。因此,在FB配方中加入超细纳米氧化铁颗粒作为燃速调节剂,AP的分解特性发生了显著的变化。纳米Fe_2O_3的加入没有改变吸热相转变,但高温放热峰存在较大差异(图10-4和图10-5)。这一放热位置极大取决于纳米材料的粒径大小(Prajakta,Krishnamurthy,Satyawati,2006；Liu,Li,Tan,Ming,Yi,2004)。纳米Fe_2O_3的加入使AP在10℃/min、15℃/min、20℃/min、25℃/min和30℃/min时的高温分解温度分别降低了99.3℃、98.1℃、97.8℃、95.8℃和96.3℃。温度的降低是由于纳米氧化铁的催化作用。由于纳米Fe_2O_3具有较高的表面积与体积比,使其比表面积较大,因此在分解过程中溅射粒子较少,这导致配方的力学损失较少,热传递更高效。实验结果显示一个有趣的特征,在纳米Fe_2O_3(FB)存在下,热释放比配方(FC)高32%。释放热量较高的另一个原因可能是由于在AP与有机烃之间的界面处存在非常强的离子-离子相互作用,从而具有较高的Fe^{+3}组分浓度。E_a、A和k用于高温分解的结果如表10-2所示。许多研究人员指出,催化AP的E_a高于纯AP的(Cavalheira,Gadiot,Klerk,1995；Lima,2007；Wegener,Brandt,Duda,Weisbeck,2001；Houghton,Mulvaney,1996),类似地,Dubey等(Flory,1953)发现催化剂在220~260℃的温度范围内E_a降低,而在220~380℃的温度范围内E_a增加。E_a的增加和A值的相应增加是由Ninan等早先报道的动力学补偿效应导致的(Inami,Rajaphase,Shaw,Wise,1971)。结果,由于E_a和A在反应中都发生了变化,E_a与反应速率难以存在直接相关性。因此,频率因子在提

高 AP 热分解反应速率中起着重要的作用。表 10-2 列出了特定速率常数 k 的平均值,期望通过添加纳米氧化物增加速率常数,但这种行为没有发生。该催化剂在界面处的浓度及燃料和氧化剂催化蒸气的分解进一步增强了放热反应,从而提高了燃速(Prajakta, Krishnamurthy, Satyawati, 2006; Nema, Jain, Sharma, Nema, Verma, 2004)。利用扫描电子显微镜(SEM)和能谱分析(SEM/EDS),结合 SEM TESCAN VEGA3 SB Easy Probe 对 Lanxess 和 Mach I 提供的氧化铁形貌进行了报道。

可以观察到,Fe_2O_3 Lanxess[图 10-7(a)和 10-7(b)]的颗粒稍微团聚,根据供应商提供的数据,颗粒粒度为 3~5μm。图 10-7(c)和图 10-7(d)是纳米 Fe_2O_3 Mach I 扫描电子显微镜照片。在较高放大倍率下,观察到分散性较好、粒径较小的纳米氧化铁颗粒,极少有团聚体。然而,在图 10-7(c)中,观察到形成 Fe_2O_3 链状结构的圆,这是 α-Fe_2O_3 颗粒的特征。通过透射电子显微镜(TEM)分析,认为纳米 Fe_2O_3 Mach I 更清晰。扫描电镜和能量色散分析(SEM/EDS)表明,两种 Fe_2O_3 的组成非常相似,主要化学元素为 α-Fe,结果列于图 10-8 中。

(a) Fe_2O_3 Lanxess 1000×放大倍数
(b) Fe_2O_3 Lanxess 1830×放大倍数
(c) Fe_2O_3 Mach I 20000×放大倍数
(d) Fe_2O_3 Mach I 29200×放大倍数

图 10-7 Fe_2O_3 Lanxess 的显微镜照片

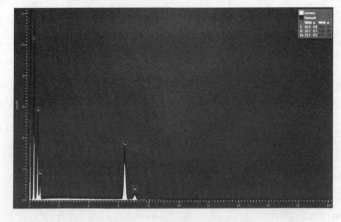

图 10-8 Fe_2O_3 Lanxess 和 Mach I 的 SEM/EDS 分析

两种配方均显示出粒径从 20μm 到 400μm 的 AP 颗粒嵌入到 HTPB 胶黏剂中,放大 100 倍后,不可能观察到嵌入在 HTPB 胶黏剂中的 Fe_2O_3 和铝颗粒,如图 10-9 所示。

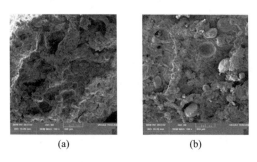

图 10-9　FA(Laxess)和 FB(纳米 Mach I)的 SEM

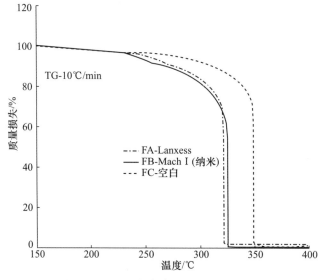

图 10-10　N_2 气氛中 A 的 TG/DTA 曲线

TG/DTA 在 10℃/min 的升温速率下进行校准,样品质量约为 2mg,在 25℃ 和 400℃ 的温度下进行分析;试验在氮气(50mL/min)的流动下进行,不带锅盖,以免限制样品。图 10-10 所示为加热速率为 10℃/min 时 FA、FB 和 FC 配方的典型热重曲线。增塑剂,如 DOA(己二酸二辛酯)也经常用于改善浇铸性能(Rocco 等,2005)。高氯酸铵(AP)作为复合固体推进剂中的氧化剂被广泛应用。在 HTPB/DOA/IPDI 推进剂体系中添加 AP,主要损失可能与高氯酸铵分解及聚合物胶黏剂的某些降解有关。小颗粒铝粉(15μm)也加入推进剂配方(1% ~ 20%(质量分数))中,以增加比冲(I_s),并在固体火箭发动机中作为燃烧不稳定性的抑制剂发挥作用(Rocco 等,2005)。热降解发生在两个主要步骤:第一步在263.4℃(FA)、253.6℃(FB)和243℃(FA)处的质量损失分别为6.8%和7.5%,与增塑剂(DOA)的降解有关。后面的热降解步骤可在图10-10中观察到,分别在332.6℃(FA)和339.7℃(FB),与部分HTPB/IPDI胶黏剂和总AP热分解有关,总的质量损失分别为87.4%(FA)和86.9%(FB),剩余质量分别为3.7%(FA)和4.2%(FB),可能是由于燃烧反应过程中铝的氧化导致氧化铝的形成。对于FC配方,观察到的第一步在251℃左右,质量损失为5.3%,与增塑剂降解有关;第二步在352℃,质量损失为88.5%,与AP完全分解相对应,剩余质量约为3.4%,被认为是氧化铝。表10-3中列出了FA、FB和FC配方的拉伸试验数据。试验采用Janaf C型试样,拉伸速率为50mm/s,根据ASTM D2240(ASTM D2240-05(2010)橡胶性能测试标准-硬度计,2007),使用显微硬度计进行硬度测试,结果如表10-3所列。

表10-3 FA、FB和FC配方的拉伸试验数据

样品	拉伸应力[①]/MPa	延伸率[①]/%	硬度[①](邵氏A型)
FA	11.4	47.2	78
FB	7.2	62.7	64
FC	7.6	59.7	62

①测试温度:21℃±2℃。

观察到含Fe_2O_3 Lanxess的样品的拉伸应力值显著增加,而延伸率降低(图10-11),这种现象可能与前面提到的有机金属化合物污染导致胶黏剂反应速率的增加有关。关于黏度,还观察到含Fe_2O_3 Lanxess(FA)配方的推进剂黏度显著增加。这种行为有助于缩短使用寿命和减少浇铸时间,如图10-12所示。

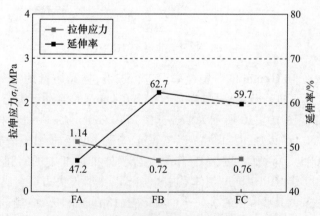

图10-11 推进剂配方的拉伸应力和延伸率

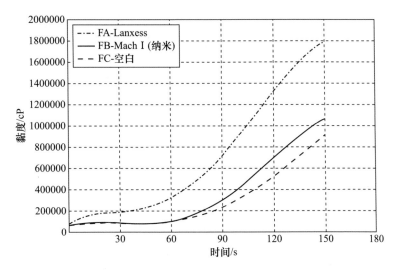

图 10-12 黏度与时间的关系

燃速结果如图 10-13 所示。配方 FB(Mach Ⅰ(纳米))的燃速明显高于配方 FA(Lanxess)和配方 FB(空白)。根据燃速定律(Saint Robert 定律和 Vieille 定律),火箭发动机设计者期望压力指数为 0.30(FB) 左右;在 40~120kgf/cm² (1kgf/cm² ≈ 0.98MPa) 压强范围内,配方 FA 和 FB 的燃速分别比配方 FC 高 30.6%~39.6% 和 61.5%~44.6%,结果如图 10-13 所示。

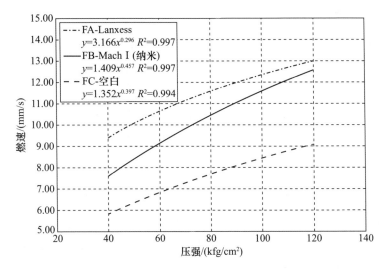

图 10-13 FA、FB 和 FC 的燃速结果

推进剂对摩擦和冲击的敏感性(表 10-4)随着加入微米(Lanxess)氧化铁

催化剂而增加,可以用活化能(E_a)降低来解释。然而,与不含纳米氧化物(FC)的配方相比,含纳米氧化物(FB)配方也能观察到这种结果。

表 10-4　摩擦和冲击灵敏度配方 FA、FB 和 FC

推进剂感度	FA – Lanxess	FB – Mach I (纳米)	FC – 空白
摩擦感度/N(FAM 摩擦测试)	>32	>44	>52
撞击感度/J(BAM 落锤)	>35	>44	>57

表 10-5 列出了含氧化铁和不含氧化铁配方的弹道性能,图 10-15 和图 10-16 列出了试验的压强-时间和推力-时间曲线,点火试验和火箭发动机结果如图 10-14 所示。

表 10-5　火箭发动机推进参数

推进参数	FA – Lanxess	FB – Mach I (纳米)	FC – 空白
平均压强/MPa	7.38	6.01	2.54
平均推力/kN	12.67	10.22	4.00
总推力/kN	25.74	25.02	17.82
燃速/(mm/s)	11.40	9.26	4.97
燃烧时间/s	2.16	1.75	4.02

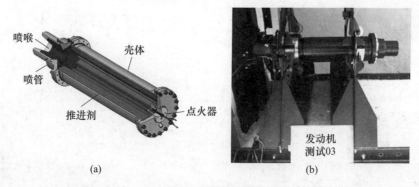

图 10-14　火箭发动机(a)和台架点火试验装置(b)

该催化剂在界面处的浓度及燃料和氧化剂蒸气的催化分解进一步增强了放热反应,从而提高了燃速和燃烧效率。根据平均压力和平均推力值,添加氧化铁催化剂显著影响推进剂的燃速。与未加催化剂的配方相比,期望添加催化剂配方的总冲量增加,而这些值高出约 42%。总冲量的增加部分归因于使用氧化铁和合适的燃烧室设计后燃烧效率提升。火箭发动机的燃速与串式燃烧室的燃速一致。

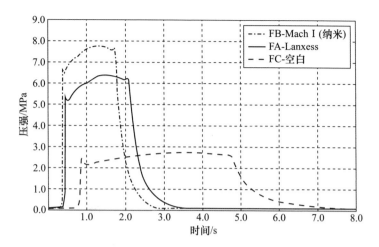

图 10-15 用 FA、FB 和 FC 公式计算火箭发动机的压强-时间曲线

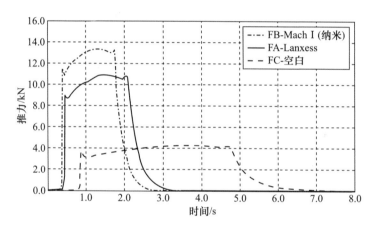

图 10-16 用 FA、FB 和 FC 的公式计算火箭发动机的推力-时间曲线

10.4 结 论

对 AP/Al/HTPB 复合推进剂的差示扫描量热法研究显示,在纳米和微米氧化铁存在下,对 AP 的高温分解有较好的催化作用。高温分解过程中 T_p 的降低和催化推进剂中速率常数的增加表明了高氯酸铵催化活性的提高。配方 FB - Mach I(纳米)和 FA - Lanxess 的燃速值显著高于不含氧化铁的 FC - 空白的配方。通过添加微米氧化铁催化剂(FA),推进剂的摩擦和冲击感度增大,可由活化能(E_a)降低来解释。含 Fe_2O_3 Lanxess 试样的抗拉强度显著提高,延伸率降

低,这可能与金属有机化合物污染导致胶黏剂反应速率增加有关。在推进剂黏度中也观察到相同的现象,这有助于缩短使用寿命和减少浇铸时间,还可观察到 Fe_2O_3 Lanxess 团聚颗粒;在较高放大倍率下,观察到纳米氧化铁颗粒的分散性较好。扫描电镜和能量色散分析(SEM/EDS)表明,两种 Fe_2O_3 的组成非常相似,主要化学元素为 α – Fe。火箭发动机弹道试验结果表明,添加氧化铁催化剂对推进剂燃速有显著影响。与没有催化剂的配方相比,含催化剂的配方的总冲量可按预期增加,但这些值高得惊人,总冲量的增加部分可归因于通过使用氧化铁和合适的燃烧室设计提高燃烧效率。

参 考 文 献

ASTM E1641 – 07. (n. d.). Standard Test Method for Decomposition Kinetics by Thermo gravimetry. (2007). In *Annual Book of ASTM Standards* (Vol. 14. 02). West Conshohocken, PA: ASTM International.

ASTM D2240 – 05. (2010). Standard Test Method for Rubber Property – Durometer Hardness. (2007). In *Annual Book of ASTM Standards*. West Conshohocken, PA: ASTM International.

Burnside, C. H. (1975). *Correlation of ferric oxide surface area and propellant burning rate*. Pasadena, CA, USA: AIAA. doi: 10. 2514/6. 1975 – 234.

Cavalheira, P., Gadiot, G. M., & Klerk, W. P. (1995). Thermal decomposition of phase – stabilised ammonium nitrate(PSAN), hydroxyl – terminated polybutadiene(HTPB) based propellants. The effect of iron(Ⅲ) oxide burning – rate catalyst. *Thermochimica Acta*, 269 – 270, 273 – 293. doi: 10. 1016/0040 – 6031(95)02366 – 6.

Engen, T. K., & Johannessen, T. C. (1990). The effects of two types of iron oxide on the burning rate of a composite propellant. In *Proceeding of the 21st International Annual Conference of Technology of Polymer Compounds and Energetic Materials*, Karlsruhe, Germany(pp. 81. 1 – 81. 12).

Flory, P. J. (1953). *Principles of Polymer Chemistry*. Ithaca: Cornell University Press.

Houghton, R. P., & Mulvaney, A. W. (1996). Mechanism of Tin(Ⅳ) – catalyzed urethane formation. *Journal of Organometallic Chemistry*, 518(1 – 2), 21 – 27. doi: 10. 1016/0022 – 328X(96)06223 – 7.

Inami, S. H., Rajaphase, Y., Shaw, R., & Wise, H. (1971). Solid Propellant Kinetics. I: The Ammonium Perchlorate – Copper Chromite – Fuel System. *Combustion and Flame*, 17(2), 189 – 196. doi: 10. 1016/S0010 – 2180(71)80161 – X.

Kishore, K., Verneker, P., & Sunitha, M. R. (1980). Action of Transition Metal Oxides on Composite Solid Propellants. *AIAA Journal*, 18(11), 1404 – 1405. doi: 10. 2514/3. 7735.

Kubota, N. (2007). *Propellants and explosives: thermo chemical aspects of combustion*. Weinheim, Germany: Wiley – VCH Verlag GmbH & Co.

Lee, J. S., Hsu, C. K., & Chang, C. L. (2002). A Study on the Thermal Decomposition Behaviors of PETN, RDX, HNS and HMX. *Thermochimica Acta*, 392 – 393, 173 – 176. doi: 10. 1016/S0040 – 6031(02)00099 – 0.

Li, W., & Cheng, H. (2007). Cu – Cr – O nanocomposites: Synthesis and characterization as catalysts for solid state propellants. *Solid State Sciences*, 11(2), 750 – 755. doi: 10. 1016/j. solidstatesciences. 2007. 05. 011.

Lima, V. (2007). *Estudo de Catalisadores Organometálicos na Síntese de Poliuretanos* [Master Degree Thesis]. Pontifícia Universidade Católica do Rio Grande do Sul.

Liu, L., Li, F., Tan, L., Ming, L., & Yi, Y. (2004). Effects of Nanometer Ni, Cu, Al, and NiCu Powders on the Thermal Decomposition of Ammonium Perchlorate. *Propellants, Explosives, Pyrotechnics*, 29(1), 34 – 38. doi: 10. 1002/prep. 200400026.

Ma, Z., & Li, F. (2006). Preparation and thermal decomposition behavior of TMOS/AP composite nanoparticles. *Nanoscience*, 11(2), 142 – 145.

Nema, A. K., Jain, S., Sharma, S. K., Nema, S. K., & Verma, S. K. (2004). Mechanistic Aspect of Thermal Decomposition and Burn Rate of Binder and Oxidizer of AP/HTPB Composite Propellants Comprising HYASIS – CAT. *Int. J. Plast. Technol.*, 8, 344.

Pekel, F. E., Pinardag, E., & Türkan, A. (1990). An investigation of the Catalytic Effect of Iron(III) Oxide on the Burning rate of Aluminized HTPB/AP Composite Propellant. In *Proceedings of the 21st International Annual Conference of Technology of Polymer Compounds and Energetic Materials*, Karlsruhe, Germany (pp. 1 – 8).

Prajakta, R. P., Krishnamurthy, V. N., & Satyawati, S. J. (2006). Differential Scanning Calorimetric Study of HTPB based Composite Propellants in Presence of Nano Ferric. *Propellants, Explosives, Pyrotechnics*, 31(6), 442 – 446. doi: 10. 1002/prep. 200600059.

Rocco, J. A., Lima, J. E., Frutuoso, A. G., Iha, K., Ionashiro, M., Matos, J. R., & Suárez – Iha, M. E. (2005). Thermogravimetric Studies of a Composite Solid Rocket Propellant Based on HTPB – Binder. *Journal of Thermal Analysis and Calorimetry*, 77(3), 803 – 813. doi: 10. 1023/B : JTAN. 0000041659. 97749. fe.

Satyawati, S. J., Prajakta, R. P., & Krishnamurthy, V. N. (2008). Thermal Decomposition of Ammonium Perchlorate in the Presence of Nanosized Ferric Oxide. *Defence Science Journal*, 58(6), 721 – 727. doi: 10. 14429/dsj. 58. 1699.

Sciamareli, J., Takahashi, M. F., Teixeira, J. M., & Iha, K. (2002). Propelente sólido compósito polibutadiênico: I – influência do agente de ligação. *Quimica Nova*, 25(1), 107 – 110. doi: 10. 1590/S0100 – 40422002000100018.

Silva, G., Iha, K., Cardoso, A. M., Mattos, E. C., & Dutra, R. C. (2010). Study of the thermal decomposition of 2,2,4,4,6,6 – hexanitrostilbene. *Journal of Aerospace Technology and Management*, 2(1), 41 – 46. doi: 10. 5028/jatm. 2010. 02014146.

Sutton, G. P., & Biblarz, O. (2017). *Rocket Propulsion Elements*. John Wiley & Sons.

Vyazovkin, S., Burnham, A. K., Criado, J. M., Pérez Maqueda, L. A., Popescu, C., & Sbirrazzuoli, N. (2011). ICTAC Kinetics Committee recommendations for performing kinetic computations on thermal analysis data. *Thermochimica Acta*, 520(1 – 2), 1 – 19. doi: 10. 1016/j. tca. 2011. 03. 034.

Wegener, G., Brandt, M., Duda, L., & Weisbeck, M. (2001). Trends in industrial catalysis in the polyurethane industry. *Applied Catalysis A, General*, 221(1 – 2), 303 – 335. doi: 10. 1016/S0926 – 860X(01)00910 – 3.

Zyl, G. J., & Keyser, R. (1996). Development of a composite propellant with a low Pressure Exponent suitable for Nozzleless Booster Motors. In *Proc. 27th Intl Ann. Conf. ICT.*, Karlsruhe, Germany (pp. 20/1 – 20/11).

第 11 章 固体火箭发动机寿命预估影响因素研究

Ricardo Viera Binda

(巴西航空航天研究所,巴西)

Roberta Jachura Rocha

(巴西航空技术学院,巴西)

Luiz Eduardo Nunes Almeida

(巴西航空理工学院,巴西)

摘要:长期存储装有复合固体推进剂的火箭发动机可能会使推进剂的性质发生改变,从而导致推进剂失效并影响火箭发射期间的安全性。为预估推进剂的使用寿命并评估其性质随时间的变化规律,本章利用热分析(TG/DSC)技术开展了加速老化试验。进行了 65℃环境下放置 3 个月后取出样品的老化试验,也进行了室温下的老化试验。对于使用 Ozawa 和 Kissinger 两种动力学方法计算的固体推进剂样品,在推进剂老化期间,热分解的活化能都有着显著变化。老化推进剂的焓值显著降低,导致固体推进剂装药弹道参数变化,并影响火箭的性能。

11.1 引 言

火箭发动机主要用作常规使用的军事武器和辅助装置的驱动力,被广泛用于军事任务。目前,联合国成员国之间和平发展的外交关系使得固体火箭发动机的长期储存、随时投入使用和安全正常运行变得愈发重要。由于收购维护含固体推进剂的武器的成本较高,因此需要操作人员和制造人员预测并了解其使用寿命。

用于火箭发动机的固体复合推进剂基本上由富含碳和氢的高聚物作胶黏剂和气体发生剂(平均质量分数为 10%)、富含氧的无机盐作为氧化剂(平均质量分数为 70%)、金属添加剂作弹道助剂(最常用的是铝粉,平均质量分数为 20%)组成。一旦制备完成,安装在发动机中的固体推进剂装药应满足特定的弹道特性和力学性能指标。因此,在设计用于发动机的推进剂配方时,应使用合适的原材料和特定的制造工艺。此外,正确的储存、运输和处理对于发动机的正常运行和安全使用也至关重要(Sutton,Biblarz,2010)。

推进剂老化是指固体推进剂的化学成分随时间变化。推进剂老化会影响发动机装药的化学性质和力学性能,进而影响发动机的弹道性能。老化现象对于确定火箭发动机的使用时间至关重要。影响推进剂老化的因素有温度、机械应力、环境条件(如湿度)及接触的其他有机材料等(Kubota,1984)。

在固体火箭发动机应用中,研究确定更准确的推进剂装药老化条件是一项重要课题;基于此,还可以确定每个部件的使用寿命。由于复合推进剂表面积大、化学势能大,因此在处理、储存和操作固体推进剂过程中会受到各种张力的影响,这些因素都会影响弹道结果、机械和化学特性(Davenas,2003)。

复合固体推进剂是由氧化剂和还原剂组成的复杂且稳定的混合物。点燃推进剂后,其不同组分间相互反应,以均匀、连续和受控的方式燃烧,并在非常高的温度和压力下形成气体分子。最常用的胶黏剂或聚合物是由羟基化聚丁二烯得到的聚氨酯弹性体(图11-1),商业上称为HTPB,是一种含有末端羟基和反应性基团,且摩尔质量为 $2800\text{g}\cdot\text{mol}^{-1}$ 的液体预聚物。

HTPB是由过氧化氢使用醇稀释后,引发丁二烯聚合而得到的(图11-2)(Vilar,2005)。使用端羟基聚丁二烯的主要优点是在推进剂固化或形成装药期间无二次反应和副产物。该固化过程是指HTPB的羟基与含有异氰酸酯基团的化合物反应形成聚氨酯聚合物。

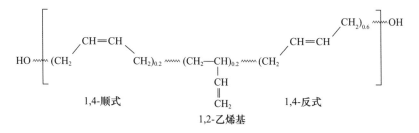

图11-1 端羟基聚丁二烯(HTPB)的结构形式

$$n\text{H}_2\text{C}=\text{CH}-\text{CH}=\text{CH}_2 + 2\text{HO} \rightarrow \text{OH}-[\text{CH}_2-\overset{\text{H}}{\text{C}}=\overset{\text{H}}{\text{C}}-\text{CH}_2]_n-\text{OH}$$

图11-2 制备端羟基聚丁二烯(HTPB)的反应

装有固体推进剂的火箭发动机都有一个预定的使用寿命,在使用寿命内使用可以保证发射过程中的安全性、力学性能和弹道学参数。尽管推进剂的老化是一个缓慢而渐进的过程,但依然会妨碍其性能的充分发挥。

由于人们认识到推进剂老化现象的重要性,目前已经开发了测试方法,来研究推进剂装药的老化现象。由于室温下的老化过程缓慢,因此有研究者设计了在室温以上的特殊环境内进行的加速老化实验(Rezende,2001;Judge,2003;Sbriccoli,Saltarelli,Martinucci,1989)。

在研究推进剂的加速老化时,必须确定可能影响并受该过程影响的因素。通常情况下,固体推进剂装药的力学性能,如拉伸强度、延伸率和硬度,受老化的影响最为明显。固体推进剂装药的导电性、密度和热膨胀等参数也可能因老化而受到影响,但很少观察到此类性能的变化(Sbriccoli, Saltarelli, Martinucci, 1989)。

温度是推进剂老化过程中最重要的影响因素,因为根据 Arrhenius 方程,高温下储存往往会导致化学反应速度加快。然而,如果温度太高,就可能会发生自然老化过程中不存在的化学反应。因此,基于 HTPB 基推进剂的老化研究通常在不超过 70℃ 的温度下进行(Judge,2003)。

另一个影响老化过程的因素是机械应力的积累,这可能导致胶黏剂和固体填料之间的分离,从而形成空泡和松散的颗粒。这些颗粒会成为微裂纹点,增大燃烧表面并提高发动机内部压力,可能会使发动机解体。

研究还考虑了老化过程中的环境条件,因为水分和空气可以加速材料的氧化过程。此外,与其他有机材料的接触也会引起推进剂组分的迁移,如与绝缘体或橡胶的黏合会引起推进剂组分的弱迁移(Davenas,2003;Sbriccoli, Saltarelli, Martinucci,1989;Sciamareli, Takahashi, Teixeira, Iha,2002)。

推进剂老化引起的变化包括推进剂装药硬度的增加或减少、膨胀和变色等,此外,聚氨酯链中交联的增加会引起推进剂动力学特性的变化(De la Fuente,2009;Layton,1974)。

11.2 研究方法

虽然物理化学测试方法也是可行的,但研究复合推进剂老化最常用的方法是测量和评估其相关力学性能的变化,如杨氏模量和拉伸强度(De la Fuente,2009)。Layton 是最早开展推进剂老化研究的研究人员之一,他提出了一个以他的名字命名的经验方程式。满足于力学性能的变化率,Layton 方程式写为(Layton,1974;Hocaoglu,Özbelge,Pekel,Özkar,2001)

$$\frac{dP}{dt} = \frac{K}{t} \qquad (11-1)$$

式中:P 为力学性能;K 为老化常数;t 为老化时间。

对式(11-1)进行积分可得

$$\int_{P_0}^{P} \mathrm{d}P = K \int_{t_0}^{t} \frac{1}{t} \mathrm{d}t \tag{11-2}$$

因此,Layton 方程可以写为

$$P = K\ln\frac{t}{t_0} + P_0 \tag{11-3}$$

不同温度下的 K 值可以从 Arrhenius 方程获得

$$K = A\mathrm{e}^{\left(\frac{-E_a}{RT}\right)} \tag{11-4}$$

式中:E_a 为活化能;R 为理想气体常数;T 为绝对温度;A 为指前因子。

需要指出的是,Layton 方程适用于只有一个单一反应或存在竞争反应的情况。因此,该式的使用受到限制。

Arrhenius 方法也适用于此目的,它假设整个过程完全由一级化学反应组成。分子分解反应基本上是分子分裂,与其他分子间的振动和接触。因此,一个分子分解产生两个或更多个分子(在一级反应中观察到的行为)。对于更高阶的化学过程或反应,有必要考虑与系统温度直接相关的每个基本反应的指前因子。

Kissiger 的方法是从热重数据分析估计动力学参数。该方法通过动态条件下的试验获得分解动力学中涉及的过程和参数。需要获得热分解曲线一阶导数的峰温(T_p),再使用分解速率(或转化率)最快的温度值计算活化能(E_a)(Rezende,2001)。

Kissiger 方法是基于高的加热速率会导致其最高峰温位置偏移的现象。在该方法中,对于在不同加热速率下的一系列试验,然后,通过 $\ln(\beta/T_p^2)$ 对 $1000/T_p$ 进行线性回归获得活化能值。其中,T_p 是 DTG 曲线最高峰处温度。

Kissiger 方法由下式定义:

$$\ln\left(\frac{\beta}{T_p^2}\right) = \ln\left(\frac{AR}{E_a}\right) - \frac{E_a}{RT_p} \tag{11-5}$$

式中:β 为加热速率(K/s);T_p 为每个加热速率(β)下的峰值温度;A 为 Arrhenius 指数前因子(s^{-1});R 为理想气体常数(8.314J·mol^{-1}·K^{-1});E_a 为反应活化能(J/mol)。

从一系列 DTG(DTA 或 DSC)曲线获得不同加热速率(β)所对应的峰温,再由 $\ln(\beta/T_p^2)$ 与 $1000/T_p$ 的拟合曲线获得活化能值。活化能(E_a)由拟合曲线的斜率获得,其值等于 $-E_a/R$,指前因子通过 $\ln(AR/E_a)$ 获得。

在 Ozawa 方法中,加热速率的对数($\lg\beta$)与绝对温度的倒数(T_p^{-1})之间存在的线性关系可用以下线性方程表示：

$$\lg \beta = a T_p^{-1} + b \quad (11-6)$$

式中：a 和 b 均为线性方程的参数，$a = -0.4567 E_a/R$，其中 R 和 b 都是常数，R 为理想气体常数。

假设速率常数遵循 Arrhenius 定律，并且放热反应过程可被认为是一步反应时，则转化率最快时，所对应的温度不随加热速率变化而变化。可用式(11-7)考察不同加热速率下放热峰的最高温度。因此，在不同的加热速率下，可以绘制 β 的对数与 $1/T$ 的曲线，从而直接计算活化能：

$$E_a = -2.19 R \left[\frac{\mathrm{d}(\lg \beta)}{\mathrm{d}(T_p^{-1})} \right] \quad (11-7)$$

在发动机生产之后，当推进剂的力学性能和弹道性能偏离设计要求时，通常会观察到推进剂装药后固化阶段。

本研究通过研究安装在直径为 70mm 的弹道火箭发动机中的装药的热行为变化，来探究基于 HTPB/IPDI/AP/Al 复合材料的固体推进剂老化行为。推进剂固化完成后，其中一个药柱自然老化，同一批次的另一个药柱置于 65℃ 温度的烘箱中历经 90 天的加速老化。

本研究使用的固体推进剂由端羟基聚丁二烯（HTPB）作为胶黏剂、异佛尔酮二异氰酸酯（IPDI）作为固化剂、高氯酸铵（AP）作为氧化剂、金属铝作为添加剂，氧化铁作为燃烧催化剂组成。基于 HTPB 和 AP 的复合固体推进剂的组成如表 11-1 所列。

表 11-1 基于 HTPB 和 AP 的复合固体推进剂的组成

组分	质量分数/%
HTPB	10~15
键合剂 RX	1.0~1.5
金属添加剂 Al	15~20
氧化剂 AP	69~75
添加剂	4~4.5

注：在热性能测试时，TG/DTG 的数据采集在 3 种加热速率下进行，DSC 在 4 种加热速率下进行。

11.3 结果与讨论

11.3.1 DSC 曲线分析

在所有加热速率下，老化和未老化的推进剂的热流曲线或 DSC 曲线均在

330℃附近存在一个吸热峰,该峰值对应高氯酸铵从斜方晶型向立方晶型的转变(Kubota,1984)。该特定吸热峰出现后,有几个放热峰。后续将用 Ozawa 方法确定这几个放热峰的热分解活化能。通过绘制参考线来确定在吸热阶段的焓变(ΔH),如表 11-2 ~ 表 11-5 所列。

表 11-2 加热速率为 2℃·min^{-1},烘箱中老化推进剂与自然老化推进剂通过 DSC 曲线获得的峰值温度和 ΔH

老化方式	烘箱中老化	自然老化
峰值温度	315.70℃	317.66℃
ΔH	-890.09J·g^{-1}	-912.52J·g^{-1}

表 11-3 加热速率为 3℃·min^{-1},烘箱中老化推进剂与自然老化推进剂通过 DSC 曲线获得的峰值温度和 ΔH

老化方式	烘箱中老化	自然老化
峰值温度	325.28℃	328.23℃
ΔH	-975.23J·g^{-1}	-1062.13J·g^{-1}

表 11-4 加热速率为 4℃·min^{-1},烘箱中老化推进剂与自然老化推进剂通过 DSC 曲线获得的峰值温度和 ΔH

老化方式	烘箱中老化	自然老化
峰值温度	330.04℃	332.47℃
ΔH	-1730.62J·g^{-1}	-1872.66J·g^{-1}

表 11-5 加热速率为 5℃·min^{-1},烘箱中老化推进剂与自然老化推进剂通过 DSC 曲线获得的峰值温度和 ΔH

老化方式	烘箱中老化	自然老化
峰值温度	335.61℃	333.03℃
ΔH	-1370.51J·g^{-1}	-1404.63J·g^{-1}

应用 Ozawa 方法,可以测量在烘箱内老化和支架上老化的推进剂装药样品的活化能(E_a)。所测未老化样品的活化能为 158.4kJ·mol^{-1},在烘箱中老化过的样品的活化能为 139.2kJ·mol^{-1},比未老化样品的活化能减少 12.12%。两个样品的活化能测试均在 2℃·min^{-1}、3℃·min^{-1}、4℃·min^{-1} 和 5℃·min^{-1} 4 种加热速率下进行。

在相同的老化时间下,随着加热速率的增加,焓变呈增加趋势。但是,对比不同老化时间下的结果则较为分散,并且焓值随着老化时间的推移而降低。

对比自然老化和加速老化(65℃的烘箱,90天)下推进剂的焓变(ΔH),可以看出在不同的加热速率下,推进剂在相变过程中的内能不断减少。在加热速率为2℃·min^{-1}时,通过DSC曲线获得自然老化样品的吸热峰的ΔH,比在烘箱中加速老化的推进剂样品所对应的ΔH低了2.46%。

当加热速率为3℃·min^{-1}时,ΔH下降比例为8.2%,当加热速率为4℃·min^{-1}时,ΔH下降比例为7.6%。

当加热速率为5℃·min^{-1}时,ΔH下降2.4%。从表11-2~表11-5中都可以看到,烘箱中老化推进剂的焓变低于自然老化推进剂的焓变。鉴于火箭发动机是热力发动机,焓变就意味着做功的变化,并最终表现在发动机推力的变化上。

研究发现ΔH显著降低,特别是在对应10年自然老化时间的加速老化时间下(65℃的烘箱中放置90天)(Judge,2003;Shekhar,2011)。同单独老化样品相比,发动机内的受限加速老化样品显示出较小的变化(Rezende,2001;Judge,2003)。

11.3.2 与相关文献结果的相似之处

根据Judge(2003)的研究,推进剂胶黏剂的氧化交联是无应力、半约束复合推进剂加速老化过程中的主要降解机制。氧化产生的胶黏剂的额外交联使得其推进剂的力学性能和可溶性比例随时间而显著变化。因此,对于在环境温度下具有10年寿命的发动机,合理的加速老化试验方案是在60℃下老化16周。在本章中,老化数据来源于达到相似推进剂寿命的加速老化方案,即65℃下老化13周的测试结果。

2011年,Shekhar将延伸率的降低与推进剂老化联系起来,因为随着时间变化,可以测量到推进剂延伸率的变化。他还认为,延伸率是反映HTPB/AP/Al基复合固体火箭推进剂老化程度的最快退化参数。如果将延伸率降低至低于50%作为推进剂保存期限到期的标志,可得到推进剂的寿命为20年。安全系数为2时,推进剂的使用寿命预估为10年。

相关文献中指出了多种获得推进剂老化特征和使用寿命的方法,主要可概括为氧化反应(Judge,2003)和力学性能(Shekhar,2011)两大类。本研究表明,ΔH的减少也与老化时间相关,并得出了与其他方法相同的结论。

本项工作的创新点在于研究焓变,因为焓是热力学发动机的工作基础。焓的降低与推进剂的老化有关,具体反映为发动机中可用能量和总能量的直接减少。

11.3.3 TG/DTA 曲线分析

通过使用 TG/DTA 曲线(图 11-3～图 11-5),可用与之前 DSC 曲线类似的方法计算活化能。在这种情况下,活化能可以由以下两种截然不同的方式获得:第一种是利用分析 DTA 曲线中的最大峰温值来得到;另一种是利用样品质量减少过程中的转化程度所对应的温度来得出。

为了进行比较,基于峰值温度(TGA)的活化能计算使用了 Ozawa 方法和 Kissinger 方法。这两种方法计算的线性拟合结果如图 11-6 所示。相关系数的快速分析显示 Ozawa 方法的线性更好,因此选择该方法来分析每个转化程度的活化能,下面将对此进行论证。

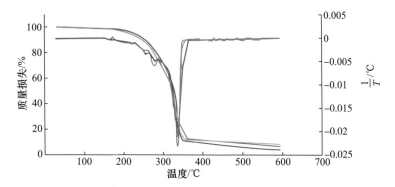

图 11-3 老化推进剂的 TG/DTA 曲线,加热速率为 6℃·min^{-1}

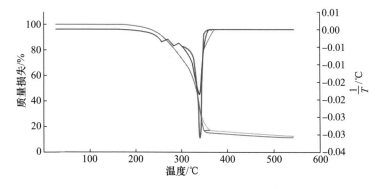

图 11-4 老化推进剂的 TG/DTA 曲线,加热速率为 8℃·min^{-1}

相关系数较低的原因可能是:由于新分解反应的出现,样品的热行为随加热速率的变化而变化;每次分析的样品质量和形状不同;样品尺寸未校准;或者坩埚内的样品发生爆炸。由于推进剂含能的特性,考虑坩埚中的爆炸更为合理,从

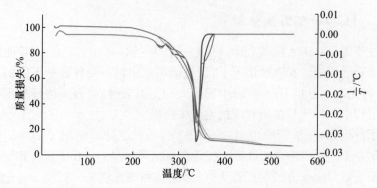

图 11-5 老化推进剂的 TG/DTA 曲线,加热速率为 $10℃ \cdot min^{-1}$

而降低了不同条件下的相关性。

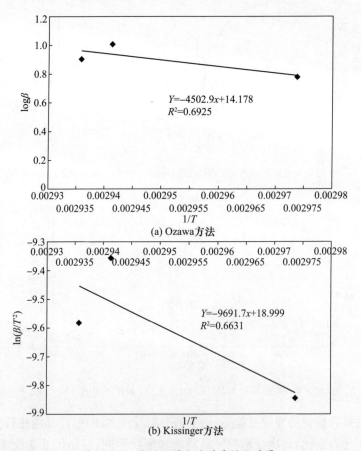

图 11-6 使用两种方法的线性化结果

使用这两种方法计算的活化能(E_a)和指前因子(A)的值如表11-6所列。

表11-6 基于TG/DTA峰温曲线获得的动力学参数

方法	活化能	指前因子
Ozawa	80.58 kJ·mol^{-1}	6.87×10^4
Kissinger	81.99 kJ·mol^{-1}	7.00×10^4
偏差	1.72%	1.77%

可以看出,使用两种方法获得结果之间的差异很小,但是通过DSC曲线获得的结果仍然存在很大差异。当通过转化率来分析活化能时,表现出更好的线性相关性(Ozawa方法)。曲线如图11-7所示。

表11-7给出了针对每个转化率计算的动力学参数。这些值之间存在显著差异,是因为TG曲线具有非线性,即在样品的单个质量减少过程中未观察到线性行为。这种线性行为的缺乏表明,材料的不同组分和结构导致了一种复杂的分解反应机制。在单一事件(理想情况)中,仅由单一因素基本反应控制下,质量损失将具有完美线性,可能表现出即时衰减的特性。

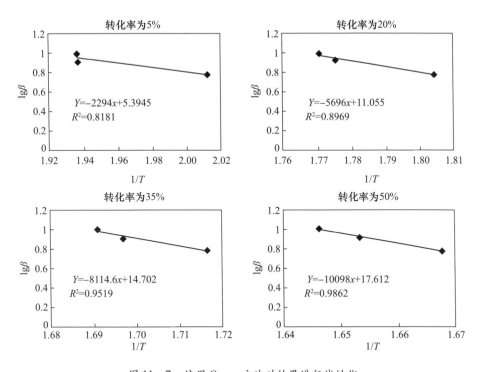

图11-7 使用Ozawa方法对结果进行线性化

表 11-7 由 TG/DTA 曲线获得的动力学参数

转化率/%	活化能/kJ·mol^{-1}	指前因子/10^4
5	41.77	6.93
20	103.72	12.37
35	147.76	15.04
50	183.87	17.17

11.4 结 论

经受加速老化的固体复合推进剂装药样品显示出热性质的变化,这与相关文献中报道的结果一致。以能量特性为特征的变化表明,以弹道性能为主设计参数的发动机中,复合推进剂有一个预期寿命。装药完成后,ΔH 的减小可能改变发动机的飞行特性,并且可能增加其做功时弹道轨迹的误差。

推进剂装药老化过程与暴露的温度和时间直接相关。其老化机制是通过破坏 HTPB 的双键以增加交联反应密度,降低活化能,使得发动机失效且在处理过程中带来危险。

参 考 文 献

Davenas, A. (2003). Development of modern solid propellants. *Journal of Propulsion and Power*, 19(6), 1108-1128. doi:10.2514/2.6947.

De la Fuente, J. L. (2009). An Analysis of the thermal aging behavior in high-performance energetic composites through the glass transition temperature. *Polymer Degradation & Stability*, 94(4), 664-669. doi: 10.1016/j.polymdegradstab.2008.12.021.

Hocaoglu, Ö., özbelge, T., Pekel, F., & özkar, S. (2001). Aging of HTPB/AP - based composite solid propellants, depending on the NCO/OH and triol/diol ratios. *Journal of Applied Polymer Science*, 79, 959-964. doi: 10.1002/1097-4628(20010207)79:6<959::AID-APP10>3.0.CO;2-G.

Judge, M. D. (2003). An Investigation of Composite Propellant Accelerated Ageing Mechanisms and Kinetics. *Propellants, Explosives, Pyrotechnics*, 28(3), 114-119. doi:10.1002/prep.200390017.

Kubota, N. (1984). Survey of Rocket Propellants and Their Combustion Characteristics. In K. K. Kuo(Ed.), Progress in Astronautics and aeronautics - Fundamentals of solid - propellant combustion (Vol. 90, p. 1). Summerfield: AIAA.

Layton, L. H. (1974). *Technical Report AFRPL-TR-74-16*. Brigham City, Utah: Thiokol Chemical Corporation.

Rezende, L. C. (2001). *Envelhecimento de Propelente Composito a Base de Polibutadieno Hidroxilado* [PhD Thesis].

Sbriccoli, E. , Saltarelli, R. , & Martinucci, S. (1989). Comparison between Accelerated and Natural Aging in HTPB Composite Propellants. In *Proceedings of 20th International Annual Conference of ICT*, Karhsruhe, Germany.

Sciamareli, J. , Takahashi, M. F. , Teixeira, J. M. , & Iha, K. (2002). Propelente sólido compósito polibutadiênico: I - Influência do agente de ligacão. *Quimica Nova*, 25 (1), 107 - 110. doi: 10.1590/S0100-40422002000100018.

Shekhar, H. (2011). Prediction and Comparison of Shelf Life of Solid Rocket Propellants Using Arrhenius and Berthelot Equations. *Propellants, Explosives, Pyrotechnics*, 36(4), 356 - 359. doi: 10.1002/prep.200900104.

Sutton, G. P. , & Biblarz, O. (2010). Rocket Propulsion Elements (8th ed.). Wiley.

Vilar, W. D. (2005). *Química e Tecnologia dos Poliuretanos* (3rd ed.). Rio de Janeiro.

第 12 章　HTPB 推进剂的加速老化研究

Roberta Jachura Rocha

(巴西航空技术学院,巴西)

摘要:在 20 世纪后期,液体和固体推进技术已被应用到运载火箭和导弹的混合动力发动机中。多元醇(如端羟基聚丁二烯(HTPB))和二异氰酸酯(如异佛尔酮二异氰酸酯(IPDI))的反应能够承受高负荷、成本低且易于加工,因此是固体推进剂制备过程中最常用的胶黏剂。本研究对基于 HTPB 的推进剂进行自然和加速老化试验,以评估其在长达 360 天的时间内拉伸强度、延伸率和硬度等力学性能的变化情况。推进剂的老化机制是 HTPB 分子中双键断裂,增加交联密度;这使得推进剂稳定性降低,并增加了后续处理的风险。经历老化后,推进剂样品的性质变化与相关文献中的结果一致。

12.1　引　　言

12.1.1　推进系统

在 20 世纪,火箭发动机推进系统的发展主要遵循两条不同路径。第一条路径旨在朝着太空旅行的目标研究空间应用,代表人物包括 Tsiokolsky(俄罗斯)、Goddard(美国)、Esnault – Pelterie(法国)和 Oberth(德国)——他们已充分认识到,火箭发动机推进剂是征服外层空间的关键。液体火箭推进剂被认为能够实现空间探索的目标,因为其推进性能优于固体推进剂。另一条路径是用于武器系统,主要包括火箭用固体推进剂,这类推进剂必须拥有一些其他特性,如使用即时、尺寸紧凑、使用寿命长等。20 世纪末,液体和固体推进技术进行了集成,在运载火箭推进和导弹等方面都能看到固体和液体推进剂的应用(Davenas,2003)。

12.1.2　固体火箭发动机

火箭发动机具有在相对较短的时间内提供高功率输出的能力,是最简单的化学推进形式,主要用作空间研究的卫星和探测器的发射。

一般情况下,火箭发动机包含一个金属圆筒状的火箭发动机壳体,在这个壳体里面发生化学反应并形成大量高温气体。火箭发动机壳体内部装的是固体推进剂,也称为推进剂装药。因为燃料和氧化剂都结合在固体推进剂中,所以其包含供其完全燃烧所需的所有化学元素。推进剂一旦被点燃后,就在装药表面以预定的速度不间断地燃烧,燃烧产生的气体通过发动机后部敞开的喷管喷出(Vilar,2005),如图12-1所示。因此,火箭的工作原理基于牛顿第三定律,即力和反作用力定律。从火箭后部排出的高速气体产生方向相反的一个力称为推力,排出大量的气体同时起着推动火箭的作用(Sutton,Biblarz,2010;Klager,1984;De Luca 等,2013;Paubel,2002)。

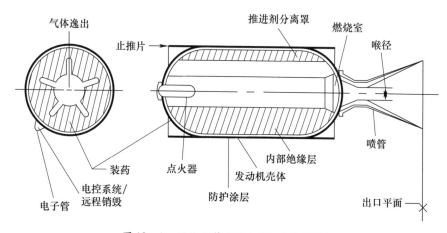

图 12-1 固体火箭发动机(Paubel,2002)

火箭发动机是化学推进最简单的形式,能够在相对较短的时间内产生高功率。其主要用途是发射用于空间研究的卫星和探测器。

如果将固体推进剂看作一个结构组件,它是固体火箭发动机中唯一具有推进能源功能的材料。为了更好地理解固体推进剂火箭发动机的结构问题,需要对推进剂制造过程中涉及的所有步骤地进行详细分析,包括研究项目要求的步骤、配方和装填推进剂的发动机壳体的准备工作、推进剂修复和装药整形等。例如,在确定固体推进剂火箭发动机的设计时,必须满足其性能、可靠性和成本等各方面的不同要求,需要设计者具备装药性质、几何形状、尺寸和火箭发动机的操作模式等与装药相关的大量知识和技术(Klager,Di Milo,1976)。

通常的做法是:将推进剂浇注到预先涂覆热保护发动机壳体中,以形成装药。装药的形状由模芯决定,其燃面可以呈现不同形状的几何图形,如星形、圆形或其他设计所需的特定形状。在发动机中,推进剂的质量可以为克级到吨级不等,操作时间也可以从毫秒级到分钟级变动。

根据不同的应用,发动机壳体可以由金属或基于各种类型聚合物基质增强纤维的复合材料制成。基于复合材料的火箭发动机壳体(也称为外壳)不仅重量轻,还具有与金属相当的机械强度。这种复合材料壳体还可以直接在构成热保护的涂层(如橡胶)上加工,从而使壳体和固体推进剂装药的界面处具有更好的黏附性。

与其他类型的航空发动机相比,固体火箭发动机更加可靠。特别是对于战术导弹和卫星运载火箭而言,固体火箭发动机的优点超过其缺点,因此至今仍被广泛使用。与其他推进方式相比,固体推进剂具有高密度被认为是固体火箭发动机的主要优点。例如,与液体火箭发动机中使用的液体推进剂相比,出于这个优点,固体火箭发动机的含能更高,而含能是根据推进设计特性选择推进剂时的考量因素之一。固体推进剂装药更容易储存,根据其生产时所使用的配方,也可认为其具备化学稳定性,其物理化学特性在很长一段时间内(使用寿命内)几乎不会改变。在基于固体推进系统集成到战术导弹发展的当前阶段,其使用寿命可预估为 15 年。固体火箭发动机的另一个重要特征是,与液体火箭发动机或燃气轮机推进系统相比,其结构相对简单。考虑到战术导弹之类的应用必须具备大规模生产的可能性和弹道特征的再现性,这种简单性可能会成为一项决定因素。而且,正由于这种简单性,固体火箭发动机的开发和生产成本往往明显更低,唯一例外的是在中程导弹的亚声速推进系统中,涡轮喷气发动机通常是成本更低的(Fleeman,2001)。采用固体火箭发动机作为推进系统时,维护成本也更低一些。

因此,基于固体推进剂装药燃烧的火箭发动机是由化学反应产生推力中最简单的方式,并且可满足以下应用的要求:火箭和导弹的续航阶段、冲压发动机和超然冲压发动机循环导弹中的助推阶段、卫星运载火箭的加速和升力阶段,以及巴西空间计划开发的推进系统。

另外,固体火箭发动机的主要缺点之一是比冲(I_s)低。比冲是火箭发动机的一个重要弹道特性,表示消耗单位质量的推进剂每秒可产生的推力,与喷出粒子的速度有关。固体火箭发动机的另一个缺点是推力难以调节,因为推进剂装药一旦开始点火,就将完全燃烧而不能中断。然而,近几十年来,固体火箭发动机已经取得了很大进展,将不断减少应用的限制。

12.1.3 混合火箭发动机

混合火箭发动机是一种将燃料以固、液两相的方式进行存储的化学推进系统。在最常见的系统中,液体用作氧化剂,固体用作燃料,如图 12-2 所示。也有研究者尝试了混合火箭发动机中固体燃料和液体氧化剂,以及固体氧化剂和液体燃料的几种组合(Vilar,2005)。这种发动机的应用主要包括太空发射的火箭推进系统、卫星机动系统及上面级火箭。

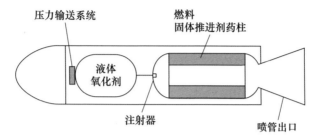

图12-2　混合推进火箭发动机系统示意图

利用加压器或涡轮泵,可控制液体氧化剂系统中的流量。固体燃料在燃烧过程热量的作用下蒸发气化,并与氧化剂的蒸气混合,从而进一步燃烧。混合室的作用是确保燃料和氧化剂在离开喷口之前发生燃烧(Vilar,2005)。

我们可参考目前相关文献总结出混合火箭推进系统的优点(Vilar,2005;Kuo,1997;Chiaverini等,1992;De Luca,1999):

(1)混合火箭发动机系统的一半用于供应和储存双组元液体推进剂。

(2)通过控制混合螺旋桨中氧化剂的流动,可以控制固体燃料的燃烧。

(3)可以触发、停止并再次启动系统。

(4)与其他系统相比,由事故或误操作引起的爆炸风险较低,因此在运行之前的制造和储存期间安全性更高。

(5)与固体火箭发动机相比,比冲更高。

混合火箭推进系统的缺点主要有以下几点:

(1)与固体推进剂相比,比推力密度值较低。

(2)由于火焰结构为扩散火焰,燃烧结束时可能会损失部分燃料。

(3)尚未进行过大尺寸测试。

混合火箭发动机的基本操作为:首先,混合火箭发动机的推进剂装药,由给定热源提供的热量点燃;然后,在发动机末端的固体燃料开始气化。通过将自燃流体注入发动机的燃烧室,使氧化剂流在整个发动机中分散点火,从而获得所需的火焰。

混合动力火箭发动机有多种应用的潜力,并且对环境的影响较小(Mead和Bornhorst,1969)。此外,混合火箭发动机推进被认为尤其适用于私人太空旅行,因为与采用液体推进剂的发动机相比,其操作和控制的安全性相对更高、成本更低。

在混合动力推进发动机中,人们可以选择最有名的固体和液体火箭推进元件。液体氧化剂的选择会极大影响推进系统的整体设计,但是过去10年中,人们对液体火箭发动机制造进行了多样化的研究,对所涉及的技术有充分的了解。目前,仍需要进一步研究和改进固体推进剂的螺旋推进技术(McFarlane,1993)。

混合发动机中使用的一些推进剂由四氧化氮和氮氧化物作为氧化剂,烃(如聚甲基丙烯酸酯)和金属(如镁)作为燃料组成(Mead,Bornhorst,1969)。目前已有研究者对此展开研究,将高能氧化剂(如液氧和氟的混合物(FLOX))与氯和含氟化合物(如三氟化氯(CIF_3))和CIFS相结合,但是还未将使用这些物质的发动机投入生产(Vilar,2005)。

另一种更加节能和实用的方法是,在发动机中使用基于液体羟基化聚丁二烯(PBLH)的胶黏剂,并将过氧化氢作为燃料。过氧化氢可根据需要储存,且成本较低。另一种应用于混合火箭推进系统的配方是以液氧(LOX)作为氧化剂,PBLH作为燃料。液氧在空间发射中被广泛用作氧化剂,因为其相对安全、成本低、性能高,排放气体无烟且不含有毒气体。

在混合推进剂的研究中,人们越来越关注发动推力水平高于固体火箭发动机和液体火箭,约为1112000N的发动机。1993年,有一种被用作助推器的大型发动机推力达到了100000N。美国火箭公司首次采用基于LOX和PBLH的推进剂开展了相当于这一推力水平的试验(McFarlane,1993)。1999年,一个航空航天公司联盟也使用基于LOX/PBLH的推进剂开展了几种混合火箭原型的试验(Laforce,1967)。

火箭发动机的制造、储存和操作涉及与化学、热力学、几何、燃烧、气体动力学和流体力学相关的若干现象,因此很难全面定义推进剂装药的所有需求。基于这一点,本章将重点介绍推进剂结构材料的力学性能。

12.1.4 推进剂

推进剂可被定义为化学化合物的混合物,在其燃烧过程中会产生气体和足够的能量,以推动诸如火箭、导弹、射弹、卫星等物(*Encyclopedia of Chemical Technology*,1965;Arendale,1969)。推进剂释放的能量将取决于燃烧反应中形成产物的热力学性质、配方组分的生成焓及氧平衡,其中氧平衡将决定氧化剂量和燃料量之间的平衡(Volk,Bathelt,1997)。

固体推进剂装药通常在火箭发动机壳体中,被称为"衬层"的薄聚合物层中成形,该衬层用于促进推进剂与火箭发动机壳体或绝缘体壁的化学黏结,同时也起到绝热阻挡层的作用。绝热层安装在火箭发动机中,发动机工作时暴露于高温的临界位置处,从而发挥发动机外壳内表面的热保护功能。

20 世纪 50 年代开始,固体火箭发动机的制备过程中引入了壳体黏结的概念,允许通过在火箭发动机壳体中模制大量固体推进剂来研发大型固体发动机。火箭发动机壳体内成形的固体推进剂使得固体推进剂装药能够承受点火过程中的机械应力、固体火箭发动机储存期间重力的影响,以及外部模制装药(根据上述过程进行黏结)所不能承受火箭发动机壳体飞行过程带来的加速度效果。另外,这种方式为装药引入了一些内应力。在生产过程中,在将推进剂浇注到火箭发动壳体之后,固体推进剂迅速经历一个固化的步骤,在 70℃ 的温度下通过先前组合的化学物质的聚合效应,经过几天或几周时间获得胶黏剂。正是在这个阶段,复合材料获得了其所承受的应力所必需的力学性能。然而,由于固化初始阶段形成的聚合物链的"调节",这种聚合过程通常伴随着固体推进剂装药体积的些许收缩,随后可能由于装药的内部应力而损害其力学性能(Morais,2000)。

目前,最常用的固体燃料和推进剂由 3 个主要部分组成(Linnel, Miller, 2002):

(1) 富含碳和氢的有机部分被称为胶黏剂或聚合物基质(质量分数为 10%~20%),这种物质除作为燃料产生气体之外,还可作为复合推进剂中几种物质的胶黏剂,在推进剂燃烧过程中作为碳源来控制推进剂的反应性。

(2) 富含氧的无机氧化剂盐。

(3) 弹道添加剂,通常是具有明确粒度分布的金属粉,可作为燃料。

作为聚合物网络,胶黏剂显示出其弹性体自身典型的黏弹性行为,使得胶黏剂能够更好地承受所经受的各种工作条件。为正确使用,胶黏剂在配方中应具有以下特性:

(1) 对火箭发动机的组成部分,如热保护和金属部件,具有亲和力(Klager, Polyurethanes,1984),这将有助于提升复合推进剂的性能。

(2) 形成一致的弹性体,能够承受主要由火箭发动机飞行阶段产生的机械和热应力引起的应力。

(3) 通过形成覆盖在推进剂组分上的聚合物基质,降低对冲击、摩擦和热的敏感性。

(4) 确保推进剂的几何稳定性及适当的力学性能和机械强度,以免其形成的固体燃料/推进剂装药在运输、处理和燃烧过程中发生机械故障。

然而,胶黏剂的性能受到支撑的高机械加载速率的负面影响,即固体推进剂装药制备过程中所承受的高负荷。由于这个原因,推进剂装药中可能出现许多缺陷,主要由于存在孔隙、聚合物相(胶黏剂)和填充物,特别是高浓度配方的氧化盐(质量分数约为 80%)之间缺乏黏结。此外,尽管胶黏剂的作用是将作为氧化剂的高氯酸铵颗粒和作为弹道添加剂的细铝粉颗粒黏结在一起,但由于在制备过程中应力集中,如果发生变形或有固体颗粒分解,固体推进剂可能无法在全部范围内做出一致的响应。因此,即使装药没有像飞行 MFPS 期间那样承受强烈的机械应力,由于固体颗粒和胶黏剂之间的相互作用,也会产生一系列的应力累积。其中颗粒受到强烈的温度变化及其他因素的影响,取决于这些应力被吸收的方式,固体推进剂装药可能产生微裂纹和其他类型的故障,如形成大裂缝和空隙等。固体推进剂装药中存在的裂缝可能有利于其在燃烧过程中的不规则燃烧,从而导致火焰面的增加,因此,发动机中的压力也会增加,最终将导致推进剂爆炸。

除此之外,尤其在制备推进剂,以及在火箭发动机壳体中装载推进剂时带入气泡所带来的不连续性也可能导致装于火箭发动机壳体中的装药燃烧期间火焰燃面的增加。因此,为了避免产生这些不连续性,制备固体复合推进剂的主要要求是使用的所有成分都不含水分。水的存在可能导致材料中形成气泡,从而影响其弹道特性(Bunyan,Cunliffe,Davis,Kirby,1993)。同时还要调节胶黏剂的适用期,即其处于静止液态的处理时间,通过暴露于低压环境并保证连续性来去除气泡。此外,还可以使用消泡剂来降低气泡/固体界面的表面张力、浓度及尺寸,尤其是基于有机硅的化学物质或大豆卵磷脂。此外,向复合材料中引入增塑剂降低了液体组分的黏度,大幅增加其适用期,并有助于消除制造过程中的不连续性(Linnel,Miller,2002)。

此外,有必要确定装药可能受到的张力和变形等参量,以便预估固体火箭发动机是否能够在特定环境中达到任务目标。因为,一旦提前设定操作环境,可以详细分析固体推进剂装药的结构完整性,来确定火箭发动机正常运行所需的最小安全系数。

分析固体推进剂装药结构完整性所需的信息包括装药在操作过程中的受力情况及其储存条件、构成装药的材料性质、故障标准和相关安全因素。火箭发动机中使用的固体推进剂装药必须满足发动机设计中确定好的弹道特性和力学性能,因此必须使用特定的原材料和制造工艺来制备燃料。

推进剂装药受到的作用力可归类如下(Rocco,2004):

(1)热源:温度梯度和火箭发动机壁、衬层、绝热层及推进剂装药材料本身的热膨胀系数之间的差异引起的装药的张力和变形。这些作用力是由于固体火箭发动机所暴露环境中的温度循环引起的,在介质中达到的温度变化越高,这种作用力就越强烈。在火箭发动机的技术规范中,应规定在不影响性能的情况下固体火箭发动机可承受的循环次数和温度限制。

(2)加速度:也称为坍落度,这种作用力发生在储存,发射和飞行中的机动过程中。在储存过程中,由垂直定位作用的重力产生的加速度引起固体推进剂装药的变形。在水平位置上也可能发生变形,并导致燃烧室某些内部区域的压制成为装药几何特性的函数。在飞行过程中,点火之后,当燃烧室中的压力达到其设定值(设计压力)时,在固体推进剂装药和衬层之间的区域中存在电压峰值,代表由于发射时的加速而产生的最大作用力。然而,随着固体推进剂装药燃烧和消耗过程的进行,这种作用力趋于减少。

(3) 运输和处理:指在战术导弹处理和运输过程中,由于在机翼下定位固体火箭发动机而产生的振动应力,以及运输和搬运过程中的小冲击。一般而言,与其他作用力相比,这种力是对固体推进剂装药产生低内应力的作用力,但应在失效分析中予以考虑。

(4) 固化过程中的收缩:由于固体推进剂制造过程的固化步骤中存在应力的调节趋势,固体推进剂颗粒承受体积收缩,会产生张力和变形。配方中胶黏剂的浓度越大,这种张力就越大。

(5) 加压:由于固体火箭发动机燃烧室内在点火期间及推进剂装药的整个燃烧时间内保持增压而产生的作用力。在这种情况下,固体推进剂装药倾向于适应内部压力,并在其末端位置处松弛。

(6) 老化:火箭发动机应用中需要考虑的另一个重要因素和安全参数是固体推进剂的老化,这是确定其使用时间的基础。装有固体推进剂的火箭发动机具有一定的寿命,使用寿命内可保证发射操作的安全性和其他机械及弹道参数。然而,虽然推进剂的老化是一种缓慢而渐进的现象,但会导致推进剂的性能低于设计参数,并损害其机械和弹道性能,增加微裂纹,导致材料失效和固体负载的碎裂现象。为了获得关于推进剂装药恶化条件的精确信息,有必要进行研究,以确定其在火箭发动机中的使用时间。

目前,人们对老化过程可能存在的机制仍然知之甚少,因此基于固体火箭发动机推进器来预测火箭和导弹寿命存在诸多限制。由于复合推进剂的交联密度受到老化影响,其力学性能也受老化影响。可以通过改变预聚物、固化剂和扩链剂,以及用于配制胶黏剂的多元醇的量来调节该性质。对于反应物的当量比,如NCO/OH,其中异氰酸酯的含量根据制剂中醇的含量来确定,三醇/二醇比决定了影响聚合物性质的交联水平,这些聚合物能够有效调节交联密度,带来令人满意的力学性能和老化性能。

温度被认为是推进剂老化的最重要因素,因为根据 Arrhenius 方程,高温下的储存往往会加速材料的化学反应。另一个重要因素是机械应力的积累,这可能导致胶黏剂和一些固体载荷之间的分离,从而形成气泡和松散颗粒。如上所述,这些颗粒可以成为微裂纹点,导致燃面增加,并因此大大增加发动机的内部压力,可能引起爆炸。在老化研究中也应考虑环境条件,因为水分和空气可能加速材料的氧化过程。此外,与其他有机材料接触会导致推进剂组分的迁移,如绝缘体或衬层界面的弱化(Sciamareli,Takahashi,Teixeira,Iha,2002;Davenas,2003;Sbriccoli,Saltarelli,Martinucci,1989)。

目前观察到由老化引起的推进剂变化有多种表现形式,包括颗粒硬度的增加或减少、膨胀、变色等,以及由于聚氨酯链中的交联增加而改变其动力学性质(De la Fuente,2009)。

由于这些特性的存在,对燃料和固体推进剂配方弹性性质的要求有所提升(Akhavan,1998)。

12.2 推进剂的发展

最早的推进剂由中国人在公元前 200 年左右发明,是由提供碳的硫黄和木炭与提供氧气的硝酸钾(KNO_3 或硝酸盐)物理混合形成的黑火药。黑火药是一种快速燃烧的物质,由于其能量特性差,烟雾产生量高,燃烧时形成腐蚀性废物,且力学性能差——暴露在温度循环中时会产生负载断裂,目前仅被用于大口径、小型火炮的步枪和负载启动火炮弹药(Akhavan,2004)。在黑火药之后,所有推进剂的配方中都添加了至少一种聚合物,因此推进剂的开发高度依赖于新材料的研发(Bittencourt,Guanaes,2008)。

12.2.1 基于天然聚合物的推进剂

第一代聚合物是从如丝绸、羊毛和棉花类的天然纤维的组分中开发出来的(Kumar,Gupta,1998)。推进剂的研究也遵循同样的趋势,1864 年,Schultze 使用硝化棉(NC)作为第一种用于制造推进剂的聚合物。硝化棉是 Pelouze 于 1838 年利用天然聚合物进行研究时,利用纸和棉花进行硝化作用研发出来的。之后,1846 年,Schönbein 使用纯纤维进行硝化,获得硝化棉(Akhavan,2004)。硝酸棉的结构如图 12-3 所示,由于其来源天然,也被称为"棉火药"。

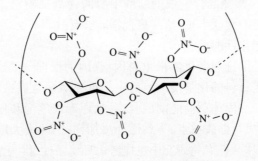

图 12-3 硝酸化棉的化学结构

仅含硝化棉能量的推进剂被称为"单基"推进剂(BS)。这种推进剂由硝化棉和一些添加剂(如增塑剂、稳定剂和阻燃剂)均匀混合构成,同时使用合适的溶剂,促使硝化棉胶凝成形。与黑火药相比,单基推进剂在燃烧时产生的烟雾较少,因此也称为无烟火药。在被发现后的几年间,单基推进剂取代了世界各地军队中使用的黑火药。

1863年,硝酸甘油(NG)的发明获得诺贝尔奖后,有研究发现将硝化甘油与硝酸化棉混合,可以得到一种凝胶,但可查的记录显示,直到1888年,这种混合物才被作为推进剂使用,从而产生了一种含能更高的推进剂,称为双基推进剂。它具有两种能量组分:硝化棉和硝化甘油(Bittencourt,Guanaes,2008),如图12-3和图12-4所示。

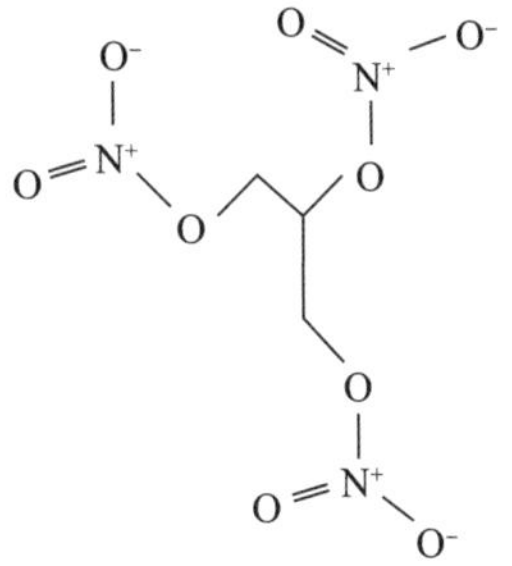

图12-4 硝酸甘油的化学结构

最常用的双基聚合物通常以以下两种方式获得:

(1)挤出双基(EDB):用硝化甘油浸渍硝化棉后,通常在水性介质中得到糊状物。加入糊状物并去除水后,挤出所需的外形。在这个过程中,还可能对装药进行某些处理。现代EDB生产工厂中仍沿用上述挤出流程。

(2)模塑双基(BDM):原料与挤出双基类似。将硝化甘油和三醋精的混合物模塑成含有固态硝化棉(粉末)的模具,得到模塑双基。

单基和双基推进剂在今天仍然非常适用。然而,由于硝化棉的缺氧和硝酸甘油的高温火焰,这些成分的量在目前推进剂配方中受到限制(Singh,1995)。为解决这个问题,已对双基推进剂的替代配方进行了研究,如含有硝胺和含能聚合物的三基药(包括硝化棉、硝化甘油和硝基胍)配方(Volk,Bathelt,1997;Singh,1995;Nakashita,Kubota,1991)。然而,在许多以能源为基础的研究中,仍然使用硝化棉。因为与更现代的配方相比,虽然硝化棉的起火感度和化学稳定性较低,但其合理地结合了两种重要特性:能源供应与聚合物性质相结合(Volk,Bathelt,1997)。

12.2.2 基于惰性聚合物的推进剂

随着第二次世界大战的爆发,美国开始研究复合推进剂。这种推进剂由富氧成分（氧化剂）、胶黏剂和添加剂（增塑剂、稳定剂等）的混合物构成（Arendale，1969；Mishuck，Carleton，1960）。

Theodore von Karman 是首个在复合固体推进剂中使用有机材料作为胶黏剂的人，他结束了黑火药作为推进火箭发动机唯一能源的长期统治（Sutton 和 Biblarz，2010）。这种替代持续了几十年，复合固体推进剂中蓄积的能量比黑火药增加了 3 倍。

从这一研究领域着手，John Parsons 于 1942 年使用高分子量沥青作为胶黏剂，高氯酸钾作氧化剂开发出第一种复合推进剂（Hunley，1999）。然而，该推进剂中包含烃，为了在高温下使用，必须降低黏度；该推进剂也不具有足够的最终性能和稳定的几何形状。因此，有必要寻找材料来替代这类配方中的沥青，主要针对两类聚合物（弹性体和热塑性塑料）进行了研究（Bailey，Murray，1989）。

目前，应用最广泛的复合推进剂是基于（聚合物）胶黏剂的含能体系，通常是聚丁二烯或聚氨酯，以及高氯酸铵（氧化剂盐），还可在其配方中加入或不加入作为燃料的细铝粉。这些推进剂是通过固态化学物质（氧化剂、燃料和添加剂）和液体（胶黏剂）的浸渍过程获得，然后将其浇注到火箭发动机壳体并最终固化。在无烟配方的研究中，会产生低烟雾排放烟，此时可降低铝粉浓度，或者不使用铝粉，以免在复合推进剂的燃烧过程中形成氧化铝，造成初级烟雾。此外，配方中去除铝可能导致不稳定的燃烧现象并降低推进剂的比冲（I_s）。

目前用于固体火箭发动机的复合推进剂中，有两个双基的例子：

（1）复合改性双基推进剂：通过双基模塑制备，除固态的硝酸甘油（粉末）之外，还加入黑索今（RDX）或奥克托今（HMX），化学结构如图 12-5 所示。

（2）交联改性双基推进剂（EMBDM）：采用与双基模塑和复合改性双基推进剂相同的基本配方，利用相同的模塑方法生产，即添加聚己内酯与热塑性淀粉型或聚酯型具有羟基末端的预聚物和异氰酸酯型交联剂，用于形成推进剂装药的液体溶剂。

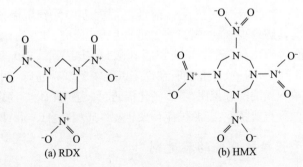

图 12-5　高爆炸性硝胺

12.2.3 基于含能聚合物的推进剂

由于至今所用的聚合物配方总能量较低,因此认为目前使用的聚合物均为惰性,影响了推进剂的性能。

为实现推进剂高性能和低易损性的关键要求,考虑以下替代方案:

(1)增加推进剂装填密度:固体氧化剂的量和能量受到推进剂的加工方式和所用胶黏剂特性的限制(Oberth,Bruenner,1969;Leach,Debenham,1998)。

(2)使用比 RDX 更高能或更致密的氧化剂(Volk,Bathelt,1997)。

(3)使用高能增塑剂(Leach,1998)。

(4)使用含能聚合物。

基于以上方案开始研究含能聚合物。通过沿聚合物链插入能量基团而获得这些聚合物,如叠氮基(N_2)、硝基(NO_3)、二氟胺(NF)和二硝基氟化物($CF(NO_2)_3$)(Arendale,1969;Liu,Hsiue,Chiu,1995;Provatas,2000;Desai,1996;Desai,1996;Agrawal,1998)。这种聚合物是基于由液体化学物质增塑的胶黏剂,如硝化酯、硝化酯和硝胺(RDX、HMX)的混合物。此外,还可在其配方中加入高氯酸铵和铝。推进剂中的胶黏剂被交联,故称为双基(RDB),其组合物中含有少量硝化棉。

推进剂和固体燃料的胶黏剂弹性体除了充当碳源,还释放大量能量以进行热分解,逐渐被应用于上一代战术导弹用火箭发动机中。一旦被安装在火箭发动机壳体上,复合材料必须具有机械膨胀和收缩的能力,且不会破裂或脱离其内壁。这些机械应力主要发生在产生发动机推力的装药燃烧过程(Framcel,Grant,Flanagan,1989)。

近年来,具有羟基封端官能团的多元醇(聚醚)已经商业化。其中,在相关文献中报道最多的是以下几种(Bittencourt,Guanaes,2008;Thepenier,2001):

(1)叠氮缩水甘油醚聚合物(GAP),由美国 3M 和法国 SNPE 生产。

(2)聚 3 - 硝酸酯甲基 - 3 - 甲基氧杂丁环(PolyNIMMO)和聚缩水甘油醚硝酸酯(PolyGLYN),由英国帝国化学公司(ICI)生产。

(3)3 - 甲基 - 3 - 叠氮甲氧基 - 氧杂环丁烷(AMMO)和 3,3 - 双(叠氮甲基)氧杂环丁烷(BAMO),由美国齐柯尔公司(Thiokol)生产。

虽然这些聚合物可以在市场上购买,但是它们被视为战略产品,其市场营销受到控制,并受到拥有相关技术的国家的限制。

含能聚合物的合成方法与制备复合材料的方法类似。一般来说,这些配方可能含有其他小分子量的化学物质,如稳定剂、燃烧不稳定抑制剂、燃烧后抑制剂、抗氧化剂、改性剂和燃烧速率添加剂。根据配方中化学物质的组合,通过将惰性胶黏剂替换为活性胶黏剂,可以免去使用高氯酸铵盐,以尽量减少燃烧产物中含氯化合物的排放,使配方具有低烟排放特性的可能。

12.2.4 可回收聚合物

近年来,研究人员一直在开发用于推进剂制备的新材料,以获得更高的能量、热稳定性和化学稳定性,以及易于处理和更低成本的特性,降低环境危害也是主要关注点之一。

开发基于天然和可再生多元醇(如植物油)派生的推进剂已成为目前研究的重点(Desroches,Escouvois,Auvergne,Caillol,Boutevin,2012;Desroches,Escouvois,Auvergne,Caillol,Boutevin,2012;Guo,Demydov,Zhang,Petrovic,2002;美国专利号6107433A.,2000)。由于亚麻籽油、蓖麻籽油、大豆油和向日葵油等脂肪酸甘油三酯形成的植物油结构中都含有羟基,因此都是合成多元醇和聚合物材料的优质原材料和有前景的来源(Sharma,Kundu,2006)。

基于植物油的胶黏剂除在可再生多元醇方面具有优势之外,还表现出低毒性,并且具有制备加工期间形成残余物少、成本低等优势。此外,其产物通常是可生物降解的。由于具有以上这些特性,这种胶黏剂十分适合作为化学工业中的原料使用。因此,学界和业界的研究成果都认为基于植物油的多元醇具有吸引力和可行性(Desroches,Escouvois,Auvergne,Caillol,Boutevin,2012)。

能源材料化学部ITA研究小组使用来自环氧化植物油(多元醇)的氨基甲酸酯预聚物的方法,对基于植物来源的聚合物基质的制备开展了研究。使用蓖麻油(Rocha,Lima,Gomes,Iha,Rocco,2013)和豆油(Clemente,Rocha,Iha,Rocco,2014)的研究结果表明,基于这些天然材料配制的胶黏剂与最常用的基于HTPB的胶黏剂在加工性和热分解特性方面具有相似的性能。例如,使用差示扫描量热法(DSC)测定的蓖麻油和大豆油多元醇衍生物的玻璃化转变温度(T_g)分别为 -37℃和 -39℃,接近由HTPB聚合物基质的玻璃化转变温度 -50℃,也接近适用于固体燃料和推进剂用胶黏剂和复合材料的玻璃化温度范围(-54 ~ -40℃)。因此,用于聚合物基质推进剂和燃料时,作为固体燃料合成的天然材料的应用很有前景。从同样靠近玻璃化温度的值,即约 -50℃开始,同样也适用于固体燃料和推进剂用胶黏剂和复合材料的玻璃化温度范围(-54 至 -40℃)(Vilar,2005;Cohen,Fleming,Derr,1974)。因此,当用于聚合物基推进剂和燃料时,作为固体燃料合成的天然材料的应用很有前景。

植物油主要由甘油和不饱和脂肪酸的缩合产物甘油三酯组成。大豆油甘油三酯含有饱和和不饱和脂肪酸,其中大豆油中,不饱和脂肪酸的比例高于80%(Clemente,Rocha,Iha,Rocco,2014)。在蓖麻油中,构成脂肪酸分子质量的90%

是蓖麻油酸(R—(CH$_2$)$_7$—CH═CH—CH$_2$—CHOH—(CH$_2$)5—CH$_3$),它具有二级脂肪酸羟基,可直接用作替代原料;剩余的10%不是羟基化脂肪酸,如油酸(3.1%~5.9%)和亚麻酸(2.9%~6.5%)。蓖麻油中的这种羟基赋予蓖麻油在醇中溶解的独有性质,从而能够使用酒精作为燃料,不会导致发动机爆炸,造成重大伤害。蓖麻油的官能度为2.7,可确保所得聚合物的交叉反应性并增加其硬度,高纯度蓖麻油的平均羟值为163mg(KOH)/g,适合在聚氨酯中使用Rocha,Lima,Gomes,Iha,Rocco,2013)。

对材料环保性的要求激发并引导了该领域的研究,然而由于含能聚合物和可回收含能聚合物的技术成本较高,因此材料对绿色环保的呼吁并没有成为关键考虑点,现在硝化棉和HTPB聚合物仍然是最常用的(Bittencourt,Guanaes,2008)。

12.3 方　　法

老化试验已被用作预测固体火箭发动机中固体推进剂装药弹道和力学性能寿命的工具(Layton,Christiansen,1979)。如上所述,温度被认为是推进剂老化最重要的影响因素,因为根据Arrhenius方程,高温下的存储往往通过增加反应速率常数(k)来加速材料的化学反应:

$$k = Ae^{\frac{-E_a}{RT}} \tag{12-1}$$

式中:A为反应的指前因子;E_a为反应活化能;R为摩尔气体常数;T为温度。

如果温度过高,那么可能会有自然老化不会发生的反应。因此,基于HTPB的推进剂老化研究通常在最高约70℃的温度下进行;同时,储存条件(温度、温度循环和湿度)是控制老化试验的基础。

此处仅介绍HTPB基多元醇用作胶黏剂的推进剂的老化研究,作为多元醇部分取代HTPB的研究范例。默认的推进剂胶黏剂体系是HTPB/IPDI/DOA,使用的氧化剂和金属燃料分别是高氯酸铵和铝。

自然老化试验在20℃下开展。由于与特殊腔室中温度更高的试验相比,室温下测试装药的老化缓慢,因此也在高于室温的温室中开展了加速老化试验。在这种情况下,将复合固体推进剂样品持续放置于35℃、50℃、60℃和75℃的烘箱中4~360天,以进行加速老化试验。最初,装药在未经受任何机械应力的条件下进行测试。然而,在评估固体推进剂装药的使用寿命,特别是安装在火箭发动机壳体上时的力学性能时,必须考虑其可能受到的各种要求的影响。

12.4 结果和讨论

在这项研究中,我们还评估了自然老化和加速老化对推进剂的拉伸强度(σ)、延伸率(ε_r)和硬度(H_d)等力学性能的影响,研究考察的固体推进剂是以未替换多元醇且以 HTPB/IPDI/MOCA 胶黏剂为基的标准配方,此外还填充了高氯酸铵(AP)(NH_4ClO_4)和金属铝粉,它们分别作为氧化剂和燃料。自然老化试验在 20℃的温度下开展 4~360 天。结果如表 12-1 所列。

表 12-1 未替换多元醇的 HTPB 基推进剂在 20℃下的老化试验结果

天数	σ/kgf/cm²	ε_r/%	H_d(邵氏 A 型)
4	125.4	47.9	71
8	126.4	45.8	71
12	125.4	42.5	72
16	116.2	39.8	71
24	123.4	39.7	71
32	129.5	17.8	71
40	129.5	43.8	71
50	125.4	43.7	71
60	128.5	42.4	72
80	124.4	42.0	72
100	128.5	42.0	72
120	127.5	39.9	73
140	124.4	39.7	73
170	126.4	39.5	74
200	130.5	39.4	75
240	128.5	39.5	75
360	128.5	39.6	76

可以将 HTPB/IPDI 基固体推进剂装药的老化认为是聚氨酯聚合物链交联密度的增加。形成聚合物链的过程,即推进剂的固化过程,也可能影响老化过程。老化过程中可显著影响装药样品力学性能的另一个因素是反应物之间的化学计量比。正如 Hocaoglu、Ozbelge、Pekel 和 Ozkar(2001)所报道的一样,1.0 的 NCO/OH 比率被证明是制备样品的最佳比例。

从表 12-1 中可以看出,在 20℃时,拉伸强度几乎不随老化时间发生变化,且在整个研究期间没有增加或下降的趋势,其值保持在 116.2kgf/cm²(16 天)和 130.5kgf/cm²(200 天)之间。如表 12-1 所示,在老化试验结束时,推进剂样品的拉伸强度增加 2.5%。

此外,可以看出材料的延伸率随老化时间的增长而降低,在 4 天时达到最大值 47.9%,在 200 天时达到最小值 39.4%,在老化 360 天后达到 39.6%。

从表 12-1 中还可看出,硬度值与老化时间的关系,随着老化时间的增长,推进剂硬度增高。与老化 4 天相比,老化 360 天后固化推进剂的硬度值变化了 7%。

基于这些结果,可以得出如下结论:经过 360 天的老化后,自然老化(未加速)并未显著改变 HTPB/IPDI/MOCA 基推进剂的力学性能,证明了这类推进剂在一定条件下储存的稳定性。表 12-1 中的数据可以转化为图示(图 12-6~图 12-8),并与加速老化的其他试验结果进行对比。

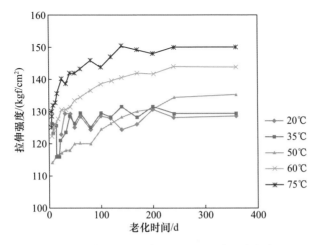

图 12-6 不同老化温度下 HTPB 基胶黏剂的拉伸强度与老化时间的关系

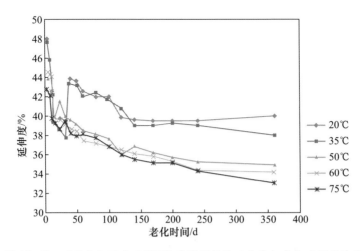

图 12-7 不同老化温度下 HTPB 基胶黏剂的延伸率与老化时间的关系

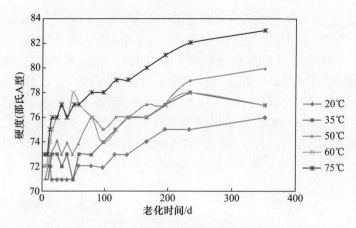

图 12-8 不同老化温度下 HTPB 基胶黏剂的硬度与老化时间的关系

对于加速老化的研究,将样品暴露于 35℃、50℃、60℃ 和 75℃ 温度下持续同样的 4~360 天时间。样品材料的拉伸强度(σ)、延伸率(ε_r)和硬度(H_d)值如表 12-2 所示。

表 12-2 HTPB/IPDI/MOCA 为胶黏剂推进剂在 35℃、50℃、60℃ 和 75℃ 的温度下加速老化 4~360 天后的力学性能

天数	35℃			50℃			60℃			75℃		
	σ/(kgf/cm²)	ε_r/%	H_d(邵氏A型)	σ/(kgf/cm²)	ε_r/%	H_d(邵氏A型)	σ/(kgf/cm²)	ε_r/%	H_d(邵氏A型)	σ/(kgf/cm²)	ε_r/%	H_d(邵氏A型)
4	126.4	47.5	71	114.2	44.0	71	122.4	44.5	72	128.5	42.8	73
8	123.4	45.8	71	116.2	43.8	72	124.4	44.2	72	131.5	42.1	73
12	125.4	42.1	72	116.2	42.0	73	125.4	44.0	74	132.6	39.7	75
16	116.2	39.4	73	117.3	39.2	73	127.5	39.8	75	135.6	39.3	76
24	121.3	38.6	73	118.3	41.6	74	130.5	39.6	76	139.7	38.6	76
32	123.4	37.8	72	118.3	40.1	73	130.5	39.0	77	138.7	39.4	77
40	128.5	43.3	73	120.3	39.7	74	131.5	38.6	76	141.7	38.2	76
50	126.4	43.1	71	120.3	39.3	73	133.6	38.4	78	141.7	37.9	77
60	129.5	42.1	73	120.3	38.5	74	134.6	37.4	77	142.8	38.1	77
80	125.4	42.4	73	124.4	38.1	76	136.6	37.1	76	145.8	37.7	78
100	129.5	41.6	74	126.4	37.7	75	138.7	36.8	76	143.8	36.8	78
120	128.5	40.9	75	128.5	36.5	76	139.7	36.5	75	146.8	36.0	79
140	131.5	39.1	76	130.5	36.9	76	140.7	36.1	76	149.9	35.5	79

续表

天数	35℃			50℃			60℃			75℃		
	σ/(kgf/cm^2)	ε_r/%	H_d(邵氏A型)	σ/(kgf/cm^2)	ε_r/%	H_d(邵氏A型)	σ/(kgf/cm^2)	ε_r/%	H_d(邵氏A型)	σ/(kgf/cm^2)	ε_r/%	H_d(邵氏A型)
170	128.5	39.1	76	131.5	36.3	77	141.7	35.8	76	148.9	35.1	80
200	131.5	39.4	77	134.6	35.8	77	141.7	35.2	77	147.9	35.1	81
240	129.5	39.0	78	135.6	35.4	79	143.8	34.4	78	149.9	34.3	82
360	129.5	38.0	77	136.6	35.0	80	143.8	34.2	77	149.9	33.1	83

同预期的结果一致,表 12-2 中所示的力学性能与在 20℃ 下的自然老化测试中观察到的趋势相同。

拉伸强度结果表明,老化过程的温度越高,推进剂拉伸强度的增加越快。例如,在 75℃ 的老化温度下,360 天后拉伸强度的增加到最大,达到 149.90 kgf/cm^2,这意味着在这一温度下,老化 4 天后拉伸强度增加了 17%。在 50℃ 和 60℃ 的温度下,经历相同老化时间(360 天)后,推进剂的拉伸强度分别达到 136.6 kgf/cm^2 和 143.8 kgf/cm^2。在 20℃ 和 35℃ 的老化温度下,拉伸强度没有这样的变化趋势。

相反,推进剂的延伸率随老化时间的增加而降低,在高温循环(75℃)时达到最低值 33.1%。所有温度下,推进剂的延伸率随老化时间增加而降低的趋势是相似的,将较长和较短的老化过程对比,材料延伸率变化保持在 9%~10% 之间。这种延伸率的降低也与自然老化中延伸率的降低相似,在 4~360 天内,延伸率均变化 8%。

从表 12-2 中还可以看到,随着老化时间的增加和温度的升高,推进剂的刚性有增加的趋势。因此,在 75℃ 的高温下,老化 360 天后,材料的邵氏 A 型硬度值达到最大值 83,比相同老化温度下老化 4 天时的硬度值增加了 14%。该变化值是 20℃ 老化温度下对应变化值 7% 的 2 倍。

根据对复合固体推进剂老化行为的研究,考虑到液态 HTPB 的结构式,暴露于高温下的固体推进剂装药在老化过程中变硬是 HTPB 双键链断裂的结果(Tuzun,Uysal,2005)。因此,不饱和 C═C 键负责消除邻近产生烯丙基(H_2C═CH—CH_2)的氢原子。烯丙基可以通过氧化或其他方式连接相邻的聚合物链,以增加聚合物基体的交联密度。关于这一机理,已经证明高氯酸铵(AP)分解产生的微量高氯酸($HClO_4$)是该过程的催化剂,尤其是有水存在时(Gruntman,2004)。

因此,在这些配方中,除了设计中指定的颗粒外,老化过程随着装药中聚合物基体交联密度的增加而发生。此外,作为增塑剂的己二酸二辛酯(DOA)等发生迁移,会导致固体推进剂装药的硬化,也影响装药与衬层之间的黏附(Gruntman,2004)。当经受设计好的点火过程时,高氯酸铵的迁移可导致晶粒处于微裂纹和不同的机械响应状态。

图 12-6～图 12-8 所示分别为在 20℃ 和加速老化温度 35℃、50℃、60℃ 和 75℃ 下,HTPB 基胶黏剂的拉伸强度(σ)、延伸率(ε_r)和硬度(H_d)3 种不同力学性能与老化时间的关系。

复合固体推进剂的老化行为决定了固体火箭发动机的许多寿命参数。由于老化的定义是装药的力学性能和弹道性能从原始状态到发生改变的过程,因此取决于许多因素,包括从装药的制备到运输条件,再到固体发动机的处理和储存。最初,由聚合物或胶黏剂呈现的交联密度由 HTPB 的官能度(约为 2.2)决定,且与添加到基体中的材料选择性交联。当在氨基甲酸酯预聚物中使用异佛尔酮二异氰酸酯(IPDI)一类的双官能团或短链多元醇作为扩链剂时,趋势是获得具有高延伸率和低拉伸强度的线性聚合物。当扩链剂是三乙醇胺(TEA)一类的三官能团时,情况正好相反。因此,发动机的参数设计等同于推进剂配方的预成型设计。成块聚合物基体装填的物理化学特性也会产生一定影响,如其形状因子、物理外形和包装。

固体推进剂样品的老化可以通过几种方式进行研究。推进剂与装药在相应时期内的老化过程与所经处的温度直接相关,也与时间参数相关。这种老化过程的机理是通过破坏液体羟基化聚丁二烯(PBLH)的双键来增加交联密度,从而使得装置稳定性降低,并增加处理的风险。此外,利用热分析计算和动力学分解,可以预估复合固体推进剂的寿命。埃及 ITA 化学公司化学能源材料部的研究小组开展了基于 HTPB/AP 和 HTPB/PBX 的固体推进剂样品使用寿命的其他研究(Kirchoff 等,2016)。但是,利用热分析(DSC)来确定动力学参数,以预测推进剂的老化过程,重点关注的是材料的能量特性。研究结果证实了由 HTPB 组成的推进剂配方的稳定性,结论与由 HTPB 的双键断裂而发生交联密度增加的结果相同。

在另一项研究中(Hocaoglu,Ozbelge,Pekel,Ozkar,2001),研究者评估了固化期间 HTPB/AP 基复合固体推进剂样品的力学性能变化与胶黏剂交联密度变化之间的关系,其中胶黏剂的交联密度主要由 NCO/OH 和三醇/二醇的摩尔比决定。试验对 16 种不同 NCO/OH 和三醇/二醇摩尔比的配方在 65℃ 下固化的固体推进剂老化特性进行研究。破坏主链中存在的双键,以增加交联密度硬度,从而使推进剂硬度在老化过程中增加。Sciamareli 等的研究获得了同样的结论,其研究结果表明,高氯酸铵(AP)分解产生的微量高氯酸($HClO_4$)在水分存在下催化胶黏剂主链双键的交联。

基于 Hocaoğlu 等的研究结果,对于类似条件下固体推进剂的加速老化样品,推进剂拉伸强度的变化也可以用所研究固体推进剂装药配方中 MOCA(三醇)/HTPB(二醇)的比例来解释。在配制胶黏剂中采用高比例的二醇/三醇时,该材料比采用三醇/二醇比例低的材料老化更加显著。虽然 Hocaoğlu 等的研究中,复合材料样品的固化时间(在 65℃下 7 天)与本研究中的有所不同,但是由于固体火箭发动机设计存在约束条件,可以认为在胶黏剂的初始配方中,所使用三元醇/二元醇的比例较高。三元醇在初始胶黏剂体系中含量高,因此在复合推进剂中的含量也高,导致通过固化获得的聚合物网络中的交联密度显著增加。然而,研究结果表明,可以认为在上述条件下配制的 HTPB 基胶黏剂是稳定的,其在所有加速老化分析中也保持稳定。

本研究得到的结果是相同的。通过分析图 12 - 6 ~ 图 12 - 8 中所示的曲线,可以看到由加速老化过程引起的拉伸强度和延伸率的变化与相关文献报道的一致。

由 Bunyan 和 Cunliffe 等(Bunyan,Cunliffe,Davis,Kirby,1993;Cunliffe,Davis,Tod,1996)开展的推进剂老化研究也得出一致结论:复合推进剂的老化是氧化交联胶黏剂弹性体、添加剂的迁移及氧化剂重结晶的结果。然而,在固化期间形成的聚氨酯对推进剂的老化没有显著贡献。Gottlieb 和 Probster 等(Gottlieb,1994;Probster,Schmucker,1986)的研究表明,推进剂老化过程中增塑剂的迁移会增加推进剂的硬度,从而影响其黏附性,导致制备不久后推进剂的拉伸强度增加而延伸率降低(Celina,Minier,Assink,2002)。因此,在点火确认时,装药特性可能与原始设计不符,并可能出现瑕疵和裂缝,这将损害固体火箭发动机的性能。

12.5 结 论

本章对基于 HTPB 胶黏剂、己二酸二辛酯(DOA)并由含有弹道添加剂高氯酸铵(氧化剂)和金属铝(燃料)的异佛尔酮二异氰酸酯(IPDI)组成的推进剂装药开展了老化试验。试验中,推进剂暴露于 20℃、35℃、50℃、60℃和 75℃的温度下,持续 4 ~ 360 天。研究得出,老化过程与推进剂所暴露的温度直接相关。在本章的研究中,推进剂在 75℃ 的高温下老化时,力学性能变化最大。通过采用这种研究方式可评估 HTPB 基的推进剂颗粒装药的拉伸强度、延伸率和硬度等力学性能的变化。在老化过程中观测到,推进剂硬度的增加可归因于主链中的双键破坏而使其交联密度增加。通过本研究的老化过程研究,还可得出,HT-

PB/IPDI 基胶黏剂制备的推进剂装药的力学性能保持稳定,即使在加速老化过程中也是如此。老化试验研究表明,老化复合材料力学性能的变化,如拉伸强度的增加和延伸率的降低,与相关文献中报道的结果一致。

参 考 文 献

Agrawal,J. P. (1998). Recent trends in high energy material. *Progress in Energy and Combustion Science*,24 (1),1 – 30. doi:10. 1016/S0360 – 1285(97)00015 – 4.

Akhavan,J. (1998). Investigation into the network struture of plasticized rocket propellant. *Polymer*,39(1), 215 – 221. doi:10. 1016/S0032 – 3861(97)00259 – 0.

Akhavan, J. (2004). *Introduction to explosives*. London: Royal Society of Chemistry. doi: 10. 1039/ 9781847552020 – 00001.

Arendale, W. F. (1969). Chemistry of propellants based on chemically crosslinked binders. *Advances in Chemistry Series*,88,67 – 83. doi:10. 1021/ba – 1969 – 0088. ch004.

Bailey,A. ,& Murray,S. G. (1989). *Propellants*,*Explosives and Pyrotechnics*. Londres:Brassey's.

Bittencourt, E. , & Guanaes, D. (2008). Propelentes sólidos: uma história ligada à evolucão dos polímeros. *Revista Militar de Ciência e Tecnologia*,6,71 – 80.

Bunyan,P. ,Cunliffe, A. V. ,Davis, A. ,& Kirby, F. A. (1993). The degradation and stabilization of solid rocket propellants. In *Polym. Degrad. Stab.* (pp. 239 – 350).

Celina,M. ,Minier, L. ,& Assink, R. (2002). Development and application tool characterize the oxidative degradation of AP/HTPB/Al propellants in a propellant reability study. *Thermochimica Acta*,384(1 – 2),343 – 349. doi:10. 1016/S0040 – 6031(01)00793 – 6.

Chiaverini,M. J. ,Harting, G. C. ,Lu, Y. ,Kuo, K. K. ,Peretz, A. ,Stephen Jones, H. ,& Arves, J. P. et al. (1992). Regression rate behavior of HTPB – based solid fuels in a hybrid rocket 137 motor. *Journal of Propulsion and Power*,16(1),125 – 132. doi:10. 2514/2. 5541.

Clemente,M. ,Rocha,R. J. ,Iha,K. ,& Rocco,J. A. (2014). Development of prepolymer technology in the synthesis of a polyurethane binder used in solid rocket fuels. *Quimica Nova*,37(6),982 – 988.

Cohen, N. S. ,Fleming,R. W. ,& Derr,R. L. (1974). Role of binders in solid propellant combustion. *AIAA Journal*,1974,212 – 218.

Cunliffe,A. ,Davis,A. ,& Tod,D. (1996). Aging and life prediction of composite propellant motors. In *Proceedings of the AGARD Conference* (p. 586).

Davenas,A. (2003). Development of modern solid propellants. *Journal of Propulsion and Power*,19(6), 1108 – 1128. doi:10. 2514/2. 6947.

De la Fuente,J. L. (2009). An analysis of the thermal aging behaviour in high – performance energetic composites through the glass transition temperature. *Polymer Degradation & Stability*, 94 (4), 664 – 669. doi: 10. 1016/j. polymdegradstab. 2008. 12. 021.

De Luca,L. T. (1999). *Problemi energetici in propulsione aerospaziale*. Milan:Milano:SPLab,Dipartimento di Ingegneria Aerospazialem Politecnico do Milano,Campus Bovisa.

De Luca,L. T. ,Galfetti,L. ,Maggi,F. ,Colombo,G. ,Merotto,L. ,Boiocchi,M. ,& Fanton,L. et al. (2013).

Characterization of HTPB – based solid fuel formulations: Performance, mechanical properties, and pollution. *Acta Astronautica*, 92(2), 150 – 162. doi:10.1016/j.actaastro.2012.05.002.

Desai, H. J., Cunliffe, A. V., Hamid, J., Honey, P. J., Stewart, M. J., & Amass, A. J. (1996). Synthesis and characterization of α, ω – hydroxy and nitrato telechelic oligomers of 3,3 – (nitratomethyl) methyl oxetane (NIMMO) and glycidyl nitrate (GLYN). *Polymer*, 37(15), 3461 – 3469. doi:10.1016/0032 – 3861(96)88498 – 9.

Desai, H. J., Cunliffe, A. V., Lewis, T., Millar, R. W., Paul, N. C., Stewart, M. J., & Amass, A. J. (1996). Synthesis of narrow molecular weight α, ω – hydroxy telechelic poly(glycidyl nitrate) and estimation of theoretical heat of explosion. *Polymer*, 37(15), 3471 – 3476. doi:10.1016/0032 – 3861(96)88499 – 0.

Desroches, M., Escouvois, M., Auvergne, R., Caillol, S., & Boutevin, B. (2012). From vegetable oils to polyurethanes: Synthetic routes to polyols and main industrial products. *Polymer Reviews*, 52(1), 38 – 79.

Encyclopedia of Chemical Technology (Vol. 8). (1965). Kirk – Othmer.

Fleeman, E. L. (2001). *Tacticcal Missile Design*. AIAA.

Framcel, M. B., Grant, L. R., & Flanagan, T. E. (1989). Historical development of GAP. In *Proceedings of the 25th Joint Propulsion Conference*, Monterey. AIAA. doi:10.2514/6.1989 – 2307.

Gottlieb, L. (1994). Analysis of DOA migration in HTPB/AP composite propellants. In *Proceedings of the ICT Annual Conference*, Karlsruhe.

Gruntman, M. (2004). *Blazing the Trail: The Early History of Spacecraft and Rocketry*. Reston: American Institute of Aeronautics and Astronautics. doi:10.2514/4.868733.

Guo, A., Demydov, D., Zhang, W., & Petrovic, Z. S. (2002). Polyols and polyurethanes from hydroformylation of soybean oil. *Journal of Polymers and the Environment*, 10(1), 49 – 52.

Hocaoglu, O., Ozbelge, T., Pekel, F., & Ozkar, S. (2001). Aging of HTPB/AP – based composite solid propellants, depending on the NCO/OH and triol/diol ratios. *Journal of Applied Polymer Science*, 79(6), 959 – 964. doi:10.1002/1097 – 4628(20010207)79:6<959:AID – APP10>3.0.CO;2 – G.

Hunley, J. D. (1999). The history of solid – propellant rocketry: what we do and do not know. In *Proceedings of the ASEE Joint Propulsion Conference*, Los Angeles(pp. 1 – 10).

Kirchoff, E., Rocha, R. J., Nakamura, N. M., Lapa, C. M., Pinheiro, G. F., Iha, K., & Goncalves, R. F. et al. (2016). Estimativa de vida útil do pbx(plastic – bonded explosive) com envelhecimento acelerado. *Quimica Nova*, 39(6), 661 – 668.

Klager, K. (1984). Polyurethanes, the Most Versatile Binder for Solid Composite Propellants. In *Proceedings of 20th AIAA/SAE/ASME Joint Propulsion Conference*, Cincinnati, Ohio. AIAA. doi:10.2514/6.1984 – 1239.

Klager, K., & Di Milo, A. J. (1976). *Encyclopedia of Polymer Science and Technology – Rocket Propellants*. New York: Wiley and Sons.

Kumar, A., & Gupta, R. K. (1998). *Fundamentals of Polymer*. New York: McGraw – Hill.

Kuo, K. K. (1997). Importance and challenges of hybrid rocket propulsion beyond year 2000. In *Proceedings of the Israel Annual Conference on Aerospace Sciences* (p. 139). Israel Institute of Technology.

Laforce, P. D. (1967). *Technological Development of a Throttling Hybrid Propulsion System*. UTC 2215 – FR.

Layton, L. H., & Christiansen, A. G. (1979). Effect of aging – strain on propellant mechanical properties. In *Proceedings of the 15th AIAA, SAE and ASM Joint Propulsion Conference*, Las Vegas. AIAA. doi:10.2514/6.1979 – 1245.

Leach, C. (1998). Plasticisers in energetic materials formulations a UK over view. In *Proceedings of the Inter-*

national ICT Conference.

Leach, C. , Debenham, D. , Kelly, J. , & Gillespie, K. (1998). Advances in polyNIMMO composite gun propellants. *Propellants, Explosives, Pyrotechnics*, 23(6), 313 – 316. doi: 10. 1002/(SICI) 1521 – 4087(199812)23: 6 < 313: : AID – PREP313 > 3. 0. CO; 2 – 4.

Linnel, J. , & Miller, T. (2002). A preliminary design of a magnesium fueled marcian ramjet engine. *Proceedings of the 38th AIAA/ASME/SAE/ASEE Joint Propulsion Conference*, Indianápolis. AIAA. doi: 10. 2514/6. 2002 – 3788.

Liu, T. L. , Hsiue, G. G. , & Chiu, Y. S. (1995). Thermal characteristics of energetic polymers based on tetrahydrofuran and oxetane derivatives. *Journal of Applied Polymer Science*, 58 (3), 579 – 586. doi: 10. 1002/app. 1995. 070580313.

McFarlane, J. S. (1993). Design and Testing of AMROC's 250,000 lbf Thrust Hybrid Motor. (*AIAA Paper* 93 – 2551).

Mead, F. B. , & Bornhorst, B. R. (1969). *Certification Tests of a Hybrid Propulsion System for the Sandpiper Target Missile* (AFRPL – TR – 69 – 73).

Mishuck, E. , & Carleton, L. T. (1960). Chemical principles of solid propellants. *Industrial & Engineering Chemistry*, 52(9), 754 – 760. doi: 10. 1021/ie50609a023.

Morais, A. M. (2000). *Caracterizacão do comportamento mecanico do própelente sólido compósitocomo material estrutural* [PhD Thesis]. Campinas, Brazil: Universidade Estadual de Campinas.

Nakashita, G. , & Kubota, N. (1991). Energetic of nitro/azide propellants. *Propellants, Explosives, Pyrotechnics*, 16(4), 177 – 181. doi: 10. 1002/prep. 19910160405.

Oberth, A. E. , & Bruenner, R. S. (1969). Polyurethane based propellants. *Advances in Chemistry Series*, 88, 84 – 121. doi: 10. 1021/ba – 1969 – 0088. ch005.

Paubel, E. F. (2002). *Propulsão e Controle de Veículos Aeroespaciais – Uma Introducão*. Florianópolis: Editora UFSC.

Petrovic, Z. , Guo, A. , & Javni, I. (2000). U. S. Patente No Patent 6107433 A.

Probster, M. , & Schmucker, R. H. (1986). Ballistic anomalies in solid rocket motors due to migration effects. *Acta Astronautica*, 13(10), 599 – 605. doi: 10. 1016/0094 – 5765(86)90050 – 0.

Provatas, A. (2000). Energetic Polymers for explosives formulation: a review of recent advances. Melbourne: DSTO Aeronautical and Maritime Research Laboratory – DSTO – TR – 0966.

Rocco, J. A. (2004). *Estudos sobre o envelhecimento de formulacões de propelente sólido compósito baseadas em binders poliuretânico*. [PhD Thesis]. São José dos Campos, Brazil: Instituto Tecnológico de Aeronáutica.

Rocha, R. J. , Lima, J. E. , Gomes, S. R. , Iha, K. , & Rocco, J. A. (2013). Sintese de poliuretanos modificados por óleo de mamona empregados em materiais energéticos. *Quimica Nova*, 36(6), 793 – 799. doi: 10. 1590/ S0100 – 40422013000600009.

Sbriccoli, E. , Saltarelli, R. , & Martinucci, S. (1989). Comparison between Accelerated and Natural Aging. In *Proceedings of the 20th International Annual Conference of ICT and 18th Annual Technical Meeting of GUS*, Karhsruhe, Germany.

Sciamareli, J. , Takahashi, M. F. , Teixeira, J. M. , & Iha, K. (2002). Propelente sólido compósito polibutadiênico: I – Influência do agente de ligação. *Quimica Nova*, 25(1), 107 – 110. doi: 10. 1590/S0100 – 40422002000100018.

Sharma, V. , & Kundu, P. P. (2006). Addition polymers from natural oils – A review. *Progress in Polymer*

Science, 31(11), 983 – 1008. doi: 10. 1016/j. progpolymsci. 2006. 09. 003.

Singh, H. (1995). High energy material research and development in India. *Journal of Propulsion and Power*, 11(4), 848 – 855. doi: 10. 2514/3. 23910.

Sutton, G. P. , & Biblarz, O. (2010). Rocket Propulsion Elements (8th ed.). Wiley.

Thepenier, J. (2001). Advanced technologies available for future solid propellant grains. *Acta Austronautica*, 48(5), 245 – 255.

Tuzun, F. N. , & Uysal, B. Z. (2005). The Effect of ammonium nitrate, coarse/fine ammonium nitrate ratio, plasticizer, bonding agent, and Fe_2O_3 content on ballistic and mechanical properties of hydroxyl terminated polybutadiene based composite propellants containing 20 % AP. *Journal of ASTM International*, 2(6), 233 – 245.

Vilar, W. D. (2005). *Química e Tecnologia dos Poliuretanos* (3rd ed.). Rio de Janeiro.

Volk, F. , & Bathelt, H. (1997). Influence of energetic materials on the energy – output of gun propellants. *Propellants, Explosives, Pyrotechnics*, 22(3), 120 – 124. doi: 10. 1002/prep. 199702203 05.

第13章 无约束炸药爆炸加载混凝土板的预测试与分析

Fausto B. Mendonca

(巴西航空技术学院,巴西)

Girum S. Urgessa

(乔治梅森大学,美国)

摘要:巴西研究者开展了一项大型试验,包括测试10块不同抗压强度、配筋率和改造的钢筋混凝土板。作为大型试验的一部分,研究者建立了小尺寸的爆炸预测试装置,并开展了相关的动态分析,以确认爆炸测试传感器(压力计、位移计和加速度计)是否正常运行。研究者使用已建立的方程和简化动态分析方法,对最大位移值进行预测,并与测试结果进行了比较。预测试试验为后续大规模爆破试验提供了有意义的参考,对试验成功起着至关重要的作用。

13.1 引 言

近年来,世界各地频繁受到恐怖主义、内战和意外爆炸的威胁。这些行为可能会影响到钢筋混凝土等材料建造的建筑物的性能。钢筋混凝土是构建世界上大多数建筑物和桥梁的常用材料之一。大多数建筑物都没有抗爆设计,爆炸产生的动态载荷会作用于如板、柱或梁类的基本支撑建筑物元件。此外,钢筋混凝土制成的防护建筑可以作为屏障,被设计成抵御近距离爆炸或防止内部物体受到爆炸影响的庇护所(Department of Defense,2008)。了解爆炸对这些基本单元的表现和整体建筑物的影响非常重要,因为这些建筑物容纳了人们的私人和集体财产。如果建筑工程师了解冲击波参数及爆炸能量对建筑物的损害,就能够结合短时动态效应有效设计钢筋混凝土建筑物。许多机构都担心和平时期和战时建筑物附近或内部爆炸所造成的损失(Di Stasio,2016)。基于这些担忧,为了提高爆炸后建筑物和人员的存活率,美国国防部已发布抵抗冲击波的建筑物准则,旨在更好地指导建筑物建设(Department of Defense,2008)。

为提高建筑物抵御爆炸载荷的能力,研究人员对改进后和未改进的钢筋混凝土进行了全尺寸测试试验(Jayasooriya 等,2011;Maji 等,2008;Mendonça 等,2016;Zhao,Chen,2013)。爆炸试验均在精心安排下进行,成功收集了有价值的数据,有助于增进人们对爆炸载荷下建筑物响应特性的了解。在本章中,我们提出了一个小规模的爆炸预测试装置,并做出相应分析,以确认巴西的大规模爆破试验所使用的部分爆炸效果测量传感器(压力计、位移计和加速度计)是否正常工作。

13.2 使用钢筋混凝土板的典型爆破试验

自 20 世纪以来,对爆炸冲击作用下钢筋混凝土建筑物的研究越发引人关注。多次事故和两次世界大战的经验教训推动了该领域的研究工作。1960 年,名为《抗意外爆炸效应建筑物》的手册出版了(Department of Defense,2008 年)。尽管如此,建筑材料仍在不断发展,旨在持续提供更强的抗爆能力。并且,在采用或强制要求进行爆破分析和设计方面,设计规范和实践仍然较为落后。研究人员一直在开展爆炸试验,旨在不断提升人们对爆炸效应下建筑物响应特性的理解(Choi 等,2008;Urgessa,2009;Urgessa,Maji,2010)。Zhao 和 Chen(2013)开展了具有 3 种不同 TNT 当量及间隔的爆轰冲击试验,以验证强度为 42MPa 的薄钢筋混凝土板的响应。试验结果表明,TNT 当量越高,间隔距离越小,冲击波对钢筋混凝土板的破坏性越强。此外,他们的研究结果指出,混凝土和钢筋对爆炸冲击波的响应在阻力、动态增加因子方面有一定的增加(ASCE,2010;Ngo 等,2007;Urgessa,2010)。

Castedo 等(2015)对含不同混合物成分的混凝土板开展了全尺寸试验。他们发现,在钢板上添加钢纤维和聚丙烯纤维,可以提高混凝土板抵御冲击波的能力。钢纤维提高了混凝土的抗拉强度,聚丙烯提高了开口裂缝吸收能量的能力。Li 等(2016)用两个强度为 40MPa 的钢筋混凝土板和 5 个强度为 145MPa 的超高性能混凝土板进行了全尺寸现场试验。超高性能混凝土板的微钢纤维直径为 0.12mm、长为 15mm。试验中,炸药与混凝土板的上表面接触,测试使用了 0.1kg 和 1.0kg TNT 当量的炸药。超高性能混凝土板块比正常钢筋混凝土板块遭受的损坏更小。超高性能混凝土板底面的穿孔直径比普通混凝土板的穿孔直径小约 50%。

巴西研究人员进行了一项大型试验,范围涵盖了 10 块具有不同抗压强度、配筋率和改造的钢筋混凝土板。作为试验的一部分,研究者开展了小规模的爆炸预测试装置试验,并进行相关分析,以确认爆破测试传感器(压力计、位移计和加速度计)是否正常运行。使用已建立的方程和简化动态分析方法对最大位移值进行预测,并与测试结果进行了比较。

13.2.1 爆轰波参数

爆炸在空气中形成大量能量,并以极高速传播,可能导致人员受伤,使设备和建筑物受损。在爆炸响应分析中,有必要考虑爆炸波的易损性、炸药装药、建筑物吸收爆炸能量的能力及其与炸点的距离(对峙距离)等因素。

图13-1所示为自由场中冲击波的典型压力-时间曲线,其中t_A是冲击波的到达时间。当冲击波击中目标时,环境空气压力(P_0)升高到峰值(P_{s0})。

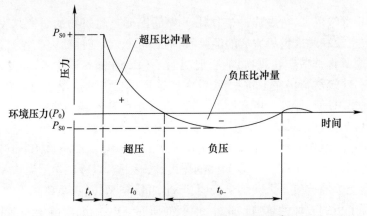

图13-1 典型冲击波的压力-时间曲线

Goel等(2012)发表了对描述爆炸效应方程式的综述,认为对爆炸事件的了解对选择合适的数学模型并预测各种类型的爆炸参数测试是非常重要的。他们总结了很多方程,包括Bajic(2007)、Brode(1955)、Held(1983)、Henrych(1979)、Kingery和Bulmash(1984)、Kinney和Graham(1985),以及Sadovskiy(2004)。

峰值超压P_{s0}值迅速衰减为负压(低于环境空气压力)。压力在正压和负压之间不断振荡,直至稳定;振荡的持续时间以毫秒计(ASCE,2010)。通常描述压力-时间关系的指数函数为式(13-1)所示的Friedlander方程(Goel等,2012;Jayasooriya等,2011;Kinney,Graham,1985;Smith,Hetherington,1994)。

$$p(t) = P_0 + P_{s0}\left(1 - \frac{t}{t_0}\right)e^{-\alpha\frac{t}{t_0}} \qquad (13-1)$$

式中:α为波形参数,取决于峰值超压(P_{s0});t_0为超压持续时间。

超压比冲量是与爆炸效应相关的另一个重要参数,图13-1中显示为压力曲线穿过环境压力之前部分的下方区域。该参数由式(13-2)得出,式中,$t_{0i}=$

$t_A, t_{0f} = t_A + t_0$。高正向比冲量会导致更高的伤害。

$$I = \int_{t_{0i}}^{t_{0f}} P \mathrm{d}t \qquad (13-2)$$

在测试之前,可以基于缩放距离参数(Z),以合理精度预测 P_{s0} 的值。该参数取决于间距(R)和炸药的 TNT 当量(W),如式(13-3)所示(Brode,1955;Goel 等,2012)。美国国防部建议在建筑物设计阶段增加 20% 的 TNT 当量,以预测建筑物抵御负载的能力(美国国防部,2008),这是因为结构、方法和材料质量的某些特性可能会允许冲击波反射,或者可能降低建筑物抵御冲击波的能力。

$$Z = \frac{R}{W^{1/3}} \qquad (13-3)$$

式(13-4)所示的以 Kinney 和 Graham(1985)代表的方程可以用来预测冲击波在自由空气中的峰值超压 P_{s0} 值,其中 P_0 为爆炸前的环境大气压。

$$\frac{P_{s0}}{P_0} = \frac{808\left[1+\left(\frac{Z}{4.5}\right)^2\right]}{\sqrt{1+\left(\frac{Z}{0.048}\right)^2}\sqrt{1+\left(\frac{Z}{0.32}\right)^2}\sqrt{1+\left(\frac{Z}{1.35}\right)^2}} \qquad (13-4)$$

式(13-5)中的超压持续时间(t_0)以毫秒为单位(Goel 等,2012;Kinney,Graham,1985)。

$$\frac{t_0}{W^{\frac{1}{3}}} = \frac{980\left[1+\left(\frac{Z}{0.54}\right)^{10}\right]}{\left[1+\left(\frac{Z}{0.02}\right)^3\right]\left[1+\left(\frac{Z}{0.74}\right)^6\right]\sqrt{1+\left(\frac{Z}{6.9}\right)^2}} \qquad (13-5)$$

另一个代表性示例是使用由 Kingery 和 Bulmash(1984)开发的公式和图来预测 P_{s0} 的值。Kingery 和 Bulmash 给出的对数曲线由式(13-6)给出,该公式适用于自由空气中球形 TNT 装药的爆炸。Y 是 P_{s0} 值的对数。该公式适用于距离为 0.05~40m 的爆炸(Kingery,Bulmash,1984)。

$$Y = 2.611 - 1.690U + 0.008U^2 + 0.336U^3 - 0.005U^4 -$$
$$0.080U^5 - 0.004U^6 + 0.007U^7 + 0.0007U^8 \qquad (13-6)$$

为了得到 Y 的值,必须事先用 T 确定 U 的值,其中 T 为 Z 的对数,如式(13-7)所示:

$$U = -0.214 + 1.350T \qquad (13-7)$$

13.2.2 简化的动态响应分析

大多数建筑物都没有抗爆设计,但是有抵抗风和地震类横向载荷的设计。

这种横向载荷与爆炸载荷之间最重要的区别是:后者的持续时间非常短。已有文献报道了爆炸作用下建筑物的动态行为(Department of Defense,2008;Swisdak Jr,1994)。

可以使用图 13 - 2 所示的三角形脉冲来简化设计或分析(ASCE,2010;Clough,Penzien,2003)。正向曲线下面积的积分定义为作用于建筑物的超压比冲量。通常,超压脉冲是导致爆炸损坏的主要参数(UNODA,2011),压力越高,持续时间越长,总冲量越大,对目标造成的伤害越大。

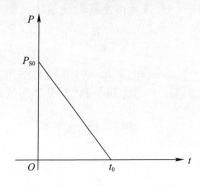

图 13 - 2　简化的压力 - 时间关系

单自由度假设下的每个建筑物都有一个自然振动周期(T_n)(Ngo 等,2007):

$$T_n = \frac{2\pi}{\omega_n} \tag{13-8}$$

建筑物的固有频率取决于其刚度(k)和质量(m):

$$\omega_n = \sqrt{\frac{k}{m}} \tag{13-9}$$

式(13 - 10)中所示的运动方程定义了建筑物的响应特性,其中位移用 u 表示,速度用 $\dot{u}$ 表示,加速度用 $\ddot{u}$ 表示。

$$m\ddot{u} + C\dot{u} + ku = P(t) \tag{13-10}$$

运动方程的第一个分量取决于建筑物的质量(m),第二个分量取决于阻尼(C),第三个分量取决于刚度(k)。在爆炸中,由于持续时间非常短,阻尼结构通常不能发挥作用并吸收大量能量,假定其值为零(Chopra,2007;Clough,Penzien,2003;Jayasooriya 等,2011;Maji 等,2008)。

最大静态位移$(u_{st})_0$ 可用于确定最大动态位移值(u_0),该值是爆炸载荷 P_0 和刚度 k 的函数:

$$(u_{st})_0 = \frac{P_0}{k} \tag{13-11}$$

变形响应因子(R_d),也称为三角脉冲的冲击谱,如图13-3所示,其中,t_d是超压持续时间。该值被用来放大最大静态位移:

$$u_0 = R_d (u_{st})_0 \qquad (13-12)$$

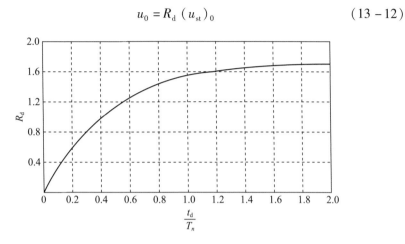

图13-3 三角脉冲的冲击谱

13.2.3 小尺寸爆炸预测试装置

值得注意的是,爆炸试验期间,人员的安全至关重要,应注意查阅与安全处理和炸药操作相关的适用文件。如果所选的炸药不受约束,那么将不会产生碎片,并且可用于验证爆炸波参数。然而,如果试验目的是验证和研究碎片对建筑物的影响,那么炸药外层通常有一个包覆材料进行约束。本研究提出了一种使用无约束炸药的小尺寸爆破试验装置。

爆破目标材料的参数对于测试的可重复性保障非常重要。对于炸药,利用TNT当量(W)足可以确定预定距离冲压峰值P_{s0}和超压持续时间t_0。

钢筋混凝土板的参数必须清晰且质量良好。混凝土板中的钢和混凝土必须遵循通常采用的施工方法,这些方法通常由每个国家的建筑规范决定。

如果钢筋混凝土板并非现场制作,那么运输和处理又是另一个需要解决的问题。如果混凝土板在运输或处理过程中产生裂缝,就会改变混凝土板的阻力行为,并产生意想不到的效果。在浇筑混凝土之前,必须准备好运输和搬运所需的所有吊钩,以确保钢筋混凝土构件的完整性不受损害。

本章介绍了以一块钢筋混凝土板作为目标的小规模爆破预试验,该试验是全尺寸爆轰试验的一部分,但本章未对后者进行具体描述。研究者将试验结果与P_{s0}和u_0的预测值进行了比较。混凝土板尺寸为1.0m×1.0m,厚度为0.08m,混凝土抗压强度为40MPa,双向配筋率(ρ)为0.175%。如图13-4所示,仅在混凝土板两侧进行支撑,炸药悬浮在平板上方。在混凝土板上方距离 h 处(0.65m)放置炸药。试验使用的炸药是 0.188kg 的 TNT,相当于 $1.13\text{m/kg}^{1/3}$ 的比例距离,炸药由电子引信触发。引信是由掩体中研究人员所持的导线引发的。

由于混凝土自身重量的原因,它是一种支持爆炸效果的合适材料(ASCE,2010)。试验混凝土板采用现场浇筑混凝土制成,巴西检测公司 Qualitec 依据巴西标准 NBR 12655(ABNT,1996)对现场浇筑的 10cm×20cm 混凝土试验圆筒进行静态抗压强度试验。混凝土的固化依据巴西标准 NBR 6118(ABNT,2003)和 NBR 14931 进行,浇筑后 3 天内保持混凝土板表面潮湿。图 13-5 所示为浇筑 15 天后的混凝土板。

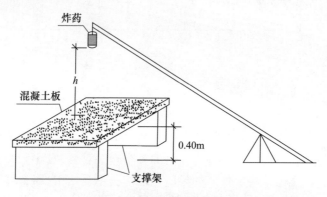

图 13-4 测试系统的原理图

图 13-5 浇筑后 15 天的混凝土板

将钢筋放置在混凝土板的底部,以承载正向力矩,如图 13-6 所示。

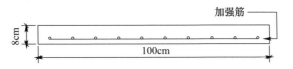

图 13-6 混凝土板的横截面

在混凝土板下表面铺设 2.5cm 厚混凝土之前,将钢筋在模板中保持就位(正向钢筋)。图 13-7 所示为浇筑混凝土之前的模板和钢筋。

图 13-7 浇筑前的模板(直径 5.0mm 的钢筋双向间隔 15cm)

压力传感器位于距炸药 0.65m 处。在混凝土板下方,用一个金属盒保护位移计,如图 13-8 所示。

图 13-8 为预测试准备好的试验装置

位移计用于测量由于冲击波引起的混凝土板的位移,通过从电位计接出的电线连接到混凝土板的底面进行测量,该电位计记录了爆炸期间电线向上或向下的移动。将电位计放置在金属盒中,以保护其免受爆炸期间产生的冲击波和周围碎片的影响。使用双组分环氧树脂,将钩子粘贴在混凝土板的下表面上。钩子用于将导线固定在合适的位置。使用两套带有两个电位计的钩子,以增加在实验过程中出现故障时数据收集的可靠性。

安装压电传感器,以测量爆炸压力波。所有压力传感器都放置在距炸药大致相同的距离处。有 4 个与混凝土板接触的压力传感器,即传感器 A、B、C 和 D;还有另外 4 个与混凝土板距离较小的压力传感器,即传感器 E、F、G 和 H,如图 13-9 所示。

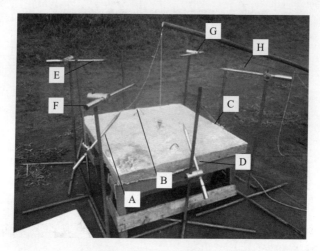

图 13-9　靠近混凝土板的压力传感器(A、B、C 和 D)和与炸药处于同一水平高度的压力传感器(E、F、G 和 H)

使用奥林巴斯公司的高速数码相机和东芝公司的坚固、耐用的笔记本电脑来记录爆炸过程的图像。相机被放置在距离测试装置 100m 处,每秒最多可记录 1000 幅图像。图 13-10 所示为爆炸期间记录的火球。

图 13-10　记录的火球

13.3 爆破预测试试验结果及与理论分析结果对比

压力传感器记录了爆炸过程中的超压。表 13-1 所列为每个传感器与炸药的距离及其记录的压力数据。

表 13-1 压力传感器位置和 P_{s0} 值

传感器	传感器到炸药的距离/cm	P_{s0}/kPa
A	66	917
B	66	866
C	62	746
D	65	1052
均值		895
E	56	1365
F	57	961
G	59	637
H	56	879
均值		960

使用爆炸波参数方程预测的峰值超压 P_{s0} 值为 780kPa，比实测值低 12%（Goel 等，2012；Kinney，Graham，1985；Smith，Hetherington，1994）。使用 Kingery-Bulmash 方程预测的峰值超压 P_{s0} 值为 760kPa，比距炸药相同距离的传感器的平均实测值仅低 15%（Kingery，Bulmash，1984；Swisdak Jr，1994）。图 13-11 给出了以传感器 A 为代表记录的典型的压力时间曲线。第一点之后的峰值表示冲击波的重新反射。

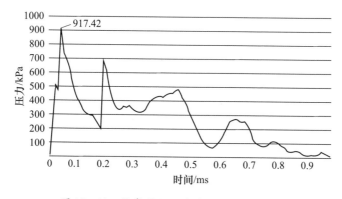

图 13-11 传感器 A 记录的压力-时间曲线

保护仪表的箱子没有移动,在混凝土板中心上的位移计最大总位移为8.9mm,如图13-12所示。爆炸结束后,混凝土板返回原位。由于处于周围黏土中支撑架的位移,还观察到1.8mm的残余位移。

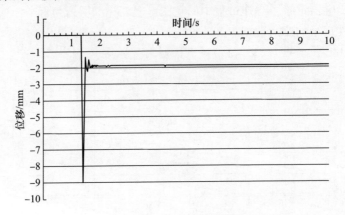

图13-12 位移计记录结果

值得注意的是,记录的总位移量揭示了混凝土板的位移与其在周围黏土中支撑架的位移之和。因此,混凝土板的位移是测量的总位移减去支撑架位移,即为7.1mm。该研究表明,使用简化的动态响应分析预测的最大位移值与试验测得的最大位移值一致性较好,如表13-2所列。在这项理论分析中,超压持续时间由式(13-5)确定。

表13-2 使用理论和实测的峰值叉腰 P_{s0} 预估 u_0 值对比

P_{s0}	u_0/mm
理论值	6.7
实测值	8.0

使用理论峰值超压 P_{s0} 的值预估的最大位移与爆炸预测试试验中用位移计测得的最大位移值几乎相同。使用实测峰值超压 P_{s0} 值预估的最大位移比实测最大位移值高11%。

加速度计在预测试试验过程没有采集到有效数据,说明加速度计连接在混凝土板底面上时不能正常工作。试验观察到的这种现象提醒我们要指定并使用更坚固的支撑棒,以确保传感器处于正确位置并能够测量试验数据。

13.4 结 论

本章介绍了钢筋混凝土建筑物在进行爆炸预测试试验时的响应问题,以及使用约束炸药和钢筋混凝土板进行小尺寸爆炸预测试的试验验果,此外还包括简化的动态响应分析。当原材料的质量和传感器的准确性较高时,试验结果与传统方程的理论预测结果吻合较好。预测试期间的稳固支撑将确保记录的位移仅由钢筋混凝土板变形引起。无约束炸药在产生压力时不产生碎片,因此强烈建议使用这类炸药进行测试,以验证爆炸波压力和被爆炸目标的变形。

由于验证测试的小尺寸试验性质,预测试中的混凝土板没有裂缝,保持了完整性。然而,这类缩比测试并不能表明混凝土板有抵御爆轰波的能力,因为产生损坏的主要因素是冲击负载。用于预测最大位移的简化方程与预测试试验结果吻合较好。根据美国国防部对建筑物功能保护的要求(Department of Defense,2008),对于预测试试验中使用的炸药数量和相应的比例距离,该混凝土板显示出其具有良好的防御作用。

在预测试期间(及最终的后续实际测试中),对敏感设备的防护非常重要,除非传感器用来直接测量来自爆炸的压力。但是,防护体不应过大,因为大防护体表面的再反射作用可能掩盖可靠的测试结果。

参 考 文 献

ABNT. (1996). *NBR* 12655/96. *Concreto – Preparo.* Rio de Janeiro:Controle E Recebimento.

ABNT. (2003). *NBR* 6118/03. *Projeto de Estruturas de Concreto – Procedimento.* Rio de Janeiro,Brasil:NBR 6118/03. Projeto de Estruturas de Concreto – Procedimento. NBR 6118/03.

ABNT. (2004). *NBR* 14931/04. *Execução de Estruturas de Concreto – Procedimento.* Rio de Janeiro,Brasil: NBR 14931 – Execução de Estruturas de Concreto – Procedimento.

ASCE. (2010). Design of Blast – Resistant Buildings in Petrochemical Facilities. 2nd ed. ed. W. L. Bounds. Reston:ASCE.

Bajic,Z. (2007). *Determination of TNT Equivalent for Various Explosives.* University of Belgrade.

Brode,H. L. (1955). Numerical Solutions of Spherical Blast Waves. *Journal of Applied Physics*,26(6),766 – 775. doi:10. 1063/1. 1722085.

Castedo,R. ,Segarra,P. ,Alañon,A. ,Lopez,L. M. ,Santos,A. P. ,& Sanchidrian,J. A. (2015). Air Blast Resistance of Full – Scale Slabs with Different Compositions:Numerical Modeling and Field Validation. *International Journal of Impact Engineering*,86,145 – 156. doi:10. 1016/j. ijimpeng. 2015. 08. 004.

Choi,K. K. ,Urgessa,G. ,Reda Taha,M. M. ,& Maji,A. (2008). Quasi – Balanced Failure Approach for Evaluating Moment Capacity of Concrete Beams Reinforced with FRP. *Journal of Composites for Construction*,12(3),236 – 245. doi:10. 1061/(ASCE)1090 – 0268(2008)12:3(236).

Chopra,A. K. (2007). Earthquake Spectra. In K. Scherwatzky(Ed.),Dynamics of Structures—Theory and Applications to Earthquake Engineering(3rd ed.). New Jersey:Prentice – Hall.

Clough,R. W. ,& Penzien,J. (2003). *Computer Methods in Applied Mechanics and Engineering Dynamics of*

Structures (3rd ed.). Berkeley: Computers & Structures. Inc.

Department of Defense. (2008). UFC 3 – 340 – 02. Structures to Resist the Effects of Accidental Explosions. USA.

Di Stasio, A. (2016). JIMTP Strategy and Path Forward. In *Proceedings of the 42nd International Pyrotechnics Society Seminar* (pp. 102 – 105).

Goel, M. D., Matsagar, V. A., Gupta, A. K., & Marburg, S. (2012). An Abridged Review of Blast Wave Parameters. *Defence Science Journal*, 62(5), 300 – 306. doi: 10. 14429/dsj. 62. 1149.

Held, M. (1983). Blast Wave in Free Air. *Propellants, Explosives, Pyrotechnics*, 8(1), 1 – 8. doi: 10. 1002/prep. 19830080102.

Henrych, J. (1979). *The Dynamic of Explosion and Its Use*. Amsterdam.

Jayasooriya, R., Thambiratnam, D. P., Pereira, N. J., & Kosse, V. (2011). Blast and Residual Capacity Analysis of Reinforced Concrete Framed Buildings. *Engineering Structures*, 33(12), 3483 – 3495. doi: 10. 1016/j. engstruct. 2011. 07. 011.

Kingery, C. N., & Bulmash, G. (1984). *Airblast Parameters From TNT Spherical Air Bursts and Hemispherical Surface Bursts*. Maryland.

Kinney, G. F., & Graham, K. J. (1985). *Explosive Shocks in Air*. 2 nd. New York: Springer Science. doi: 10. 1007/978 – 3 – 642 – 86682 – 1.

Li, J., Wu, C., Hao, H., Wang, Z., & Su, Y. (2016). Experimental Investigation of Ultra – High Performance Concrete Slabs under Contact Explosions. *International Journal of Impact Engineering*, 93, 62 – 75. Retrieved from http://linkinghub. elsevier. com/retrieve/pii/S0734743X1 6300422 doi: 10. 1016/j. ijimpeng. 2016. 02. 007.

Maji, A., Brown, J. P., & Urgessa, G. (2008). Full – Scale Testing and Analysis for Blast – Resistant Design. *Journal of Aerospace Engineering*, 21(4), 217 – 225. doi: 10. 1061/(ASCE)0893 – 1321(2008)21 : 4(217).

Mendonca, F. B., Rocco, J. A. F. F., Iha, K., & Urgessa, G. (2016). Blast Response of Reinforced Concrete Slab with Varying Standoff and Steel Reinforcement Ratios. In *Proceedings of the 42nd International Pyrotechnics Society Seminar* (pp. 291 – 292).

Ngo, T., Mendis, P., Gupta, A., & Ramsay, J. (2007). Blast Loading and Blast Effects on Structures – An Overview. *Electronic Journal of Structural Engineering*, 7, 76 – 91.

Sadovskiy, M. A. (2004). Mechanical Effects of Air Shockwaves from Explosions according to Experiments. In M. A. Sadovskiy (Ed.), *Selected Works: Geophysics and Physics of Explosion*. Moscow: Nauka Press.

Smith, P. D., & Hetherington, J. G. (1994). *Blast and Ballistic Loading of Structures* (1st ed.). Burlington: Butterworth – Heinemann.

Swisdak, M. M., Jr. (1994). Simplified Kingery Airblast Calculations. Arlington: Naval Surface Warfere Center.

UNODA. (2011). *International Ammunition Technical Guideline* (2nd ed.). New York: United Nations SaferGuard.

Urgessa, G. (2009). Finite Element Analysis of Composite Hardened Walls Subjected to Blast Loads. *American Journal of Engineering and Applied Science*, 2(4), 804 – 811. doi: 10. 3844/ajeassp. 2009. 804. 811.

Urgessa, G. (2010). Vibration Properties of Beams Using Frequency – Domain System Identification Methods. *Journal of Vibration and Control* 17(9): 1287 – 1294. Retrieved October 21, 2014 from http://jvc. sagepub. com/cgi/doi/10. 1177/1077546310378431.

Urgessa, G. , and Maji, A. (2010). Dynamic Response of Retrofitted Masonry Walls for Blast Loading. *Journal of Engineering Mechanics – Asce*, 136(7), 858 – 864.

Zhao, C. F. , & Chen, J. Y. (2013). Damage Mechanism and Mode of Square Reinforced Concrete Slab Subjected to Blast Loading. *Theoretical and Applied Fracture Mechanics*, 63 – 64, 54 – 62. doi: 10.1016/j.tafmec.2013.03.006.

第14章 FI-IR技术量化表征高聚物黏结炸药中的聚合物含量

Elizabeth da Costa Mattos, Rita de Cássia Lazzarini Dutra

(巴西航空航天研究所,巴西)

摘要: 烈性炸药是不同领域的研究工具,并且是传统武器和核武器的核心组件。高聚物黏结炸药(PBX)可降低炸药感度,并能满足民用及军用对高性能炸药的需求,从而被广泛应用。由于武器装备可能会在极端温度及机械环境中使用,非常有必要对PBX进行表征,以获得其爆炸行为及性质。为了促进PBX的研究,本章讨论了利用傅里叶变换红外光谱(FT-IR)技术测定PBX中聚合物含量的方法,并对高效液相色谱仪(HPLC)和热重分析仪(TG)两种研究技术进行对比。本方法使用FT-IR中的ATR及UATR技术来研究PBX中的聚合物含量;相比于传统技术,本方法的测定速度更快,并可消除化学残留带来的负面影响。

14.1 引 言

随着空间项目、石油钻探等领域的发展,需要开发出具有良好热稳定性的炸药。这类炸药或炸药配方需要可靠、安全地应用于高温环境中。在这方面,一些硝基类高能物质能够抵抗太空中的抗高温低压环境,因此受到了特别关注(Agrawal,2005)。

理想的军用炸药应该含能高、安全、易于操作,在不同环境中具有良好的抗老化性能,且仅在特定条件下起爆(Mathieu,Stucki,2004)。

炸药需要在冲击波下起爆,这就要求存在少量的起爆药。大多数国家开发的现代炸药配方钝感性极高,以防止军火事故发生。不敏感含能化合物如新型惰性胶黏剂体系已被开发,用来改善武器的易损性。开发高性能的新型含能材料是一项持续性工作(Mathieu,Stucki,2004)。

烈性炸药是多个领域的研究工具,并且是传统武器和核武器的核心组件。

为了有效地应用于这些领域,炸药的生产需要保证其精确性和安全性。

第二次世界大战中使用的威力最大的炸药是 RDX,它首次由 Henning 于 1899 年制备出来(Bachmann,Sheehan,1949),并在 1920 年作为炸药使用。HMX 于 1941 年被首次发现(Lukasavage,Nicolich,Alster,1993),是硝化环六亚甲基四胺合成 RDX 过程中产生的少量副产物,含量约为 10%。

HMX 是一种高能炸药,发达国家利用其高能量进行金属成形和能量转移,并将其用于塑性炸药中。这种炸药基于 HMX 挤压并模塑成形(Calzia,1969; Valença,1998)。

物理学家和工程师很少使用纯炸药晶体,因为在几乎所有的应用中,人们都希望在一定空间内填充尽量多的炸药(高密度填充)。显然,疏松的炸药晶体不能达到较高密度。然而,用聚合物胶黏剂包覆炸药晶体后,这种物质非常适合生产塑性炸药,可以降低感度和危险刺激如冲击、摩擦和撞击(Hayden,2005; Chen,Huang,Dai,Ding,2005;Singh,Felix,Soni,2003)。

为了在小空间中达到高能量,人们开始研发高聚物黏结炸药。

PBX 是"Plastic Bonded Explosive"的缩写,这是一类混合炸药,具有高机械强度和优良的爆炸性能(爆速常高于 7800m/s),化学稳定性卓越,撞击和热感度低(Federoff,Sheffield,1966)。过去 50 年间,许多 PBX 炸药被研发出来,旨在满足特定或一般性应用的工程材料所需(Hayden,2005;Kim,Park,1999)。这些混合炸药含有大量的单质炸药,如 RDX、HMX、六硝基芪(HNS)或季戊四醇四硝酸酯(PETN),并与聚合物基体混合,如聚酯、聚氨酯、尼龙、聚苯乙烯、橡胶和氟化硝化棉;在某些情况下也会加入塑化剂,如酞酸二辛酯(DOP)、己二酸二正辛酯(DOA)或丁基二硝基苯胺(BDNPA)(Federoff,Sheffield,1966;Thompson,Olinger,Deluca,2005)。

PBX 降低了合成炸药的感度,并能满足民用及军用对高性能炸药的需求,因此被广泛应用(Chen,Huang,Dai,Ding,2005)。

PBX 中使用的材料通常是具有特定平均粒径分布的二级配或三级配炸药晶体混合物。在对炸药进行挤压、熔铸、浇注、挤出等加工前,应对其与其他炸药、聚合物及添加剂的相容性进行评价,以保证产品操作和存储安全性(Mathieu,Stucki,2004;Hayden,2005)。

由于武器装备可能在极端温度及机械环境中使用,非常有必要对 PBX 进行表征,以了解其物理化学行为(Thompson,Olinger,Deluca,2005)。

传统的悬浮液包覆炸药法已经有超过 45 年的应用历史(Kasprzyk,Bell,Flesner,Larson,1999)。在悬浮液中,炸药晶体被聚合物包覆。首先将炸药分散于装有水的搅拌反应器中,再将有机溶剂溶解的聚合物溶液加入炸药悬浮液中,在加热、搅拌、蒸馏条件下除去有机溶剂,最终将包覆好的颗粒炸药过滤分离出来(Kasprzyk,Bell,Flesner,Larson,1999)。

使用液压方法挤压炸药成形是制备高爆炸药的最重要过程(Wanninger,Wild,Kleinschmidt,Spath,1996)。由于炸药是晶体,有必要将其与聚合物混合制成包覆颗粒。

为了降低冲击感度,可将炸药与聚合物结合,在压制过程中危险较小,也可避免可能引起爆炸的晶体间摩擦(Wanninger,Wild,Kleinschmidt,Spath,1996)。

聚合物在 PBX 炸药中的主要作用是降低感度,如摩擦、冲击和撞击,从而保证炸药的完整性。

对 PBX 中材料进行表征,对于安全考虑和新方法开发都是必不可少的。由于已发表的文献中关于红外光谱表征含能材料包覆层的报道较少,本章介绍了 FT-IR 技术对爆炸物包覆层聚合物的定量和定性表征,并应用参考技术,如高效液相色谱(HPLC)和热重分析(TG)。

14.2 PBX 简介

PBX 复合材料是通常装填有炸药晶体的聚合物体系,其中炸药含量为85%~95%(质量分数)(Thompson,Olinger,Deluca,2005)。在第二次世界大战之后,老式 TNT 基复合体系开始被含聚合物胶黏剂的 HMX 炸药所替代(Skidmore,Phillips,Crane,1997)。第一个 PBX 复合材料是于1952年,由美国洛斯阿拉莫斯国家实验室开发出来的。该炸药由 RDX 晶体和聚苯乙烯聚合物基体组成。自1952年起,劳伦斯利弗莫尔实验室、美国海军和多家研究机构开发了一系列 PBX 配方(Akhavan,2004)。

为降低冲击感度和处理危险性,通常将聚合物与炸药相结合。关于热性能,Hoffman 和 Caley 测试了 LX-10 的热循环。他们监测了 PBX 中的动态力学性能和聚合物分子量,来确定炸药的降解程度,从而确定 PBX 的寿命。结果表明,LX-10 以非常缓慢的速率降解;基于聚合物分子量的变化,利用动力学计算,可得出 LX-10 的寿命可能会超过60年(Burgess,Woodyard,Rainwater,Lightfoot,Richardson,1998)。

PBX 含有炸药和聚合物,有时也含有塑化剂和稳定剂,因此对该复合材料成分的分析很复杂。通常用 HPLC 和 DSC 来确定聚合物中的杂质及分解程度,也可用这两种方法研究 PBX 老化前后的力学性能和爆炸性能。Hoffman 和 Caley(1981)使用 HPLC(尤其是 SEC)、DSC 和力学性能(存储模量、损耗模量、T_g)来确定 PBX-950 和 LX-10-1 中含氟聚合物的分解程度。使用这些手段测得的结果表明,其降解程度较低。另外,他们还研究了这些炸药的结晶度和热老化性能,并发现炸药在 23~74℃ 之间出现老化(Hoffman,Matthews,Pruneda,1989)。

14.3 单质炸药简介

多种单质炸药被用于制备 PBX,本节将介绍本研究应用的单质炸药(RDX 和 HMX)表征。

14.3.1 RDX

RDX 是 Royal Demolition Explosive 的缩写,化学名称是环三亚甲基三硝胺($C_3H_6N_6O_6$),也可称为旋风炸药或黑索今。黑索今的晶体密度为 $1.820g/cm^3$,是一种非水溶性白色物质,其晶体属于斜方晶系,熔点在 204℃ 左右,作为炸药被广泛应用于军事和工业领域。在第二次世界大战期间,黑索今是许多需要高能量的复合炸药的重要组成部分。在炸弹和鱼雷中,黑索今通常与其他爆炸物混合使用,如 TNT、塑化剂和铝粉。它可作为雷管的主药,在室温下可稳定保存,并被认为是威力最大的军用炸药(Urbanski,1967)。

14.3.2 HMX

HMX,即 1,3,5,7-四硝基-1,3,5,7-四氮杂四辛,也称为环四亚甲基四硝胺或奥克托今。由于其具有理想的性能,如无烟、高比冲和良好的热稳定性,因此 HMX 成为目前固体推进剂中最重要的含能组分(Tang,Lee,Kudva,Litzinger,1999)。HMX 被用于某些推进剂和炸药中(Kohno,Maekawa,Tsuchioka,Hashizume,Imamura,1994)。HMX 基推进剂可被用于武器装备和固体火箭推进剂体系中(Tang,Lee,Kudva,Litzinger,1999)。

HMX 为白色晶体,分子量为 $296g/cm^3$,爆速为 $9100m/s$,是单位体积高能量爆炸物;根据结晶条件,有 4 种不同的多晶型(如 α-HMX、β-HMX、δ-HMX、γ-HMX),在密度和冲击感度方面存在差异。

HMX 被用于金属成形、能量转换和熔融及挤压成形的聚合物黏结炸药中(Calzia,1969;Urbanski,1984)。

14.3.3 PBX 用聚合物简介

在 1960 年之前,挤压成形炸药的胶黏剂组分主要为石蜡;而现代 PBX 中使用聚合物作为胶黏剂,聚合物的性质有所不同(Mathieu,Stucki,2004)。自 20 世纪50年代早期起,多种聚合物被用于制备PBX,其中最常用的是氟橡胶和聚氨酯(Burgess,Woodyard,Rainwater,Lightfoot,Richardson,1998)。

本研究利用红外光谱对PBX组分中的氟橡胶、聚氨酯和EVA进行定量分析。

14.3.4　Viton

含氟聚合物或氟橡胶主要用于包覆含能材料,通常被称为FKM聚合物,用ASTMD1418命名。Viton是杜邦公司生产的一系列氟橡胶的品牌,有多种链结构(二共聚、三共聚)和形状(丸状、片状和棒状)(Hohmann,Tipton,2000;Mattos等,2008)。

VitonB是六氟丙烯-偏二氟乙烯和四氟乙烯的三元共聚物,而VitonA是偏二氟乙烯和六氟丙烯的二元共聚物(Wanninger,Wild,Kleinschmidt,Spath,1996)。Viton中的嵌段中包含被称为"Mers"的重复子单元。Mers可以被看作链中的链接。分子链中的链接越多,则分子链越长。在Viton分子中,大部分单体含有碳和氟(Hohman,Tipton,2000;Mattos等,2008)。在聚合物制备过程中,分子链中每个大分子所包含的链接数量由多种因素决定。多种单体共聚是为了调整聚合物的物理化学性质。含氟弹性体是橡胶,而非简单的单体(Hohmann,Tipton,2000),可根据不同氟含量分为66%、68%和70%三类。图14-1所示为三元共聚物氟弹性体——橡胶B(FKM)的化学结构。

$$-[CF_2-CF]-[CH_2-CF_2]-[CF_2-CF_2]- \\ | \\ CF_3$$

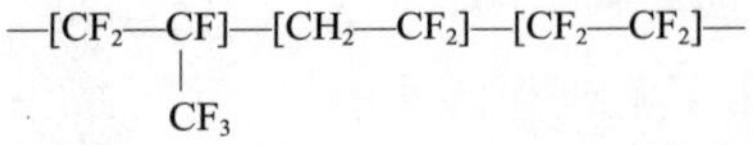

图14-1　三元共聚物氟弹性体——橡胶B(FKM)的化学结构(Mattos等,2004)

氟橡胶(如Viton)表现出卓越的化学稳定性,并被广泛用作推进剂中含能材料的包覆物质。如文献(Hohmann,Tipton,2000)所述,氟橡胶的存在与氧化时间密切相关。

14.3.5　Estane

Estane是另一类用于基于聚氨酯挤压成形PBX的聚合物。它是一种基于芳香烃聚酯的热塑性聚氨酯(TPU),由1,4-丁二醇、4,4′-苯亚甲基二异氰酸酯的长链共聚物和己二酸,以及1,4-丁二醇制成的大分子构成(Burgess,Woodyard,Rainwater,Lightfoot,Richardson,1998)。

这些聚合物含有两种官能团,即在聚酯嵌段中的酯键和由MDI与二醇生成的氨基甲酸酯键,其化学稳定性较差——酯键容易水解,而氨基甲酸酯键容易被氧化(Wewerka,Loughran,Williams,1976)。这些官能团的断裂会导致 PBX 中聚氨酯的降解(Wewerka,Loughran,Williams,1976)。

Campbell、Garcia 和 Idar(2000)研究了 Estane5703 的玻璃化转变温度,并发现与炸药混合后,该聚合物的玻璃化转变温度会发生轻微变化。结果还表明,挤压过程不会改变聚合物软段的玻璃化转变温度,但是会影响聚合物硬段和结晶度(Campbell,Garcia,Idar,2000)。

14.3.6 EVA

乙烯-醋酸乙烯酯共聚物(EVA)由聚乙烯和聚醋酸乙烯(PVA)序列随机连接而成,如图 14-2 所示。该物质分子形态复杂,性质介于各聚合物嵌段的性质之间,由含有亚甲基单元的结晶相、具有亚甲基链段和醋酸乙烯酯链段(VAc)的界面区域和具有亚甲基链段和 VAc 单元的非晶相组成(Zattera,Bianchi,Zeni,Ferreira,2005)。与相同分子量的低密度聚乙烯(LDPE)相比,EVA 的断裂延伸率和冲击强度更高,而弹性模量较低(Zattera,Bianchi,Zeni,Ferreira,2005)。

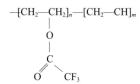

图 14-2　乙烯-醋酸乙烯酯共聚物(Allen 等,2001)

EVA 具有多种工业用途,包括胶片、软管、包覆材料和吸附材料(Allen,Edge,Rodriguez,Liauw,Fontan,2001)。EVA 中的 VAc 含量决定了其光学性质和力学性质(Dutra,1997)。

Dagley 及同事将 EVA 与不同炸药(RDX、PETN 和 TATB)混合,来模拟聚合物炸药挤压成形过程中多种组分混合带来的热效应(Dagley,Parker,Jones,Montelli,1996)。作者认为,该模拟方法无法预测严重的放热现象,但可以准确地重现测试组件中的径向热流,并能很好地预测混合炸药组分的热响应时间和表面温度。

14.3.7 炸药表面包覆

晶体炸药(如 RDX,HMX)的涂层使用淤浆包覆。首先将炸药晶体悬浮于水中,然后将聚合物 Viton、Estane 和 EVA 的低沸点非水溶有机溶液加入炸药悬浮液中,在这一过程中大力搅拌(500~700r/min)(Campbell,Garcia,Idar,2000;Benziger,1973)。随后在持续搅拌下蒸馏除去有机溶剂,当溶剂基本去除完毕时,聚合物会沉积在炸药晶体表面(Campbell,Garcia,Idar,2000)。

包覆完毕后,包覆的炸药可作为压塑成形炸药的高能组分使用(Wanninger, Wild,Kleinschmidt,Spath,1996)。

14.4 测试方法

14.4.1 色谱法

可利用色谱法(HPLC)对含能材料及非含能材料中的组分进行分离、检测和定量分析。在检测炸药时,该方法的意义在于可以在不发生化学反应的情况下从多种样品中分离出少量物质(Mccord,Bender,1998)。

分析炸药最合适的色谱技术是 HPLC,只需少量样品,属于无损检测技术。炸药分析中最常用的 HPLC 分离系统是反相法,将炸药在甲醇、乙腈和水的混合物中进行分离。分离可为等度模式(使用一种溶剂和一个泵)或梯度洗脱模式(洗脱液组分中有机溶剂浓度随着进程逐渐提升)。反相 HPLC 在炸药检测方面具有很多优势,如体系稳定、毒性低、不吸收紫外光等(Mccord,Bender, 1998)。

检测被 HPLC 分离的炸药组分,最常用的方法是紫外吸收光谱(UV)。反相溶剂(高极性)相比正相溶剂(低极性溶剂)紫外吸收率更低(Ciola,2003; Mccord,Bender,1998)。这对于硝酸酯,如硝化甘油和 PETN 来说尤为重要。然而,UV 检测器在低波长下没有选择性,因为几乎所有化合物在该区域都会有吸收(Mccord,Bender,1998)。HPLC 与 UV 连用的另一种应用是定量分析水提取物中的爆炸物(Mccord,Bender,1998)。

多个研究人员应用 HPLC 鉴定不同炸药(HMX、RDX、HNS、TNT、Cl-20)的含量(Kaiser,1998;Bunte,Pontius,Kaiser,1999;Groom,Halasz,Paquet,D'Cruz, Hawari,2003;Mattos 等,2004;Silva,2007)、不同炸药种类及晶型(Kaiser,1998; Bunte,Pontius,Kaiser,1999)和土壤中的微量炸药(Marple,Lacourse,2005;Pan, Tian,Jones,Cobb,2006)。

HPLC 是定量分析 PBX 中聚合物的一种方法,并用作 HMX/Viton 体系和 HMX/EVA 体系中 FT-IR 定量分析的参比方法。

14.4.2 热重分析

热重分析(TG)是一种定量分析方法,可以精确检测质量损失。然而,物质热失重的温度范围是定性的,与样品和设备的性质有关(Monthé,Azevedo,

2002)。

Lee 和 Hsu(2002)利用多种热分析方法(TG、DSC 和 DTA)分析了具有不同胶黏剂含量和不同炸药种类的 PBX,来确定带有聚合物炸药的军事装备寿命。结果表明,HMX 基的炸药配方在室温下的存储时间大于 60 年。他们还利用 TG 和 DSC 分析了炸药与硅橡胶的相容性及动力学参数,并发现硅橡胶的 PBX 与 PETN、RDX、HMX 和 HNS 均相容(Lee,Hsu,Chang,2002)。

Tompa 和 Boswell(2000)用 TG 和 DSC 测定了塑性炸药 PBXBW - 11 的热稳定性、比热及热扩散率,来计算爆炸时间,并发现该炸药的分解是一级反应。

Singh 等(2003,2005)和其同事(Felix,Singh,Sikder,Aggrawal,2005)使用 TG(等转化率法)对含有 RDX 和 HMX 的 PBX 进行动力学研究,并认为炸药的热稳定性与是否存在聚合物(Estane 或 Viton)无关。

Burnham 和 Weese(2005)用 TG 测定了 PBX 中聚合物(Viton,Estane,Kel - F800)的热分解动力学参数。

本章采用 TG 技术来计算炸药组分中的聚合物含量,并将 HMX/Viton 体系的 FT - IR 定量分析方法作为参比技术。

14.4.3 FT - IR 技术

红外光谱(IR)技术可用来检测和表征有机、无机及聚合物材料,因此应用于多种研究。

红外光谱技术是检测单质炸药的可靠基础技术。红外光谱可识别有机分子的官能团,因为"指纹"峰值可以识别整个分子(Zitrin,1998)。

红外辐射是处于可见光和微波之间的光谱,用来表征有机分子所使用的红外光谱波数范围为 $4000 \sim 6000 \mathrm{cm}^{-1}$,通常称为中红外(MIR)区域。$14000 \sim 4000 \mathrm{cm}^{-1}$ 波数处称为近红外(NIR)区域,对这一区域的研究很少,因此人们对该波长区域在物质检测,尤其是炸药检测方面的应用很感兴趣(Graf,Koenig,Ishida,1987)。

FT - IR 技术中有许多样品处理方法。透射法是获得光谱的最早方法(Graf,Koenig,Ishida,1987)。该方法中,光线会穿过样品表面并进入其内部(Ishida,1987)。

表面分析技术能够辅助透射法,对材料进行更加完整的表征。例如,漫反射(DRIFT)法可将散射的光线汇聚于镜中,并聚焦于检测器中(Pandey,Kulshreshtha,1993)。

将红外光谱与反射理论相结合,就产生了先进的表面分析方法。例如,FT - IR/ATR 技术结合了红外光谱与全反射光学(Nogueira,Rosa,Santana,2000;

Kwan,1998)。

FT-IR/ATR 光谱分析中使用了锗、KRS-5、金刚石和 ZnSe 晶体,这几种晶体的区别在于折光率范围从 2.38(KRS-5)到 4.01(锗)不等(Kwan,1998)。

通用 ATR(UATR)是内反射红外光谱的附件,并被用于检测固体、粉体、液体及凝胶。这是一种无损检测技术,将样品置于高折光率的金刚石和 ZnSe 的复合晶体表面。由于光线不会过多地进入样品,该技术可以用来检测固体、固体表面和固体样品包覆层(Abidi,Hequet,2005)。

光声光谱学(PAS)技术较为少见,根据相关文献报道(Graf,Koenig,Ishida,1987;Pandey,Kulshreshtha,1993),这是一种尚在发展中的专业方法,相比透射技术具有多种优势,即它能够分析不透明材料,研究复合材料、碳纤维等。PAS 技术可被用于检测其他红外技术中不适用的样品(Mattos,Viganó,Dutra,Diniz,Iha,2002;Ishida,1987;Pandey,Kulshreshtha,1993;Mattos,2001)。

红外光谱技术具有物质结构检测和快速分析的优势,是检测多种不同结构HMX 和混合物及其他炸药的有力工具。以下研究工作较为重要。

(1) Litch(1970)将 HMX 在高沸点溶剂重结晶,制备了 4 种多晶型的 HMX,并使用红外光谱技术,利用 KBr 片透光法表征 HMX 的形态。

(2) Achuthan 和 Jose 使用近红外光谱(KBr 片法)、拉曼光谱和 DSC 技术辨别了不同晶型的 HMX,并揭示各晶型 HMX 的透光机理。

(3) McAuley、Joubert 和 Steyn(1985)使用色散红外光谱确定 HMX 晶型,根据透射红外法结果,得到了直接测量法能够检测到的 α-HMX 和 γ-HMX 的最低含量。

(4) Wenhui、Zhanning 和 Jianwu(1994)使用全反射红外 DRIFT(技术)来表征被键合剂处理过的 HMX 表面,以选择适用于推进剂的键合剂。该研究的目标是研究基于分子结构的界面键合机理,并辅助选择含 HMX 推进剂的合适键合剂。

(5) Gjersøe(2000)使用 DRIFT 技术检测 beta HMX 中含量在 0.1% ~1.0%的 α-HMX,特征峰为中红外区的 $712cm^{-1}$。该方法较为快速,并与 α-HMX 的浓度呈线性关系。Mattos(2001)在研究中使用红外光谱技术(透射法、发射法和光声法),在宽光谱范围内表征并定量分析 HNX 和 RDX 混合炸药。

根据相关文献报道,多项研究使用红外光谱技术的不同附件表征了炸药,但未使用红外光谱技术定量分析过 PBX。因此,红外光谱技术可以被用于检定 RDX 和 HMX 等炸药,也可定量分析 Viton、EVA 和 Estane 等聚合物,它们都是 PBX 样品中的组分。

14.5 讨 论

PBX 样品使用不同聚合物(Estane、Viton 和 EVA)制备,使用 HMX 和 RDX 组成以下体系:HMX/Viton、HMX/EVA、RDX/Viton 和 RDX/Estane。为改进红外光谱定量分析方法,来测定 PBX 中的聚合物含量,研究者将炸药用 EVA 和 Viton 进行包覆,其聚合物使用量为 2%、5%、8%、10%、13% 和 15%。

14.5.1 热重定量分析

使用梅特勒 TG/SDTA(TGA/SDTA851e)分析仪来进行热重分析,使用铝和铟在氮气流速为 40mL/min、加热速率为 10℃/min 下对仪器进行标定。炸药样品使用量约为 2.0mg,在 50~700℃ 的温度范围内进行检测。

1. HMX 和 Viton 的热重分析

从图 14-3 中可以看到,热重分析表明,HMX 在 284.8℃ 时出现最大失重。在相同条件下,Viton 的最大失重温度在 487.8℃,如图 14-4 所示。

2. PBX(HMX/Viton)的热重分析

使用表 14-1 中的配方制备 PBX 样品,其热重分析结果也列于表中。图 14-5 显示了这些纯组分和混合物的热行为。

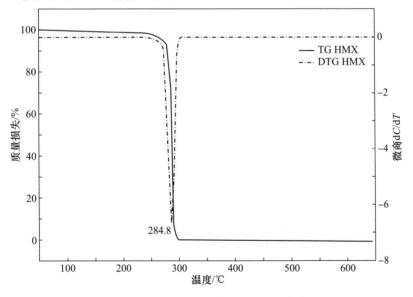

图 14-3 HMX 样品的 TG 和 DTG 曲线
(加热速率为 10℃/min,氮气流速为 40mL/min)

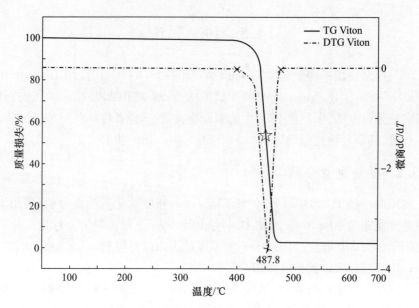

图 14-4 Viton 样品的 TG 和 DTG 曲线
(加热速率为 10℃/min,氮气流速为 40mL/min)

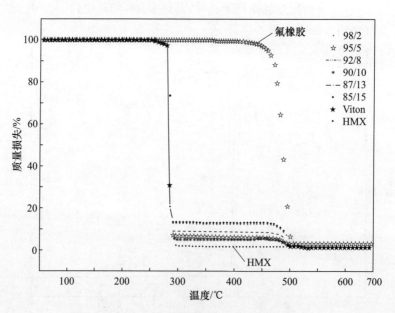

图 14-5 HMX/氟橡胶体系的 TG 曲线
(加热速率为 10℃/min,氮气流速为 40mL/min)

表14-1　HMX/Viton样品中TG测定的HMX含量

代码	HMX/Viton理论含量/%	TG测试HMX含量/%	TG测试Viton含量/%	标准偏差/%
Cob-01/06	98/2	97.87	2.13	0.68
Cob-01/95	95/5	95.24	4.76	0.25
Cob-05/06	92/8	93.67	6.33	0.93
Cob-04/06	90/10	91.10	8.90	1.06
Cob-06/06	87/13	89.88	10.12	0.79
Cob-02/06	85/15	89.98	10.02	1.06

3. EVA的热重分析

EVA的热重曲线(图14-6)表明其存在两处热失重:第一次失重发生在356℃,与醋酸乙烯酯的降解有关;第二次失重发生在476℃,由烯烃共聚物降解(C—H和C—C键断裂)导致。

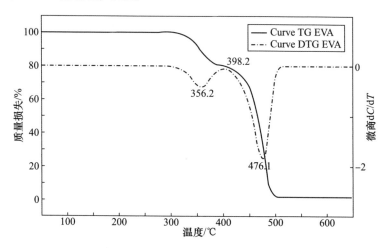

图14-6　EVA样品的TG和DTG曲线(加热速率为10℃/min,氮气流速为40mL/min)

4. HMX/EVA体系的PBX热重分析

PBX样品根据表14-2中的配方制备,其热重分析结果也列于表中。图14-7显示了这些纯组分和混合物的热行为。

如图14-7所示,尽管PBX样品中EVA的含量不同,但未发现HMX在280℃时热分解产生大量热而使EVA分解的第一次热失重区域。然而,EVA第一次热失重的温度提前,可归因于HMX的分解。使用热重分析技术计算EVA含量的准确性较差,因此不能将该方法的测定结果作为红外定量分析结果的参比。

表 14-2 HMX/EVA 样品中 TG 测定的 HMX 含量

代码	HMX/EVA 理论含量/%	TG 测试 HMX 含量/%	TG 测 EVA 含量/%	标准偏差/%
Cob-09/06	98/2	97.37	1.07	0.15
Cob-03/05	95/5	95.52	1.85	0.36
Cob-01/07	92/8	94.67	2.71	0.17
Cob-02/07	90/10	93.05	3.77	0.39
Cob-05/07	87/13	90.80	6.09	1.27
Cob-04/07	85/15	90.69	6.52	0.36

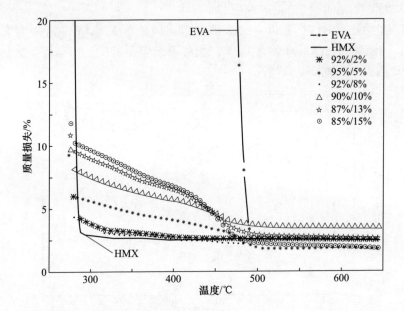

图 14-7 HMX/EVA 体系的 TG 曲线(加热速率为 10℃/min,氮气流速为 40mL/min)

14.5.2 PBX 定量分析的 HPLC 方法

本章使用液相色谱仪进行样品分析,仪器装备有 Waters1515 双泵、手动进样器(Breeze7725i,含 10μL 回路的流度仪)和一个最大波长为 230nm 的 Waters 2487 紫外-可见光检测器。使用 RP C18 色谱柱(μBondapack),流动相为甲醇:水(40:60),其等度洗脱流速为 1.2mL/min。测定结果使用内置软件 Breeze 3.30 版本进行处理。

使用 HPLC 测定 PBX 中聚合物含量,是根据参比溶液 HMX 含量和样品中检测到的 HMX 含量的差别进行计算。首先将 PBX 样品溶于合适的溶剂中,其中不溶的聚合物使用过滤法进行分离。再将含有 HMX 的溶液进行测定,并计算样品中 HMX 含量与 HMX 参比溶液含量的差别,从而计算出聚合物含量,如图 14-8 所示。

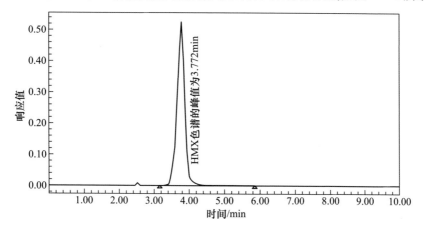

图 14-8　HMX/Viton 体系(85%/15%)的色谱图

可以观察到,HMX 色谱的保留峰位置为 3.772min,并且其浓度依据峰面积进行计算。样品中聚合物含量越高,HMX 峰面积就越低。这一现象适用于所有的 HMX/Viton 和 HMX/EVA 体系,这是由于 HPLC 技术只能对组分中炸药的存在进行定性和定量。HMX/Viton 和 HMX/EVA 体系的样品根据前述的条件进行制备和分析,其结果列于表 14-3 和表 14-4 中。这一方法得到的结果准确性很高。

表 14-3　HMX/Viton 体系中由 HPLC 测得的 HMX 含量

样品代码	HMX/Viton 理论含量/%	HPLC 测试 HMX 含量/%	HPLC 测试 Viton 含量/%	标准偏差/%
Cob-01/06	98/2	97.17	2.83	2.17
Cob-01/95	95/5	95.26	4.74	1.79
Cob-05/06	92/8	93.20	6.80	3.56
Cob-04/06	90/10	91.96	8.04	1.06
Cob-06/06	87/13	89.20	10.80	2.25
Cob-02/06	85/15	84.53	15.47	1.01

表 14-4　HMX/EVA 体系中由 HPLC 测得的 HMX 含量

样品代码	HMX/EVA 理论含量/%	HPLC 测试 HMX 含量/%	HPLC 测试 EVA 含量/%	标准偏差/%
Cob-09/06	98/2	97.86	2.14	1.91
Cob-03/05	95/5	93.53	6.47	3.23
Cob-01/07	92/8	92.63	7.37	0.53

续表

样品代码	HMX/EVA 理论含量/%	HPLC 测试 HMX 含量/%	HPLC 测试 EVA 含量/%	标准偏差/%
Cob-02/07	91/10	90.54	9.46	1.79
Cob-05/07	87/13	87.44	12.56	2.94
Cob-04/07	85/15	84.75	15.25	0.94

14.5.3 FT-IR 分析

1. 利用透射 FT-IR 技术定性分析 RDX 和 HMX

RDX 和 HMX 根据其平均和强烈红外吸收峰进行表征。根据文献(Smith, 1979; Achuthan, Jose, 1990; Chasan, Norwitz, 1971; Mattos 等, 2004), β-HMX 和 RDX 的特征峰归属列于表 14-5 中。

表 14-5 特征峰归属

波数/cm^{-1}(β-HMX)	波数/cm^{-1}(RDX)	振动形式/官能团
3035	3073	υCH_2
1564	1592	$\upsilon_a CH_2$
1462 1432	1459 1433	$\delta_s CH_2$
1396	1390	$\delta_s CH_2$
1347	1351	$\delta_s CH_2$
1279 1202	1270	$\upsilon_s NO_2 + \upsilon N\text{—}N$
1145 1087		$\upsilon N\text{—}N + \upsilon$ 环振动
964 946	1039 945	环拉伸
830 761		δ 和 $\gamma(NO_2)$
625 600	604	$\tau + \gamma(NO_2)$

利用透射 FT-IR 技术定性分析 RDX/Viton 体系。

在图 14-9 中,谱图 A(KBr 片法)代表含聚合物的红外吸收,根据参比的含能材料谱图 B(Mattos 等, 2008),谱图 A 中主要是 RDX 的吸收峰。图 14-9 中不能判断聚合物的存在,这一结果是因为透射红外技术通常表征高含量组分。在本例中,需要使用溶剂对聚合物和含能材料进行分离并分析。

在使用甲醇后,对于样品的残留物,使用涂膜法进行红外分析,得到谱图 C (图 14-9),将其与谱图 D 比较,表明有包覆炸药的聚合物 Viton 存在。

C—F 键的存在可通过中红外区的强吸收峰 1397~1074cm^{-1} 进行判定(C-F$_\nu$)(Mattos 等,2008);而特 C—F$_2$ 基团的特征峰在 1273cm^{-1}、1191cm^{-1}、1134cm^{-1} 和 1111cm^{-1}(C-F$_{2\nu}$)和 635cm^{-1}、610cm^{-1}(C-F$_{3\nu}$)处的中等吸收峰(Mattos 等,2008;Silverstein,Bassler,Morril,1981)。

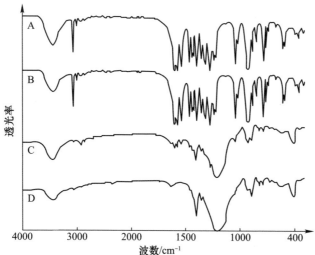

A—聚合物包覆 RDX/Viton 3/91(KBr 片法); B—RDX(KBr 片法);
C—使用热甲醇处理后 RDX/Viton 复合体系残留物的红外谱图: D—Viton B。

图 14-9 红外透射光谱图

2. 利用 FT-IR 技术定性分析 RDX/Estane 体系

使用透射红外法对 RDX/Estane 体系分析的结果显示,该技术可以应用于该体系。在图 14-10 中,谱图 A 代表聚合物包覆层,主要显示的是 RDX 的吸收峰。然而,在 1730cm^{-1} 处可发现有 υC═O 的弱吸收峰,表明聚合物包覆层的存在(谱图 D)。这一结果是因为透射红外技术通常表征高含量组分。在本例中,RDX 为高含量组分(Mattos,Dutra,Diniz,Iha,2004)。

使用四氯化碳处理后,利用涂膜法对样品残留物进行分析,结果如谱图 C 所示。将谱图 C 与 Estane 的参比谱图 D 进行比较,可知残留物中主要为炸药的聚合物包覆层。在谱图 C 和谱图 D 中,代表聚合物的特征峰以星形标志标记(Mattos,Dutra,Diniz,Iha,2004)。

脲结构的特征峰在中红外区的 3345cm^{-1}(υNH)、1732cm^{-1}(υCO-酰胺 Ⅰ)和 1534cm^{-1}(δNH 基团-酰胺 Ⅱ)处(Mattos,Dutra,Diniz,Iha,2004;Urbański,

Andrzej,Cameron,1977)。聚氨酯中的聚酯基团特征峰在 $1223cm^{-1}$(υ 基团 COOC),聚醚聚氨酯中的聚酯基团特征峰在 $1143cm^{-1}$(υCOC)处。

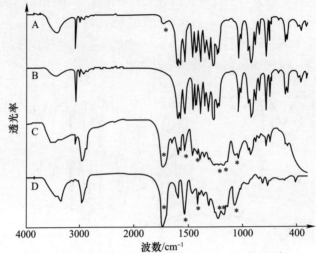

A—聚合物包覆RDX/Estane 4/91; B—RDX; C—使用四氯
化碳处理后RDX/Viton复合体系的残留物; D—Estane 5702-F。

图 14 – 10 　FT – IR 透射光谱图

3. 红外光声光谱(PAS)技术定性分析 RDX/Viton 体系和 RDX/Estane 体系

PAS 信号是通过转化吸收辐射为热而生成的,这会导致样品表面的温度改变,并引起周围气压变化,产生的声波可被灵敏传声器所接收。样品的深度与辐射频率有关,信号放大与辐射吸收强度直接相关。PAS 技术允许在不同速度上进行频率调整,并可获得样品不同层次处的光谱。在本例中,使用较慢速度可探测样品底部,而使用高速度可分析样品表层(Zhang,Lowe,Smith,2009)。

PAS 技术被应用于 RDX/Viton 体系和 RDX/Estane 体系中。当使用低检测速度(0.05cm/s)时,可能更容易检测表层聚合物的存在。

4. 使用 FT – IR/ATR 技术对 HMX/Viton 体系的定量分析方法

使用不同附件对 PBX 进行测试的结果表明,在使用 ATR 技术时,在锗晶体两侧以 45°夹角放置样品,可以得到高质量的光谱图。根据明确的基线可以看到聚合物特征峰的变化。

在图 14 – 11 中,HMX/Viton(85%/15%)样品的红外光谱中出现了 $1169cm^{-1}$ 和 $890cm^{-1}$ 处的 Viton 特征峰,并将其选作最适合分析 Viton 的特征峰(Mattos,Nakamura,Diniz,Dutra,2009)。

所有被包覆样品都使用 ATR 技术和 45°放置的锗晶体进行分析。所以,使用该方法得到的高质量结果能够明确分析特征峰位置,并进行定量分析,如图 14 – 12 所示。

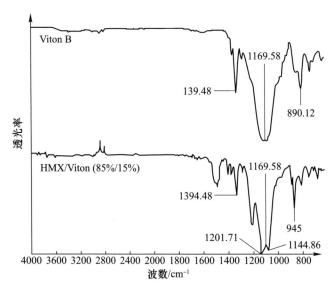

图 14 – 11　使用锗晶体的 FT – IR/ATR 光谱(Viton B 和 Cob. 02/06 – 85%/15%)

根据图 14 – 12 中的一系列 FT – IR/ATR 光谱,可以观测到 HMX 和 Viton 的特征峰。1200cm^{-1}附近是 Viton 中存在的 C – F 特征峰。可以观测到,随着混合物中 Viton 含量的增加,该区域的峰宽度也增加,表明聚合物存在。在图 14 – 12 中也能观测到 945cm^{-1}处的 HMX 特征峰。随着 Viton 含量的增加,观察到由于聚合物的存在,HMX 的峰强度减弱(Mattos,Nakamura,Diniz,Dutra,2009)。

Viton 其他的特征峰位置在 890cm^{-1}和 1170cm^{-1}处。对于 HMX,可以观测到 945cm^{-1}和 1145cm^{-1}处的特征峰。由于 Viton 峰强度随着聚合物含量的增加而增大,可以利用 FT – IR 技术对样品进行定量分析。本研究中,TG 定量方法是红外的参照方法如表 14 – 1 所示。接下来使用红外光谱对 HMX/Viton 体系中的 Viton 含量进行定量分析,其中 945cm^{-1}和 890cm^{-1}处的特征峰基线取在 986cm^{-1}和 853cm^{-1},1145cm^{-1}和 1170cm^{-1}处的特征峰基线区在 1476cm^{-1}和 984cm^{-1}(Mattos,Nakamura,Diniz,Dutra,2009)。

本试验中的吸收峰值取 5 次测试的平均数。Hórak 和 Vitek(1978)推荐使用中位数作为少量试验次数的取值。参数 $\hat{\mu}$ 和 $\hat{\sigma}$ 有可能出现较大误差,这是由于试验中随机误差为非均匀分布,误差范围很难确定。所以,我们采用了一种不同的评价方式——吸收值中位数的标准偏差 $\hat{\sigma}_\mu$,计算方法如下(Hórak,Vitek,1978):

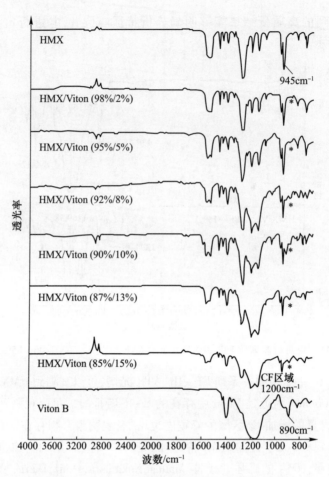

图 14-12 HMX/Viton 的 FT-IR/ATR 光谱(样品在锗晶体两边以45°放置)

$$\hat{\sigma}_\mu = \frac{\hat{\sigma}}{\sqrt{n}} \quad (14-1)$$

式中:$\hat{\sigma}$ 为基础数据的标准偏差,并且是每次单独测试精度的定量结果;n 为试验次数。

$$\hat{\sigma} = K_R R \quad (14-2)$$

式中:K_R 为从测试数据范围内计算平均标准偏差的系数(对于 5 次测试,K_R = 0.430)(Hórak,Vitek,1978);且 R 是测试数据的极差($X_n - X_1$)。$\hat{\sigma}_\mu$ 是对测试数据中位数精度的评判,即对有限次测试所得结果的评价。每次测试都在相同条件下进行,每个样品的相对偏差由下式表示:

$$相对偏差 = \frac{\hat{\sigma}_\mu}{\mu} \times 100\% \quad (14-3)$$

表14-6列出了有效特征峰的中位数吸收值。通过分析表14-6,可以观测到,在890cm^{-1}和1170cm^{-1}处的峰值符合线性关系。基于Viton热重分析和其在890cm^{-1}和1170cm^{-1}处的特征峰的红外分析数据,可以根据相对峰值法获得测定Viton含量的线性关系(Mattos,Nakamura,Diniz,Dutra,2009)。

表14-6 HMX/Viton体系分析峰吸收值中位数

HMX/Viton 含量/%	A_{945}HMX 的中位数	A_{1145}HMX 的中位数	A_{890}Viton 的中位数	A_{1170}Viton 的中位数
98/2	0.060	0.032	0.002	0.008
95/5	0.041	0.032	0.005	0.017
92/8	0.027	0.042	0.006	0.035
90/10	0.034	0.040	0.007	0.032
87/13	0.030	0.049	0.010	0.044
85/15	0.031	0.064	0.014	0.059

使用FT-IR/TG及相对峰值来测定Viton含量,另外相对峰值法(相对吸收值)也可被用来矫正样品厚度(Gedeon,Ngyuen,1985)。对于HMX/Viton样品的红外定量分析,在945cm^{-1}处的HMX吸收峰值和890cm^{-1}处的Viton吸收峰值相关。在本工作中使用Lamber-Beer定律获得A_{945}/A_{890}与炸药/聚合物的相对关系,其结果如表14-7(Mattos,Nakamura,Diniz,Dutra,2009)所列。

表14-7 PBX样品(HMX/Viton)的FT-IR数据
(相对峰值A_{945}/A_{890})(参比TG数据)

TG测试的HMX/Viton相对含量/%	A_{945}/A_{890}的中位数	标准偏差/σ_μ	相对误差/%
45.95	28.50	6.50	22.81
20.01	9.60	1.11	11.56
14.72	4.28	0.15	3.5
10.24	4.62	0.16	3.46
8.88	3.00	0.12	4.00
8.98	2.21	0.07	3.17

图14-13显示了A_{945}/A_{890}中位数与HMX/Viton相对含量的关系,其结果能够呈现较好的线性关系(线性相关系数$R=0.993$)。根据TG/FT-IR得到的分析曲线(表14-7),得到以下关系:

$$y_1 = -3.95 + 0.7x$$

式中:y_1为相对峰值A_{945}/A_{890}的中位数;x为HMX/Viton的相对含量(%)。

另外不可以使用相对峰值A_{1145}/A_{1170}进行分析。图14-14列出了A_{1145}/A_{1170}

中位数与 HMX/Viton 相对含量的关系,得到了良好的线性关系($R=0.991$)。根据 FT – IR/TG 分析得到分析曲线(表 14 – 8),得到以下关系:

$$y_2 = 0.344 + 0.0789x$$

式中:y_2 为相对峰值 A_{1145}/A_{1170} 的中位数值(Mattos,Nakamura,Diniz,Dutra,2009)。

根据通过相对峰值得到的分析曲线计算出 Viton 的含量。计算出拟合曲线的线性关系系数(R)并列于表 14 – 9 中(Mattos,Nakamura,Diniz,Dutra,2009)。

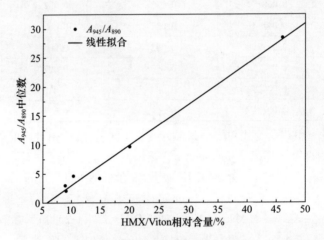

图 14 – 13 A_{945}/A_{890} 的中位数与由 TG 测得的 HMX/Viton 相对含量的关系

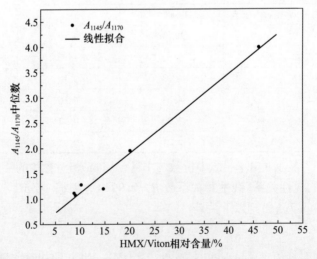

图 14 – 14 A_{1145}/A_{1170} 的中位数与由 TG 测得的 HMX/Viton 相对含量的关系

表 14-8 PBX 样品(HMX/Viton)的红外数据
（相对峰值 A_{1145}/A_{1170}）（参比 TG 数据）

TG 测试的 HMX/Viton 相对含量/%	A_{1145}/A_{1170} 的中位数	标准偏差/σ_μ	相对误差/%
45.95	4.000	0.500	12.5
20.01	1.947	0.036	1.85
14.72	1.206	0.005	0.41
10.24	1.289	0.016	1.24
8.88	1.120	0.007	0.62
8.98	1.071	0.005	0.47

表 14-9 中的数据表明,相对峰值法更适用于使用 FT-IR 技术测定 PBX 中的 Viton 含量,能够得到精确的结果,即根据表 14-9 中数据得到更好的线性拟合相关性系数。与 TG 参比结果相比,最佳相对峰位置在 945cm^{-1}/890cm^{-1} 处,其相关性系数为 0.993。此外,也可以更好地观测图 14-10 中的光谱图(Mattos,Nakamura,Diniz,Dutra,2009)。

表 14-9 根据 TG 和 FT-IR 技术测得的 Viton 含量
（在 1145cm^{-1}/1170cm^{-1} 和 945cm^{-1}/890cm^{-1} 处的相对峰值）

TG 测试的 Viton 含量/%	以 TG 为参考,在 1145cm^{-1}/1170cm^{-1} 处 IR 测试的 Viton 含量/%	以 TG 为参考,在 945cm^{-1}/890cm^{-1} 处 IR 测试的 Viton 含量/%
2.13	2.11	2.10
4.76	4.68	4.90
6.33	8.36	7.82
8.90	7.71	7.53
10.12	9.24	9.13
10.12	9.82	10.18
线性相关性	$R = 0.991$	$R = 0.993$

14.5.4 使用 UATR 技术分析 HMX/EVA 体系

利用 UATR 技术(包覆有金刚石的 ZnSe 晶体)分析了 HMX/EVA 样品,得到谱图显示的基线较好。该技术具有操作实用性,并且非常适合用来测定 EVA 含量。

UATR 光谱(图 14-15)揭示了与聚合物有关的细节,样品使用高含量 EVA (15%)包覆 HMX,单谱图中能看到 HMX 的特征峰,这是因为炸药没有将聚合物完全包裹。

从图 14-16 中的一系列谱图可以观察到,随着 HMX/EVA 样品体系中 EVA 含量的上升,其 1737cm^{-1} 处的特征峰(C=O)也变得更强,这表明该技术具有定量分析的优势。

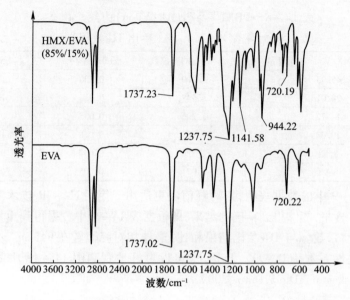

图 14 – 15　HMX/EVA(85%/15%)样品和 EVA 的 UATR 光谱图

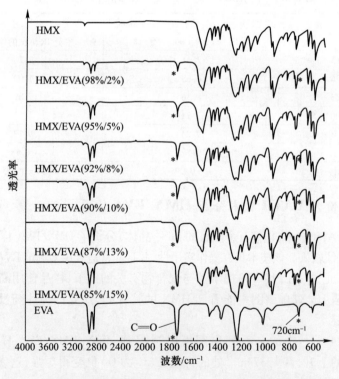

图 14 – 16　HMX/EVA 样品体系的 UATR 光谱图

UATR 分析条件是:波数范围为 4000～515cm^{-1},能量为 10%,40 次扫描,并且扫描背景为 ZnSe 晶体。样品直接放置在晶体附件上。

在本体系中,可以观测到以下 EVA 特征峰:1737cm^{-1}($vC=O$)、1238cm^{-1}(vCO)、720cm^{-1}(ρCH_2)以及 HMX 的特征峰:1141cm^{-1}($vH-H$)、943cm^{-1}(环振动)。

用来测定 EVA 含量的特征峰为 1737cm^{-1},其基线取在 1780cm^{-1} 和 1630cm^{-1} 处。

使用色谱分析数据作为参比方法,并与 EVA 的特征峰相结合,可以根据表 14-10 中的结果得到描述 HMX/EVA 中 EVA 含量的线性关系。

表 14-10 HMX/EVA 样品中的 FT-IR 特征峰数据(1737cm^{-1} 处)(参比技术:HPLC)

HPLC 测试的 EVA 含量/%	A_{1737} 的中位数	标准偏差/σ_μ	相对误差/%
2.14	0.061	0.004	6.58
6.47	0.134	0.010	7.41
7.37	0.153	0.010	6.75
9.46	0.159	0.014	8.58
12.56	0.203	0.013	6.49
15.25	0.250	0.016	2.89

图 14-17 是吸收峰值 A_{1737} 的中位数与 EVA 含量的关系图,呈较好的线性关系($R=0.989$)。根据 FT-IR/HPLC 的分析曲线得到以下关系式:

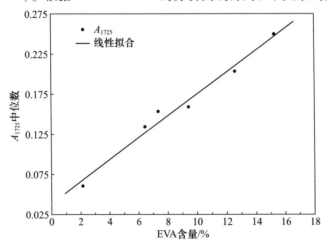

图 14-17 吸收峰值 A_{1737} 中位数与 HPLC 测得的 EVA 含量的关系图

$$y_3 = 0.0391 + 0.0136x_3$$

式中:y_3 为吸收峰值 A_{1737} 的中位数;x_3 为 EVA 的含量。

根据表 14-11,使用 HPLC 技术作为参考,利用校准曲线获得的值计算 EVA 浓度和相关系数 R。可以在表 14-11 中验证,UATR 的 FT-IR 技术($1737cm^{-1}$ 波段)呈现出良好的线性相关性,正如预期的那样,它是光谱中心区域的一个波段,没有相邻的波段,能更精确地测量其强度。使用 KRS-5 晶体至 45°的 ATR 技术进行了相同的研究,但使用 UATR 技术获得的值显示出良好的线性相关性,表明最适合使用 HPLC 作为参考技术对 HMX/EVA 系统进行定量测定。

根据表 14-11 可验证 UATR 技术的结果线性相关性较好。研究人员使用带有 KRS-5 晶体的 ATR 技术重复了该检测,但通过 UATR 技术得到的结果具有更好的线性相关性。

表 14-11 使用 HPLC 技术和 FT-IR 技术得到的 EVA 含量

HPLC 技术测试的 EVA 含量/%	以 HPLC 为参考,在 $1737cm^{-1}$ 峰值处 FT-IR 技术测试的 EVA 含量/%
2.14	1.59
6.47	6.97
7.37	8.37
9.46	8.82
12.56	12.02
15.25	15.46
线性相关性	$R = 0.989$

14.6 结 论

FT-IR 技术可用来表征 PBX 样品中的炸药,得到其主要特征峰,使用相关结果开展本研究。使用 FT-IR 技术,对 RDX 的包覆层 Viton 进行表征,发现其并不适用于判定聚合物的存在,除非用合适的溶剂处理样品,并得到可用透射技术表征的聚合物膜。

使用相同的流程对 RDX/Estane 体系进行表征,结果可以确定有 RDX 的存在,另外由于存在 $1730cm^{-1}$ 处的特征峰,只能确定有 C═O 基团的聚合物存在。如果需要观测聚合物包覆层的特征峰,同样需要使用溶剂对样品进行处理,并对得到的聚合物膜进行表征。

由于 FT-IR 技术并不能在样品未被溶剂处理时判定 PBX 中的聚合物,研究人员使用了另一种技术,即 PAS 技术。通过 PAS 技术表征,可以识别用于包覆的聚合物,且结果表明聚合物为仅几微米厚的表面层(RDX/Estane)。

为了研究 FT-IR 技术,需要将 HPLC 和 TG 作为辅助技术。在本章中,这些技术被应用于检测 HMX/Viton 体系和 HMX/EVA 体系,并将其结果作为 FT-IR 技术的参比。其中,TG 被应用于检测 Viton 含量,HPLC 被应用于检测 EVA 含量。

对于 HMX/Viton 体系,ATR 技术最适用于定量分析,并能得到高质量的光谱。样品需要在锗晶体两侧以 45°放置。根据光谱图,可以观测到炸药混合物中组分的特征峰与其含量的变化,并且该特征峰可以作为定量分析的分析峰。在该体系中应用相对峰方法,适用于测定 HMX/Viton 体系中的 Viton 含量。与 TG 的参比结果相比,本测定方法的最佳相对峰位置为 $945cm^{-1}/980cm^{-1}$。

应用 UATR 技术,对 HMX/EVA 体系的 PBX 进行了表征,结果表明该技术具有很好的可操作性,并且是一种良好的 EVA 光谱定量分析方法。在该体系中,$1737cm^{-1}$ 处的特征峰(C=O)可被选作分析峰,适合对 HMX/EVA 体系进行 FT-IR 定量分析。

在 UATR 技术中,扭矩的应用是一大优点;因为在所有试样中可将其控制为相同强度,从而避免吸收强度变化。

根据对 HMX/Viton 体系和 HMX/EVA 体系的分析结果表明,使用 FT-IR/ATR 技术和 FT-IR/UATR 技术,可以精确、快速地对 PBX 中的聚合物进行定量分析,同时不产生化学废弃物。

参 考 文 献

Abidi, N. , & Hequet, E. (2005). Fourier Transform Infrared Analysis of Trehalulose and Sticky Cotton Yarn Defects Using ZnSe – Diamond Universal Attenuated Total Reflectance. *Textile Research Journal*, 9(75), 645 – 652. doi:10.1177/0040517505057527.

Achuthan, C. P. , & Jose, C. L. (1990). Studies on ctahydro – 1,3,5,7 – Tetranitro – 1,3,5,7 – Tetrazocine (HMX) polymorphism. *Propellants, Explosives, Pyrotechnics*, 5 (6), 271 – 275. doi: 10.1002/prep.19900150609.

Agrawal, J. P. (2005). Some new high energy materials and their formulations for specialized applications. *Propellants, Explosives, Pyrotechnics*, 30(5), 316 – 328. doi:10.1002/prep.200500021.

Akhavan, J. (2004). *The Chemistry of Explosives*. 2. Cambridge, United Kingdom:The Royal Society of Chemistry.

Allen, N. S. , Edge, M. , Rodriguez, M. , Liauw, C. M. , & Fontan, E. (2001). Aspects of the thermal oxidation, yellowing and stabilization of ethylene vinyl acetate copolymer. *Polymer Degradation & Stability*, 71, 1 –

14. doi:10. 1016/S0141-3910(00)00111-7.

Bachmann,W. ,& Sheehan,J. C. (1949). A new method of preparing the hing explosive RDX. *Journal of the American Chemical Society*,71,1842-1845.

Benziger,T. M. (1973). *High-Energy Plastic-Bonded Explosive*. U. S. Patent US3,778,319.

Bunte,G. ,Pontius,H. ,& Kaiser,M. (1999). Analytical characterization of impurities or byproducts in new energetic materials. *Propellants, Explosives, Pyrotechnics*, 24(3), 149-155. doi:10. 1002/(SICI)1521-4087(199906)24:03<149::AID-PREP149>3.0.CO;2-4.

Burgess,C. E. ,Woodyard,J. D. ,Rainwater,K. A. ,Lightfoot,J. M. ,& Richardson,B. R. (1998). Literature review of the lifetime of DOE Materials:aging of plastic bonded explosive and the explosive and polymers contained therein(Technical Report ANRCP-1998-12). Austin:Amarilo National Resource Center for Plutonium,The University of Texas.

Burnham,A. K. ,& Weese,R. K. (2005). Kinetics of thermal degradation of explosive binders Viton A,Estane,and Kel-F. *Thermochimica Acta*,426(1-2),85-92. doi:10. 1016/j. tca. 2004. 07. 009.

Calzia,J. (1969). *Les substances explosives et leurs nuisances*. Paris:Dunod.

Campbell,M. S. ,Garcia,D. ,& Idar,D. (2000). Effects of temperature and pressure on the glass transitions of plastic bonded explosives. *Thermochimica Acta*,357-358,89-95. doi:10. 1016/S0040-6031(00)00372-5.

Chasan,D. E. ,& Norwitz,G. (1971). Qualitative analysis of primes,tracers,igniters,incendiaries,boosters, and delay compositions on a micro scale by use of Infrared Spectroscopy(Test report T71-6-1). Philadelphia:Department of the Army.

Chen,P. ,Huang,F. ,Dai,K. ,& Ding,Y. (2005). Detection and characterization of long-pulse low-velocity impact damage in plastic bonded explosives. *International Journal of Impact Engineering*,1(5),497-508. doi:10. 1016/j. ijimpeng. 2004. 01. 008.

Ciola,R. (2003). *Fundamentos da cromatografia a liquido de alto desempenho HPLC*. São Paulo:Edgard Blucher.

DUTRA. R. C. L. (1997). *Modificacão de fibras de polipropileno com EVA funcionalizado*. Unpublished doctoral dissertation,Universidade Federal do Rio de Janeiro,Rio de Janeiro.

Federoff,B. F. ,& Sheffield,O. E. (1966). *Encyclopedia of explosives and related itens* (Vol. 8). Dover:Picantinny Arsenal. doi:10. 21236/AD0653029.

Felix,S. P. ,Singh,G. ,Sikder,A. K. ,& Aggrawal,J. P. (2005). Studies on energetic compounds part 33:Thermolysis of keto-RDX and its plastic bonded explosives containing thermally stable polymers. *Thermochimica Acta*,426(1-2),53-60. doi:10. 1016/j. tca. 2004. 06. 020.

Gedeon,B. J. ,& Ngyuen,R. H. (1985). Computerization of ASTM D 3677-Rubber identification by infrared Spectrophotometry.

Gjersoe,R. (2000). Detection of α-HMX in β-HMX with FTIR diffuse reflection technique. Energetic materials:analysis,diagnostics and testing. In *Proceedings of the International Annual Conference of ICT* (pp. 96-1-96-6).

Graf,R. T. ,Koenig, J. L. ,& Ishida, H. (1987). Introduction to optics and infrared spectroscopic techniques. *Polymer of Science Technology*,36,1-31.

Groom,C. A. ,Halasz,A. ,Paquet, L. ,DCruz, P. ,& Hawari, J. (2003). Cyclodextrin-assisted capillary electrophoresis for determination of the cyclic nitramine explosives RDX,HMX and CL-20 Comparison with high-performance liquid chromatography. *Journal of Chromatography*,999(1 - 2),17 - 22. doi:10. 1016/S0021 - 9673 (03)00389 - 3 PMID:12885047.

Hayden, D. J. (2005). *An analytic tool to investigate the effect of binder on the sensitivity of HMX - based plastic bonded explosives in the skid test* [Master's thesis of Science Department of Mechanical Engineering]. Institute of Mining and Technology, Socorro, New Mexico.

Hoffman, D. M. ,& Caley, L. E. (1981). Dynamic mechanical and molecular weight measurements on polymer bonded explosives from thermally accelerated aging tests I. Fluoropolymer binders. *Journal Organic Coatings and Plastics Chemistry*,44,680 - 685.

Hoffman, D. M. , Matthews, F. M. , & Pruneda, C. O. (1989). Dynamic mechanical and thermal analysis of crystallinity development in Kel - F 800 and TATB/Kel - F 800 plastic bonded explosives: Part I. Kel - F 800. *Thermochimica Acta*,156(2),365 - 372. doi:10. 1016/0040 - 6031(89)87203 - X.

Hohmann, C. ,& Tipton, B. , Jr. (2000). Viton's impact on NASA standard initiador propellants properties (Tech. Report, NASA/TP 210187). Houston:NASA.

Horak, M. ,& Vitek, A. (1978). *Interpretation and processing of vibrational spectra*. New York:John Wiley & Sons.

Humphrey, J. R. (1974). LX - 10 - 1:a high - energy plastic - bonded explosive(Technical Report UCRL - 51629). Livermore:Lawrence Livermore Lab, California University.

Imamura, Y. Y. (2002). *Avaliacão do defeito da granulometria sobre a transicão cristalina de β - HMX por calorimetria exploratória diferencial e microscopia eletrônica de varredura* [Master's thesis, Physics and Chemistry of Aerospace Materials]. Instituto Tecnológico de Aeronáutica, São José dos Campos, SP.

Ishida, H. (1987). Quantitative surface FTIR spectroscopy analysis of polymers. *Rubber Chemistry and Technology*,60(3),497 - 554. doi:10. 5254/1. 3536139.

Kaiser, M. (1998). HPLC Investigation of explosives and nitroaromatic compounds with a cyanopropyl phase. *Propellants, Explosives, Pyrotechnics*,23(6),309 - 312. doi:10. 1002/(SICI)1521 - 4087(199812)23:6 < 309:AID - PREP309 > 3. 0. CO;2 - L.

Kasprzyk, D. J. , Bell, D. A. , Flesner, R. L. , & Larson, S. A. (1999). Characterization of a slurry process used to make a plastic - bonded explosive. *Propellants, Explosives, Pyrotechnics*,24(6),333 - 338. doi:10. 1002/ (SICI)1521 - 4087(199912)24:6 < 333::AID - PREP333 > 3. 0. CO;2 - T.

Kim, H. - S. , & Park, B. - S. (1999). Characteristics of the insensitive pressed plastic bonded explosive DXD - 59. *Propellants, Explosives, Pyrotechnics*,24(4),217 - 220. doi:10. 1002/(SICI)1521 - 4087(199908) 24:4 <217::AID - PREP217 > 3. 0. CO;2 - A.

Kohno, Y. , Maekawa, K. , Tsuchioka, T. , Hashizume, T. , & Imamura, A. (1994). A relationship between the impact sensitivity and the electronic structures for the unique N - N bond in the HMX polymorphs. *Combustion and Flame*,96(4),343 - 350. doi:10. 1016/0010 - 2180(94)90103 - 1.

Kotova, I. P. , Ivanova, M. P. , Berends, L. K. , & Chechetkina, L. N. (1986). Identification of textile materials in rubbers and finished products. *International Polymer Science and Technology*,8(13),66 - 70.

Kwan, K. S. (1998). *The role of penetrant structure in the transport and mechanical properties of a thermoset adhesive*. Unpublished doctoral dissertation, Faculty of the Virginia Polytechnic Institute, Blacksburg.

Lee, J. - H. , Hsu, C. - K. , & Chang, C. - L. (2002). A study on the thermal decomposition behaviors of PETN, RDX, HNS and HMX. *Thermochimica Acta*,392 - 393,173 - 176. doi:10. 1016/S0040 - 6031(02)00099 - 0.

Lee, J. - S., & Hsu, C. - K. (2002). Thermal properties and shelf life of HMX - HTPB based plastic - bonded explosives. *Thermochimica Acta*, 392 - 393, 152 - 156. doi: 10. 1016/S0040 - 6031(02)00095 - 3.

Litch, H. H. (1970). HMX(octogen) and its polymorphic forms. In *Proceedings of the Symposium on Chemistry Problems With The Stability of Explosives* (Vol. 2, pp. 168 - 179).

Lukasavage, W. J., Nicolich, S., & Alster, J. (1993). *Process of making impact Alfa - HMX*. U. S. Patents, US5, 268, 469.

Marple, R. L., & Lacourse, W. R. (2005). A platform for on - site environmental analysis of explosives using high performance liquid chromatography with UV absorbance and photo - assisted electrochemical detection. *Talanta*, 66(3), 581 - 590. doi: 10. 1016/j. talanta. 2004. 11. 034 PMID: 18970024.

Mathieu, J., & Stucki, H. (2004). Military high explosives. *Chimia*, 58 (6), 383 - 389. doi: 10. 2533/000942904777677669.

Mattos, E. C. (2001). *Síntese de HMX e avaliacão da aplicabilidade de técnicas FT - IR na sua caracterizacão e quantificacão* [Master's thesis, Plasma Physics]. Instituto Tecnológico de Aeronáutica, São José dos Campos, SP.

Mattos, E. C., Dutra, R. C. L., Diniz, M. F., & Iha, K. (2004). Avaliacão do Uso de Técnicas FT - IR para Caracterizacão de Cobertura Polimérica de Material Energético. *Polímeros: Ciência E Tecnologia*, 14(2), 63 - 68.

Mattos, E. C., Dutra, R. C. L., Diniz, M. F., Silva, G., Iha, K., & Teipel, U. (2008). Characterization of Polymer Coated RDX and HMX Particles. *Propellants, Explosives, Pyrotechnics*, 33(1), 44 - 50. doi: 10. 1002/prep. 200800207.

Mattos, E. C., Moreira, E. D., Dutra, R. C. L., Diniz, M. F., Ribeiro, A. P., & Iha, K. (2004a). Determination of the HMX and RDX content in synthesized energetic material by HPLC, FT - MIR, and FT - NIR spectroscopies. *Quimica Nova*, 27(4), 540 - 544. doi: 10. 1590/S0100 - 404220040 00400005.

Mattos, E. C., Nakamura, N. M., Diniz, M. F., & Dutra, R. C. L. (2009). Determination of polymer content in energetic materials by FT - IR. *Journal of Aerospace Technology and Management*, 1(2), 167 - 175. doi: 10. 5028/jatm. 2009. 0102167175.

Mattos, E. C., Viganó, I., David, L. H., Diniz, M. F., Dutra, R. C. L., & Iha, K. (2004b). Application of FT - IR techniques for identification of different polymers used in the coating process of energetic materials. In *Proceedings of the International Annual Conference of ICT* (pp. 174 - 1 - 147 - 13). Karlsruhe.

Mattos, E. C., Viganó, I., Dutra, R. C. L., Diniz, M. F., & Iha, K. (2002). Aplicacão de metodologias FTIR de transmissão e fotoacústica à caracterizacão de materiais altamente energéticos - parte II. *Quimica Nova*, 25(5), 722 - 728. doi: 10. 1590/S0100 - 40422002000500003.

McAuley, D. C., Joubert, A. L., & Steyn, L. T. (1985). Methods for the determination of (a) RDX in HMX and (b) polymorphs of HMX in β-HMX. In *Proceedings of the Symposium on Chemistry Problems With The Stability Off Explosives* (pp. 181 - 196).

McClelland, J. F., Jones, R. W., Luo, S., & Seaverson, L. M. (1992). *A Practical Guide to FT - IR Photoacoustic Spectroscopy*. Center for Advanced Technology Development and Ames Laboratory. Iowa State University: MTEC Photoacoustics, Catalog.

Mccord, B., & Bender, E. C. (1998). Chromatography of explosives. *Forensic Investigation of Explosives*, 8, 231 - 265.

Monthe, C. G., & Azevedo, A. D. (2002). *Análise térmica de materiais*. São Paulo: Ieditora.

Nogueira, D. A. R., Rosa, P. T. V., & Santana, C. C. (2000). Adsorcão de proteínas na superfície de polimeros: quantificacão com FTIR/ATR. In *I brasilian congresso phase equilibrium na fluid propeties for chemical process desin*(1). *Águas de São Pedro*. Campinas: UNICAMP.

Pan, X., Tian, K., Jones, L. E., & Cobb, G. P. (2006). Method optimization for quantitative analysis of octahydro $-1,3,5,7-$ tetranitro $-1,3,5,7-$ tetrazocine (HMX) by liquid chromatography – electrospray ionization mass spectrometry. *Talanta*, 70(2), 455 – 459. doi: 10. 1016/j. talanta. 2006. 03. 005 PMID: 18970792.

Pandey, G. C., & Kulshreshtha, A. K. (1993). Fourier transform infrared spectroscopy as a quality control tool. *Process Control and Quality*, 4, 109 – 123.

Silva, G. (2007). *Síntese, caracterizacão e quantificacão de 2, 2', 4, 4', 6, 6' – hexanitroestilbeno*. Unpublished doctoral dissertation, Instituto Tecnológico de Aeronáutica, São José dos Campos, SP.

Silverstein, R. M., Bassler, G. C., & Morril, T. C. (1981). *Spectrometric identification of organic compounds*. 5. New York: John Wiley & Sons.

Singh, G., Felix, S. P., & Soni, P. (2003). Studies on energetic compounds part 28: Thermolysis of HMX and its plastic bonded explosives containing Estane. *Thermochimica Acta*, 399(1 – 2), 153 – 165. doi: 10. 1016/ S0040 – 6031(02)00460 – 4.

Singh, G., Felix, S. P., & Soni, P. (2005). Studies on energetic compounds part 31: Thermolysis and kinetics of RDX and some of its plastic bonded explosives. *Thermochimica Acta*, 426 (1 – 2), 131 – 139. doi: 10. 1016/j. tca. 2004. 07. 013.

Skidmore, C. B., Phillips, D. S., & Crane, N. B. (1997). *Microscopical examination of plastic – bonded explosives* (Technical Report LA – UR – 97 – 2807). Los Alamos: Los Alamos National Laboratory.

Smith, A. L. (1979). *Applied infrared spectroscopy*. New York: John Wiley & Sons.

Tang, C. – J., Lee, Y. – J., Kudva, G., & Litzinger, T. A. (1999). A study the gas – phase chemical strutcture during CO_2 laser assisted combustion of HMX. *Combustion and Flame*, 117(1 – 2), 170 – 188. doi: 10. 1016/ S0010 – 2180(98)00094 – 7.

Thompson, D. G., Olinger, B., & Deluca, R. (2005). The effect of pressing parameters on the mechanical properties of plastic bonded explosives. *Propellants, Explosives, Pyrotechnics*, 30 (6), 391 – 396. doi: 10. 1002/ prep. 200500030.

Tompa, A. S., & Boswell, R. F. (2000). Thermal stability of a plastic bonded explosive. *Thermochimica Acta*, 357 – 358, 169 – 175. doi: 10. 1016/S0040 – 6031(00)00386 – 5.

United States. (1979). Department of the Army. *Military Explosives*. Washington, DC. (TM 9 – 1300 – 214C2).

Urbański, J., Andrzej Skup, A., & Cameron, G. G. (1977). *Handbook of analysis of synthetic polymers and plastics*. New York: John Wiley & Sons.

Urbanski, T. (1967). *Chemistry and technology of explosives* (Vol. 3). Warszawa: PWN Polish Scientific Publishers.

Urbanski, T. (1984). *Chemistry and Technology of Explosives* (Vol. 4). Great Britain: Pergamon Press.

Valenca, U. S. V. (1998). *Curso de emprego de explosivos industriais na engenharia. Unpublished apostille*, Instituto Militar de Engenharia, Rio de Janeiro.

Wanninger, P., Wild, R., Kleinschmidt, E., & Spath, H. (1996). *Pressable explosives granular product and pressed explosive charge*. U. S. Patents, US5, 547, 526.

Wenhui, W. , Zhanning, J. , & Jianwu, D. (1994). Surface characterization of the coupling interaction on HMX particles by FTIR DR spectroscopy. Energetic materials: analysis, characterization and techniques. In *Proceedings of the International Annual Conference of ICT* (pp. 85 - 1 - 85 - 12) Karlsruhe.

Wewerka, E. M. , Loughran, D. E. , & Williams, M. J. (1976). The effects of long term storage at elevated temperatures on small cylinders of PBX 9501 (Report, Tech. LA - 6302 - MS). Los Alamos: Los Alamos Scientific Laboratory.

Zattera, A. J. , Bianchi, O. , Zeni, M. , & Ferreira, C. A. (2005). Caracterizacão de resíduos de copolímeros de etileno - acetato de Vinila - EVA. *Polimeros: Ciência e Tecnologia*, 15(1), 73 - 78.

Zhang, W. R. , Lowe, C. , & Smith, R. (2009). Depth profiling of coil coating using step - scan photoacoustic FTIR. *Progress in Organic Coatings*, 65(4), 469 - 476. doi: 10. 1016/j. porgcoat. 2009. 04. 005.

Zitrin, S. (1998). Forensic Investigation of Explosions. In *Analysis of Explosives by Infrared Spectrometry and Mass Spectrometry* (pp. 267 - 314). Taylor & Francis Ltd.

第 15 章 电爆炸装置的起爆过程分析

Paulo C. C. Faria

(巴西航空技术学院,巴西)

摘要:电爆炸装置(EED),又称为爆管(由起爆炸药封装的电阻),其实质是将电能转换为热能的一种装置,仅用于引发爆炸性化学反应。显然,EED 激发不应该是偶然发生的,更不应该是故意外源性影响。常微分方程(ODE)描述了该装置对连续和脉冲电激励的热行为,对传热过程的温度响应时间常数进行了验证:EED 温度曲线随着时间常数跨越范围较大,从远小于脉冲宽度到远大于脉冲周期,该曲线发生显著变化。基于这种依赖关系,提出了有关 EED 安全和有效操作的重要建议。

15.1 引 言

为了研究 EED 点火过程,我们需要一个一致的模型,一个能够将响应施加到桥接线的电功率而再现相干温度的模型。实际上,EED 仅将能量从一种类型转换为另一种类型,这意味着 EED 热模型遵循能量守恒定理。

这一模型是在 Rosenthal(1961)、Leeuw 和 Prince(1988)的研究理论基础之上建立的。但这里的重点是模型应用,而非论证该理论,只保留了贡献者原始工作中必要的抽象部分(为了更深入地理解热模型,可参考 Hoberman(1965)、Potter 和 Scott(2004)的理论文献)。

从该模型解决方案中可以看出,在温度增益方面电脉冲激励具有突出的优势。因此,选择最适合驱动特定 EED 的电源主要受其热时间常数的影响。

此外,对许多能量转换重要方面的了解表明,EED 操作起来是可靠且无风险的。

在分析将 EED 作为能量转换器装置之前,出于指导目的,人们开始研究一个大家都比较熟悉的问题——雨桶问题(Moran,Shapiro,2008)。

15.2 简单类推

设想一个圆桶(其横向面积为 πr^2(桶半径为 r),高度为 H_b,顶面被移除),圆桶最初是空的,底部中心有一个小孔。假设下雨且降水均匀,一个问题就出现了:桶内的水位会如何随着时间的推移而改变?

为了便于分析这个问题,对桶底的孔用线性液压阻力 R 建模(实际上,$R = R_0 H^{(1-\gamma)}$,其中 R 为液压阻力,H 为桶内水柱高度,γ 为式(15-1)指数,R_0 为初始液压阻力,根据具体情况调整 γ(Cochin,1980)),其通过孔的水体积流量输出速率流量 Q_o 与 H 成正比。

$$Q_o = \frac{H}{R} = \frac{H}{R_0 H^{(1-\gamma)}} = \left.\frac{H^\gamma}{R_0}\right|_{\gamma=1} = \frac{H}{R_0} \qquad (15-1)$$

另外,进入水桶(正在下雨)的水体积流量速率恒定且等于水体积流量输入速率 Q_i。从圆柱几何方面,$\frac{dV}{dt} = \pi r^2 \cdot \frac{dH}{dt}$(其中 V 为桶内水的体积),同时依据质量守恒原理,$\rho \cdot \frac{dV}{dt} = \rho \cdot (Q_i - Q_o)$(其中 ρ 为水的宽度)。结合这两个表达式,得出常微分方程(ODE):

$$\frac{dH}{dt} = \frac{1}{\pi r^2} \cdot (Q_i - Q_o) = \frac{1}{\pi r^2} \cdot \left(Q_i - \frac{H}{R_o}\right)$$

$$\frac{dH}{dt} + \frac{H}{\tau_b} = \frac{Q_i}{\pi r^2}, \quad \tau_b = \pi r^2 \cdot R_o \qquad (15-2)$$

式中:τ_b 为桶时间常数。

该常微分方程在时间 $t > 0$ 有解:$H = Q_i \cdot R_o \cdot (1 - e^{-\frac{t}{\tau_b}})$。显然,水溢出的必要条件是 $Q_i > \frac{H_b}{R_o}$。

15.3 EED 热模型的分析

通过在电阻上涂覆一层厚厚的高灵敏度炸药,并向该电路(桥路)施加电流,有可能激发微小的炸药物质。那么问题是,最好的方法是通过连续激发还是通过脉冲激发?要回答这个问题,我们将对 EED 点火中所涉及的热现象进行简化。

将能量平衡原理应用于EED,其中一个是"注入能量=存储能量+耗散能量"或

$$P_i = C_T \cdot \frac{d\theta}{dt} + \frac{\theta}{R_T}$$

$$\frac{d\theta}{dt} + \frac{\theta}{\tau_{EE}} = \frac{P_i}{C_T} \tag{15-3}$$

式中:P_i 为EED电输入功率;C_T 为EED热电容;θ 为EED温度(高于室温);R_T 为EED热阻;τ_{EE} 为EED时间常数。

方程式(15-3)是图15-1中给出的EED热模型的数学等价方程,用于确定$\tau_{EE} = R_T \cdot C_T$的巧妙试验程序(Rosenthal,1961;Prince,Leeuw,1988)。

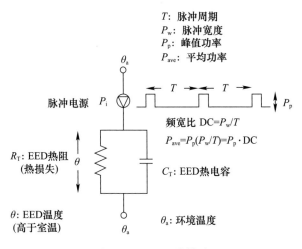

图15-1 EED热模型

比较式(15-2)和式(15-3),结论是显而易见的:EED温度的行为与桶内积聚的液体水平完全一致,因为用来模拟现象(水力和热力)的微分方程类似(具有相同的方程结构)。事实上,这种相似性对于掌握EED点火中涉及的传热过程非常有用。

从上面介绍中,可知当P_i是常数时,式(15-3)的解为

$$\theta(t) = P_i \cdot R_T \cdot (1 - e^{-\frac{t}{\tau_{EE}}}) \tag{15-4}$$

由式(15-4)可知,当$t \to \infty$时,最高温度(连续输入)由下式给出:

$$\theta_{MAXCONT} = P_i \cdot R_T = P_{ave} \cdot R_T \tag{15-5}$$

式中:下标MAXCONT表示高于室温的EED最大温度(连续激发)。

因此,对于固定的P_i,EED温度由注入的功率驱动。通过R_T对环境的散

热,EED 温度不会无限增加,而是有界的(图 15 - 2)。然而,通过调节 P_i 可以使 $\theta_{\text{MAXCONT}} > \theta_{\text{THRESHOLD}}$(其中,下标 THRESHOLD 表示点火温度阈值),发生点火。

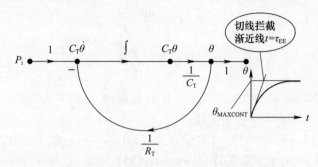

图 15 - 2 对应式(15 - 3)的信号流图

当 $P_i(t)$ 是一系列功率脉冲时,会发生什么呢? 尽管满足要求的模型非常简单,但在这种情况下,仍需要一定的数学专业知识来解决它(对于 EED 微分方程的完整解答,需要使用脉冲强制函数和拉普拉斯变换方法,参见文献(Wylie,1975))。本章将得出一个近似解。

根据微分方程理论(Wylie,1975),总温度可以分解为瞬态和周期分量。然而,在大量脉冲周期($n \gg 1$, n 为周期计数(脉冲激发))之后,瞬态部分一定会逐渐消失(图 15 - 3)。因此,该问题被简化为解决以下两个常微分方程及其相关边界条件(仅考虑周期因子)的问题:

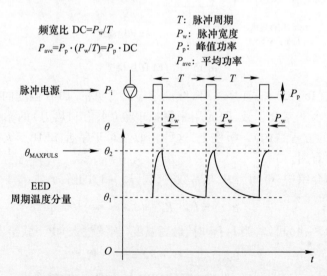

图 15 - 3 瞬态稳定后的 EED 温度(脉冲激发)

$$\begin{cases} \dfrac{\mathrm{d}\theta}{\mathrm{d}t} + \dfrac{\theta}{\tau_{\mathrm{EE}}} = \dfrac{P_{\mathrm{P}}}{C_{\mathrm{T}}}, & (0 \leqslant t \leqslant P_{\mathrm{W}}) \cap (\theta(0) = \theta_1, \theta(P_{\mathrm{W}}) = \theta_2) \\ \dfrac{\mathrm{d}\theta}{\mathrm{d}t} + \dfrac{\theta}{\tau_{\mathrm{EE}}} = 0, & (P_{\mathrm{W}} \leqslant t \leqslant T) \cap (\theta(P_{\mathrm{W}}) = \theta_2, \theta(T) = \theta_1) \end{cases} \quad (15-6)$$

从式(15-6)中可以看出，θ_1 和 θ_2 必须满足式(15-7)的条件：

$$\begin{cases} \theta_2 - (\mathrm{e}^{-\frac{P_{\mathrm{W}}}{\tau_{\mathrm{EE}}}}) \cdot \theta_1 = P_{\mathrm{P}} \cdot R_{\mathrm{T}} \cdot (1 - \mathrm{e}^{-\frac{P_{\mathrm{W}}}{\tau_{\mathrm{EE}}}}) \\ (\mathrm{e}^{-\frac{T-P_{\mathrm{W}}}{\tau_{\mathrm{EE}}}}) \cdot \theta_2 - \theta_1 = 0 \end{cases} \quad (15-7)$$

当 $\theta_2 = \theta_{\mathrm{MAXPULS}}$，解式(15-7)：

$$\theta_{\mathrm{MAXPULS}} = P_{\mathrm{P}} \cdot R_{\mathrm{T}} \cdot \dfrac{1 - \mathrm{e}^{-\frac{P_{\mathrm{W}}}{\tau_{\mathrm{EE}}}}}{1 - \mathrm{e}^{-\frac{T}{\tau_{\mathrm{EE}}}}} \quad (15-8)$$

式中：下标 MAXPULS 表示高于室温的 EED 最大温度(脉冲激发)。

当 P_{ave} 为固定值时，式(15-8)变为

$$\theta_{\mathrm{MAXPULS}} = \theta_{\mathrm{MAXCONT}} \cdot \dfrac{1}{\mathrm{DC}} \cdot \dfrac{1 - \mathrm{e}^{-\frac{P_{\mathrm{W}}}{\tau_{\mathrm{EE}}}}}{1 - \mathrm{e}^{-\frac{T}{\tau_{\mathrm{EE}}}}} \quad (15-9)$$

因为(参见图(15-1)和图(15-3))：

$$P_{\mathrm{P}} = P_{\mathrm{P}} \cdot \dfrac{\dfrac{P_{\mathrm{W}}}{T}}{\dfrac{P_{\mathrm{W}}}{T}} = \dfrac{P_{\mathrm{P}} \cdot \dfrac{P_{\mathrm{W}}}{T}}{\dfrac{P_{\mathrm{W}}}{T}} = \dfrac{P_{\mathrm{ave}}}{\dfrac{P_{\mathrm{W}}}{T}} = \dfrac{P_{\mathrm{ave}}}{\mathrm{DC}}$$

$$P_{\mathrm{P}} \cdot R_{\mathrm{T}} = \dfrac{P_{\mathrm{ave}}}{\mathrm{DC}} \cdot R_{\mathrm{T}} = P_{\mathrm{ave}} \cdot R_{\mathrm{T}} \cdot \dfrac{1}{\mathrm{DC}} = \theta_{\mathrm{MAXCONT}} \cdot \dfrac{1}{\mathrm{DC}}$$

$$\theta_{\mathrm{MAXCONT}} = P_{\mathrm{P}} \cdot R_{\mathrm{T}}$$

$$\dfrac{P_{\mathrm{W}}}{\tau_{\mathrm{EE}}} = \dfrac{1}{\tau_{\mathrm{EE}}} \cdot T \cdot \dfrac{P_{\mathrm{W}}}{T} = \dfrac{T}{\tau_{\mathrm{EE}}} \cdot \mathrm{DC}$$

现在，定义运行效率 η(两个温度的比率，一种温度增益)为

$$\eta = \dfrac{\theta_{\mathrm{MAXPULS}}}{\theta_{\mathrm{MAXCONT}}} = \dfrac{1}{\mathrm{DC}} \cdot \dfrac{1 - \mathrm{e}^{-\frac{P_{\mathrm{W}}}{\tau_{\mathrm{EE}}}}}{1 - \mathrm{e}^{-\frac{T}{\tau_{\mathrm{EE}}}}} \quad (15-10)$$

很明显，对于 DC 和 $\dfrac{T}{\tau_{\mathrm{EE}}}$ 的某些组合，$\eta \gg 1$(图15-4)。显然，就可以达到的最大温度而言，EED 的脉冲激发更有效(仅在 T 是独立变量时成立)。原则上，

为了提高效率,只需要在高 $\dfrac{T}{\tau_{EE}}$ 和低 $DC = \dfrac{P_W}{T}$ 环境下操作 EED。这些条件相当于 $T \gg \tau_{EE} \gg P_W$,因为

$$\begin{cases} \dfrac{T}{\tau_{EE}} \gg 1 \Rightarrow T \gg \tau_{EE} \\ \dfrac{P_W}{T} \ll 1 \Rightarrow \dfrac{P_W}{\tau_{EE}} \cdot \dfrac{\tau_{EE}}{T} \ll 1 \Rightarrow \dfrac{P_W}{\tau_{EE}} \ll 1 \Rightarrow P_W \ll \tau_{EE} \end{cases}$$

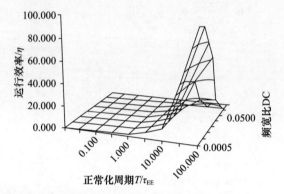

图 15-4　与频宽比和 $\dfrac{T}{\tau_{EE}}$ 相关的运行效率

但要注意错误的数学运算。考虑到 $P_{ave} = P_P \cdot DC = P_P \cdot \dfrac{P_W}{T}$,且 T 为固定值,短脉冲(P_W 减小)也意味着高峰值功率(P_P 增大)。因此,$\dfrac{T}{\tau_{EE}}$ 和 DC 的这种特定排列使得脉冲函数列成为一连串脉冲。然后,EED 准瞬时响应每个输入脉冲的能量。现从式(15-8)和 $T \gg \tau_{EE} \gg P_W$ 推导出:

$$\theta_{MAXPULS} = P_P \cdot R_T \cdot \dfrac{1 - e^{-\frac{P_W}{\tau_{EE}}}}{1 - e^{-\frac{T}{\tau_{EE}}}} \approx P_P \cdot R_T \cdot \left[\dfrac{1 - \left(1 - \dfrac{P_W}{\tau_{EE}}\right)}{1}\right]$$

$$= P_P \cdot R_T \cdot \dfrac{P_W}{\tau_{EE}} = \dfrac{1}{C_T} \cdot P_P \cdot P_W \Rightarrow \theta_{MAXPULS} \propto \text{脉冲能量} \quad (15-11)$$

这里有另一种方法可以证明式(15-11),由式(15-6)和 $T \gg \tau_{EE} \gg P_W$ 证明:

$$\dfrac{d\theta}{dt} + \dfrac{\theta}{\tau_{EE}} = \dfrac{P_P}{C_T} \Rightarrow d\theta + \dfrac{\theta}{\tau_{EE}} \cdot dt = \dfrac{P_P}{C_T} \cdot dt \Rightarrow d\theta + \theta \cdot \dfrac{dt}{\tau_{EE}} = \dfrac{P_P}{C_T} \cdot dt \Rightarrow$$

$$\mathrm{d}\theta \approx \frac{P_\mathrm{P}}{C_\mathrm{T}} \cdot \mathrm{d}t \Rightarrow \theta_\mathrm{MAXPULS} = \int_0^{P_\mathrm{W}} \mathrm{d}\theta \approx \frac{P_\mathrm{P}}{C_\mathrm{T}} \cdot \mathrm{d}t = \frac{P_\mathrm{P}}{C_\mathrm{T}} \int_0^{P_\mathrm{W}} \mathrm{d}t \Rightarrow$$

$$\theta_\mathrm{MAXPULS} = \frac{1}{C_\mathrm{T}} \cdot P_\mathrm{P} \cdot P_\mathrm{W} \propto P_\mathrm{P} \cdot P_\mathrm{W} \Rightarrow \theta_\mathrm{MAXPULS} \propto 脉冲能量 \quad (15-12)$$

证明结果与式(15-11)相同。

注意,要计算 $\int_{\theta_1}^{\theta_2} \mathrm{d}\theta = \theta_2 - \theta_1 = \theta_\mathrm{MAXPULS}$,在功率脉冲开始时,EED 温度上升值为 θ_1(高于环境温度),被认为无效(EED 在前一周期中不能储存热能),这是一个合理的假设,如 $T \gg \tau_\mathrm{EE}$。

类似的推导也适用于电容放电(静电放电等),当 C_T 很小且 R_T 很大时,激励 $P_\mathrm{i}(t)$:因为 EED 将无法通过 $\frac{1}{R_\mathrm{T}}$ 瞬时消散传递给它的能量,所以高能量的窄脉冲,即所有实际应用的脉冲,可以引起爆管温度快速升高。电容放电熔断器的操作,即脉冲激励的特殊情况(条件为 $T \to \infty$, $P_\mathrm{P} \to \infty$ 和 $P_\mathrm{W} \to \infty$ 的脉冲激励)现在已经很清楚了:传输到 EED 的几乎全部热能都将在一个脉冲中转换、升温,即

$$\theta_\mathrm{MAXPULS} \approx \theta_\mathrm{INPULSE} \approx \frac{1}{C_\mathrm{T}} \cdot \int_0^{P_\mathrm{W}} P_\mathrm{P} \cdot \mathrm{d}t = \frac{1}{C_\mathrm{T}} \cdot P_\mathrm{P} \cdot P_\mathrm{W} \propto P_\mathrm{P} \cdot P_\mathrm{W} \Rightarrow$$

$$\theta_\mathrm{MAXPULS} \approx \theta_\mathrm{INPULSE} \propto 脉冲能量 \quad (15-13)$$

再次说明,如果 $\theta_\mathrm{MAXPULS} > \theta_\mathrm{THRESHOLD}$,点火将得到保证(只需一个短的高能量脉冲——次触发脉冲—启动爆炸装药)。

式(15-11)~式(15-13)表明,EED 在所有这些情况下都能快速响应每个脉冲的能量,因为图 15-2 中的反馈回路可以被忽略(通过快速排出大量的水进入一个符合常理的桶中,液体几乎瞬间到达顶部,因此在这种情况下,底部孔泄漏的量一定是无关紧要的)。但这还没有结束,如果 $\tau_\mathrm{EE} \gg T > P_\mathrm{W}$,则通过式(15-6)推出:

$$\frac{\mathrm{d}\theta}{\mathrm{d}t} + \frac{\theta}{\tau_\mathrm{EE}} = \frac{P_\mathrm{P}}{C_\mathrm{T}} \Rightarrow \mathrm{d}\theta + \frac{\theta}{\tau_\mathrm{EE}} \cdot \mathrm{d}t = \frac{P_\mathrm{P}}{C_\mathrm{T}} \cdot \mathrm{d}t \Rightarrow \mathrm{d}\theta \approx \frac{P_\mathrm{P}}{C_\mathrm{T}} \cdot \mathrm{d}t \xrightarrow{\int} \Delta\theta \approx \frac{P_\mathrm{P}}{C_\mathrm{T}} \cdot \Delta t$$

并且,当施加峰值功率为 P_P、持续时间为 P_W 的电脉冲时(脉冲之间的 $\frac{\mathrm{d}\theta}{\mathrm{d}t} \approx 0$,并且 EED 温度 θ 保持近似恒定),EED 温度逐渐增加 $\Delta\theta = \frac{P_\mathrm{P}}{C_\mathrm{T}} \cdot P_\mathrm{W}$。在施加多次这种脉冲后,温度 θ 相对缓慢地升高,但肯定会超过点火阈值,从而没有预兆地引发爆震。这种绝热效应使温度堆叠(EED 存储热能),是周而复始的热能累积。通过 EED 热电容 C_T,EED 成为一个良好的长期温度积分器(对于一个大直

径的桶而言,底部孔泄漏作用影响较小,可逐渐储存更多水,因为$\tau_b = \pi r^2 \cdot R_0$)。

最后,若τ_{EE}非常小($\tau_{EE} \ll P_W$),则 EED 温度实际上遵循来源电力脉冲$P_i(t)$,一旦

$$\frac{d\theta}{dt} + \frac{\theta}{\tau_{EE}} = \frac{P_i(t)}{C_T} \Rightarrow \frac{\theta}{\tau_{EE}} \approx \frac{P_i(t)}{C_T} \Rightarrow \theta \approx R_T \cdot P_i(t)$$

而现在强制认为$R_T \cdot P_P > \theta_{THRESHOLD}$,这将需要高峰值功率$P_P$来确保点火(这种情况对应的是一个横截面小,但底部有一个大孔的桶——基准液位遵循输入模式)。

15.4 结论和进一步研究

在一定的严格条件下,EED 的脉冲激发可能表现更好,即如果$T \gg \tau_{EE} \gg P_W$(T为独立变量),温度增益甚至可以高出十到百倍。如果$\tau_{EE} \gg T$,经过多次T循环后,由于每个脉冲传递的能量逐渐整合,EED 温度会缓慢地达到触发阈值(通过增益或减弱),这是一种离散的电热能泵,即温度堆积效应。若$\tau_{EE} \ll P_W$,则 EED 温度简单地随电功率脉冲源$P_i(t)$改变而改变。

此外,也可以在单次高能脉冲(单次熔断器操作)之后启动 EED,特别是当C_T很小且R_T很大时。

为了优化操作,电驱动源应在能量或功率方面与 EED 特性相匹配。

为了安全操作,必须特别小心地处理 EED,编码点火命令应始终符合规则。这将使 EED 与环境隔离(每个 EED 必须有自己的本地驱动电路模块,只有编码命令来自外部)。

当然,值得进一步研究的是 EED(没有任何保护)对电磁辐射(雷达式脉冲调制 RF)的敏感性。虽然这项任务十分有趣,但超出了本书的范围(Thompson, 1989)。

参 考 文 献

Cochin, I. (1980). *Analysis and Design of Dynamic Systems*. New York: Harper & Row.

Hoberman, C. M. (1965). *Engineering Systems Analysis*. Ohio: C. E. Merrill Books.

Moran, M. J., & Shapiro, H. N. (2008). *Fundamentals of Engineering Thermodynamics*. New York: John Wiley & Sons.

Potter, M. C., & Scott, E. P. (2004). *Thermal Sciences: An Introduction to Thermodynamics, Fluid Mechanics, and Heat Transfer*. Kentucky: Brooks & Cole.

Prince, W. C., & Leeuw, M. W. (1988). Analysis of the Functioning of the Bridgewire Igniters Based on the

Fitted Wire Model. *Propellants, Explosives, Pyrotechnics*, 13(4), 120 – 125. doi:10. 1002/prep. 19880130406.

Rosenthal, L. A. (1961). Thermal Response of Bridge wires Used in Electro explosive Devices. *The Review of Scientific Instruments*, 32(9), 1033 – 1036. doi:10. 1063/1. 1717607.

Thompson, R. (1989). RF Sensitivity of Electroexplosives to Pulsed Sources and the Effect of Thermal Time Constants, Explosives and Pyrotechnics. *The Newsletter of Explosives, Pyrotechnics and Their Devices*.

Wylie, C. R. (1975). *Advanced Engineering Mathematics*. Tokyo: McGraw – Hill.